建筑安装工程施工工艺标准系列丛书

砌体、钢、木结构工程施工工艺

山西建设投资集团有限公司　组织编写

张太清　霍瑞琴　主编

U0320474

中国建筑工业出版社

图书在版编目(CIP)数据

砌体、钢、木结构工程施工工艺/山西建设投资集团有限
公司组织编写. —北京：中国建筑工业出版社，2019.1
（建筑安装工程施工工艺标准系列丛书）
ISBN 978-7-112-22962-8

Ⅰ.①砌… Ⅱ.①山… Ⅲ.①砌体结构-工程施工②钢结
构-工程施工③木结构-工程施工 Ⅳ.①TU36②TU758.11
③TU759

中国版本图书馆 CIP 数据核字（2018）第 264460 号

本书是《建筑安装工程施工工艺标准系列丛书》之一，经广泛调查研究，认真总结工程实践经验，参考有关国家、行业及地方标准规范编写而成。

该书编制过程中主要参考了《建筑工程施工质量验收统一标准》GB 50300—2013，《砌体结构工程施工质量验收规范》GB 50203—2011、《砌体结构工程施工规范》GB 50924—2014，《钢结构工程施工规范》GB 50755—2012、《钢结构焊接规范》GB 50661—2011、《钢结构工程施工质量验收规范》GB 50205—2001、《木结构工程施工规范》GB/T 50772—2012、《木结构工程施工质量验收规范》GB 50206—2012 等标准规范。每项标准按引用标准、术语、施工准备、操作工艺、质量标准、成品保护、注意事项、质量记录八个方面进行编写。

本书可作为砌体结构、钢结构及木结构工程施工生产操作的技术依据，也可作为编制施工方案和技术交底的蓝本。

责任编辑：张　磊
责任校对：王　瑞

建筑安装工程施工工艺标准系列丛书
砌体、钢、木结构工程施工工艺
山西建设投资集团有限公司　组织编写
张太清　霍瑞琴　主编
*
中国建筑工业出版社出版、发行（北京海淀三里河路 9 号）
各地新华书店、建筑书店经销
北京科地亚盟排版公司制版
北京市密东印刷有限公司印刷
*
开本：787×960 毫米　1/16　印张：18¼　字数：316 千字
2019 年 3 月第一版　2019 年 3 月第一次印刷
定价：**52.00** 元
ISBN 978-7-112-22962-8
（33048）

发 布 令

为进一步提高山西建设投资集团有限公司的施工技术水平，保证工程质量和安全，规范施工工艺，由集团公司统一策划组织，系统内所有骨干企业共同参与编制，形成了新版《建筑安装工程施工工艺标准》（简称"施工工艺标准"）。

本施工工艺标准是集团公司各企业施工过程中操作工艺的高度凝练，也是多年来施工技术经验的总结和升华，更是集团实现"强基固本，精益求精"管理理念的重要举措。

本施工工艺标准经集团科技专家委员会专家审查通过，现予以发布，自2019年1月1日起执行，集团公司所有工程施工工艺均应严格执行本"施工工艺标准"。

山西建设投资集团有限公司

党委书记：

董事长：

2018 年 8 月 1 日

丛书编委会

顾　　　问：孙　波　　李卫平　　寇振林　　贺代将　　郝登朝　　吴辰先
　　　　　　温　刚　　乔建峰　　李宇敏　　耿鹏鹏　　高本礼　　贾慕晟
　　　　　　杨雷平　　哈成德
主 任 委 员：张太清
副主任委员：霍瑞琴　　张循当
委　　　员：（按姓氏笔画排列）
　　　　　　王宇清　　王宏业　　平玲玲　　白少华　　白艳琴　　邢根保
　　　　　　朱永清　　朱忠厚　　刘　晖　　闫永茂　　李卫俊　　李玉屏
　　　　　　杨印旺　　吴晓兵　　张文杰　　张　志　　庞俊霞　　赵宝玉
　　　　　　要明明　　贾景琦　　郭　铃　　梁　波　　董红霞
审 查 人 员：董跃文　　王凤英　　梁福中　　宋　军　　张泽平　　哈成德
　　　　　　冯高磊　　周英才　　张吉人　　贾定祎　　张兰香　　李逢春
　　　　　　郭育宏　　谢亚斌　　赵海生　　崔　峻　　王永利

本书编委会

主　　　编：张太清　　霍瑞琴
副 主 编：白艳琴　　王宇清
主要编写人员：王江波　　张　磊　　闫月勤　　李志磊　　杨忠阳

序

　　企业技术标准是企业发展的源泉，也是企业生产、经营、管理的技术依据。随着国家标准体系改革步伐日益加快，企业技术标准在市场竞争中会发挥越来越重要的作用，并将成为其进入市场参与竞争的通行证。

　　山西建设投资集团有限公司前身为山西建筑工程（集团）总公司，2017年经改制后更名为山西建设投资集团有限公司。集团公司自成立以来，十分重视企业标准化工作。20世纪70年代就曾编制了《建筑安装工程施工工艺标准》；2001年国家质量验收规范修订后，集团公司遵循"验评分离，强化验收，完善手段，过程控制"的十六字方针，于2004年编制出版了《建筑安装工程施工工艺标准》（土建、安装分册）；2007年组织修订出版了《地基与基础工程施工工艺标准》、《主体结构工程施工工艺标准》、《建筑装饰装修施工工艺标准》、《建筑屋面工程施工工艺标准》、《建筑电气工程施工工艺标准》、《通风与空调工程施工工艺标准》、《电梯与智能建筑工程施工工艺标准》、《建筑给水排水及采暖工程施工工艺标准》共8本标准。

　　为加强推动企业标准管理体系的实施和持续改进，充分发挥标准化工作在促进企业长远发展中的重要作用，集团公司在2004年版及2007年版的基础上，组织编制了新版的施工工艺标准，修订后的标准增加到18个分册，不仅增加了许多新的施工工艺，而且内容涵盖范围也更加广泛，不仅从多方面对企业施工活动做出了规范性指导，同时也是企业施工活动的重要依据和实施标准。

　　新版施工工艺标准是集团公司多年来实践经验的总结，凝结了若干代山西建投人的心血，是集团公司技术系统全体员工精心编制、认真总结的成果。在此，我代表集团公司对在本次编制过程中辛勤付出的编著者致以诚挚的谢意。本标准的出版，必将为集团工程标准化体系的建设起到重要推动作用。今后，我们要抓住契机，坚持不懈地开展技术标准体系研究。这既是企业提升管理水平和技术优势的重要载体，也是保证工程质量和安全的工具，更是提高企业经济效益和社会效益的手段。

　　在本标准编制过程中，得到了住建厅有关领导的大力支持，许多专家也对该标准进行了精心的审定，在此，对以上领导、专家以及编辑、出版人员所付出的辛勤劳动，表示衷心的感谢。

在实施本标准过程中，若有低于国家标准和行业标准之处，应按国家和行业现行标准规范执行。由于编者水平有限，本标准如有不妥之处，恳请大家提出宝贵意见，以便今后修订。

山西建设投资集团有限公司

总经理：

2018 年 8 月 1 日

前　　言

　　本书是山西建设投资集团有限公司《建筑安装工程施工工艺标准系列丛书》之一。该标准经广泛调查研究，认真总结工程实践经验，参考有关国家、行业及地方标准规范，在 2007 版基础上经广泛征求意见修订而成。

　　该书编制过程中主要参考了《建筑工程施工质量验收统一标准》GB 50300—2013，《砌体结构工程施工质量验收规范》GB 50203—2011、《砌体结构工程施工规范》GB 50924—2014，《钢结构工程施工规范》GB 50755—2012、《钢结构焊接规范》GB 50661—2011、《钢结构工程施工质量验收规范》GB 50205—2001、《木结构工程施工规范》GB/T 50772—2012、《木结构工程施工质量验收规范》GB 50206—2012 等标准规范。每项标准按引用标准、术语、施工准备、操作工艺、质量标准、成品保护、注意事项、质量记录八个方面进行编写。

　　本标准修订的主要内容为：

　　1. 砌体结构

　　(1) 增加了多孔砖墙砌体砌筑和配筋砌体砌筑两节内容，内容更为完整；

　　(2) 将普通砖砌体砌筑改为砖砌体砌筑，将料石砌筑改为石砌体砌筑，应用范围更为广泛；

　　(3) 将小型混凝土空心砌块改为混凝土小型空心砌块，内容架构更为合理。

　　2. 钢结构

　　(1) 增加了预应力钢结构、钢管桁架结构、钢索和膜结构等章节的内容，内容更为完整；

　　(2) 部分章节中增加了较为先进的钢结构数控加工设备及其工艺技术，内容更为先进；

　　(3) 将钢结构焊接工艺标准分为钢结构手工电弧焊焊接、钢结构埋弧焊自动焊焊接、钢结构二氧化碳气体保护焊焊接、栓钉焊接工艺标准；将钢结构紧固件连接工艺标准分为高强度螺栓连接、普通紧固件连接工艺标准；将钢结构安装工艺标准分为单层钢结构安装和多层、高层钢结构安装工艺标准；将钢结构涂装工艺标准分为钢结构防腐涂装和防火涂装工艺标准，更全面且便于操作应用。

　　3. 木结构

　　木结构为本标准新增加内容，包括方木及原木桁架、梁及柱制作，方木及原木桁架、梁及柱安装，木屋盖施工，胶合木结构施工，轻型木结构施工，木结构防护施工6项内容。

　　本书可作为砌体结构、钢结构及木结构工程施工生产操作的技术依据，也可作为编制施工方案和技术交底的蓝本。在实施工艺标准过程中，若国家标准或行业标准有更新版本时，应按国家或行业现行标准执行。

　　本书在编制过程中，限于技术水平，有不妥之处，恳请提出宝贵意见，以便今后修订完善。随时可将意见反馈至山西建设投资集团公司技术中心（太原市新建路9号，邮政编码030002）。

目　　录

第1篇 砌体结构

第1章 砖砌体砌筑

本工艺标准适用于房屋建筑中烧结普通砖、混凝土实心砖、蒸压灰砂砖、蒸压粉煤灰砖等砌体工程。

1 引用标准

《砌体结构工程施工规范》GB 50924—2014

《建筑工程施工质量验收统一标准》GB 50300—2013

《砌体结构工程施工质量验收规范》GB 50203—2011

《砌体工程现场检测技术标准》GB/T 50315—2011

《烧结普通砖》GB/T 5101—2017

《混凝土实心砖》GB/T 21144—2007

《蒸压灰砂砖》GB 11945—1999

《钢筋混凝土用钢　第1部分：热轧光圆钢筋》GB/T 1499.1—2017

《钢筋混凝土用钢　第2部分：热轧带肋钢筋》GB/T 1499.2—2018

《蒸压粉煤灰砖》JC/T 239—2014

《砌筑砂浆配合比设计规程》JGJ/T 98—2010

《建筑砂浆基本性能试验方法标准》JGJ/T 70—2009

2 术语（略）

3 施工准备

3.1 作业条件

3.1.1　应编制砌体工程施工方案，按照设计及标准结合现场实际情况绘制排砖图，节点组砌图。

3.1.2　完成进场原材料的见证取样复验、砌筑砂浆及混凝土配合比的设计。

3.1.3　检查砌筑操作人员的技能资格，并对操作人员进行技术、安全交底。

3.1.4 完成上道工序的验收，且验收合格。

3.1.5 弹好墙身轴线、边线以及门窗洞口线，核对放线尺寸，形成记录并办理验收手续。

3.1.6 现场所用计量器具符合检定周期和检定标准规定。

3.1.7 构造柱已按设计要求及规范规定绑扎好。

3.1.8 砌体样板已验收合格。

3.2　材料及机具

3.2.1 砖：品种、强度等级必须符合设计要求及国家标准规定，并应规格一致，有出厂合格证和复试报告。用于清水墙、柱的砖应色泽均匀，边角整齐。混凝土砖、蒸压砖的生产龄期应达到 28d。

3.2.2 水泥：宜采用通用硅酸盐水泥或砌筑水泥，且应符合国家标准《通用硅酸盐水泥》GB 175 和《砌筑水泥》GB/T 3183 的规定，有出厂 28d 合格证和复试报告。M15 及以下强度等级的砌筑砂浆宜选用 32.5 级的通用硅酸盐水泥或砌筑水泥；M15 以上强度等级的砌筑砂浆宜选用 42.5 级普通硅酸盐水泥。水泥存放应按品种、强度等级、出厂日期分类堆放，并保持干燥，当在使用中对水泥质量受不利环境影响或水泥出厂超过 3 个月、快硬硅酸盐水泥超过 1 个月时，应进行复验，并应按复验结果使用。不同品种、不同强度等级的水泥不得混合使用。

3.2.3 砂：宜选用过筛中砂，且应符合现行标准《混凝土和砂浆用再生细骨料》GB/T 25176、《普通混凝土用砂、石质量及检验方法标准》JCJ 52 和《再生骨料应用技术规程》JGJ/T 240 的规定。水泥砂浆和强度等级不小于 M5 的水泥混合砂浆，砂中含泥量不应超过 5%；强度等级小于 M5 的水泥混合砂浆，砂中含泥量不应超过 10%。

3.2.4 掺合料：建筑生石灰熟化成石灰膏时，熟化时间不得少于 7d，磨细生石灰粉熟化时间不少于 2d，材质应符合《建筑生石灰》JC/T 479 的有关规定；粉煤灰的品质指标应符合《粉煤灰在混凝土及砂浆中的应用技术规程》JGJ 28 的有关规定，宜采用干排灰。

3.2.5 外加剂：凡在砂浆中掺入增塑剂、早强剂、缓凝剂、防水剂、防冻剂等外加剂，应符合国家现行标准《混凝土外加剂》GB 8076、《混凝土外加剂应用技术规范》GB 50119 和《砌筑砂浆增塑剂》JG/T 164 的规定。经检验和试配，符合要求后方可使用。

3.2.6 水：应采用不含有害物质的洁净水并应符合现行行业标准《混凝土用水标准》JGJ 63 的规定。

3.2.7 钢筋：砌体结构工程使用的钢筋，应符合设计要求及国家现行标准

《钢筋混凝土用钢 第1部分：热轧光圆钢筋》GB/T 1499.1和《钢筋混凝土用钢 第2部分：热轧带肋钢筋》GB/T 1499.2的规定。

3.2.8 机具：搅拌机、切割机、台秤、大铲、刨锛、托线板、灰槽、线坠、钢卷尺、八字靠尺板、水平尺、皮数杆、小白线、砖夹、扫帚、5mm孔径筛子、铁锹、运灰车、运砖车等。

4 操作工艺

4.1 工艺流程

测量放线 → 砖浇水 → 立皮数杆 → 砂浆搅拌 → 砌筑 → 试验

4.2 测量放线

以结构施工内控点为依据，按设计要求，在楼地面上弹好墙身线、门窗洞口位置线（特殊标识），并认真核对窗间墙、垛尺寸，按其长度排砖。

4.3 砖浇水

常温施工时，烧结普通砖、蒸压灰砂砖和蒸压粉煤灰砖应提前1～2d浇水湿润，烧结砖含水率宜为60%～70%；非烧结类砖含水率宜为40%～50%；混凝土砖不宜浇水湿润。冬期施工或气温低于0℃时，砖不得浇水，但必须增大砂浆稠度。

4.4 立皮数杆

在室内地坪所砌墙的两端立好皮数杆，除墙体转角及交接处全立外，其他地方间距不宜大于15m。

4.5 砂浆搅拌

优先采用预拌砂浆。现场拌制砂浆应采用机械搅拌，搅拌时间自投料完起算，水泥砂浆和水泥混合砂浆不应少于2min；采用水泥粉煤灰砂浆和掺用外加剂的砂浆，不应少于3min；掺液体增塑剂的砂浆，应先将水泥、砂干拌混合均匀后，将添加增塑剂的拌合水倒入干混砂浆中继续搅拌；掺固体增塑剂的砂浆，应先将水泥、砂和增塑剂干拌混合均匀后，将拌合水倒入其中继续搅拌。从加水开始，搅拌时间不应少于3.5min。预拌砂浆的搅拌时间应符合有关技术标准或产品说明书的要求。

所用配合比应采用质量比，计量精度应控制在水泥及各种外加剂配料的允许偏差为±2%，砂、粉煤灰、石灰膏配料的允许偏差为±5%以内。砂子计量时，应扣除其含水量对配料的影响。

4.6 砌筑

4.6.1 组砌方法：采用一顺一丁、三顺一丁或梅花丁砌法，半砖墙用全顺，圆弧面墙用全丁等砌法。砖柱不得采用包心砌法。

3

4.6.2 排砖：依据排砖图进行试排砖，一般第一批砖排丁砖。摽底砖时，根据弹好的门窗洞口位置线，认真核对窗间墙、垛尺寸，如不符合模数，应全盘考虑，会同设计单位定出门窗洞口位置尺寸，并注意暖卫立管安装及门窗开启不受影响。在砖柱、砖垛、砖拱、砖碹、砖过梁、梁的支撑处、砖挑层及宽度小于1m的窗间墙部位，拉结作用的丁砖、清水砖墙的顺砖等砌体部位不得使用破损砖。在每层承重墙的最上一皮砖、楼板、梁、柱及屋架的支承处、砖砌体的台阶水平面上，挑出层等部位应使用整砖丁砌。

4.6.3 选砖：清水墙、柱应选择边角整齐、无弯曲裂纹、色泽均匀，规格一致的砖。由于焙烧过火而造成变色、变形，但强度较高的砖，可用在基础及不影响外观的内墙上。

4.6.4 盘角：砌砖前应根据组砌方法、排砖要求进行盘角，每次盘角不得超过五皮，及时靠平吊正，对照皮数杆的砖层和标高，控制好灰缝大小，大角盘好后复查一次，无误后方可挂线砌墙。

4.6.5 挂线：砌筑一砖及以上厚墙应双面挂线，当多人砌长墙使用一根通线时，中间应设几个支线点，小线要拉紧。每皮砖均要穿线看平，使水平灰缝均匀一致，平直通顺。

4.6.6 砌砖：

1 砌砖宜采用"三一砌砖法"（即一铲灰，一块砖，一挤揉），满铺满挤，确保砂浆饱满。砌砖时应将砖放平，并做到"上跟线，下对棱，左右相邻要对齐"。水平灰缝厚度和竖向灰缝宽度宜为10mm，但不应小于8mm，也不应大于12mm。清水墙不允许有三分头，不得在上部随意变活、乱缝。当砌完一步架高时，沿水平方向每隔2m左右，在丁砖立棱位置弹两道垂直线分段控制游丁走缝。

2 现场拌制的砂浆应随拌随用，拌制的砂浆应在3h内使用完毕；当施工期间最高气温超过30℃时，应在2h内使用完毕。对掺用缓凝剂的砂浆，其使用时间可根据其缓凝时间的试验结果确定。

湿拌预拌砂浆在储存、使用过程中不应加水。当存放过程出现少量泌水时，应拌和均匀后使用。

3 清水墙应随砌随勾缝，勾缝深度应深浅一致，深度宜为8～10mm，并将墙面清扫干净。混水砖墙应及时将舌头灰刮净。

4 砌筑夹心复合墙时应采取措施防止空腔掉落砂浆和杂物，并按设计要求设拉结件，拉结件在叶墙搁置长度不小于叶墙厚度的2/3，并不应小于60mm。

5 留槎：砖砌体转角处和交接处应同时砌筑。在抗震设防烈度8度及以上地区，对不能同时砌筑的临时间断处应留斜槎，斜槎水平投影长度不应小于高度的2/3，斜槎高度不得超过一步脚手架高度。如图1-1所示。

图 1-1　实心砖斜槎砌筑示意图

　　砖砌体的转角处和交接处对非抗震设防及在抗震设防烈度为 6 度、7 度地区的临时间断处，当不能留斜槎时，除转角处外，可留直槎，但应做成凸槎，并应沿墙高每 500mm 加设拉结筋，且竖向间距偏差不应超过 100mm。拉结筋数量为每 120mm 墙厚 $1\phi6$，（墙厚 120mm 设 $2\phi6$），埋入长度从留槎处算起每边均不少于 500mm（非抗震区）或 1000mm（设防烈度 6 度、7 度抗震区）；末端应设 90°弯钩。如图 1-2。施工洞口处亦应按此要求预埋拉结筋，上部应加预制钢筋混凝土过梁，洞口净宽不应大于 1000mm，其侧边离交接处墙面不应小于 500mm。砌体接槎时，必须将接槎处清理干净，浇水湿润，并应填实砂浆，保持灰缝平直。

图 1-2　实心砖直槎砌筑和拉结筋示意图

6 过梁、梁垫安装：其标高、位置及型号必须准确，支座上砂浆铺平垫满。如铺灰厚度超过20mm时，应用豆石混凝土铺垫。过梁两端支撑点长度应一致并符合设计要求和规范规定。宽度小于1000mm的洞口可用钢筋砖过梁，但必须支模铺水泥砂浆，其厚度宜为30mm，钢筋要压入砂浆，两端弯90°弯钩，支撑长度不得小于240mm，并将弯钩向上折入上层砖缝内。过梁的第一皮砖应砌丁砖。如图1-3。

图1-3　钢筋砖过梁示意图

7 木砖安砌：木砖应提前做好防腐处理，预埋时小头朝外，大头向内，其数量视洞口高度确定。洞口高在1200mm以内，每边放2块；高度在1200～2000mm，每边放3块；高2000～3000mm每边放4块，埋设位置一般在洞口上下四皮砖各放一块，中间均匀布置。对120mm厚墙可用混凝土预制，以防不牢，如图1-4。

图1-4　混凝土预制块示意图

8 预留孔洞及穿墙管道必须符合设计要求，不得事后剔凿。电线埋管槽必须用切割机切割，宽度超过 300mm 的洞口应设置钢筋砖过梁或预制钢筋混凝土过梁。

9 构造柱做法：与构造柱连接处砖墙应砌成先退后进马牙槎，每个马牙槎沿高度方向的尺寸宜为 5 皮砖（300mm），凹凸尺寸宜为 60mm，凸槎下端切 45°斜角。砌体与构造柱间应沿墙高每 500mm 设拉结钢筋，钢筋数量及伸入墙内长度应满足设计要求。拉结筋数量为每 120mm 墙厚应设置 1φ6（墙厚为 120mm 时设 2φ6），埋入长度从留槎处算起每边均不应少于 500mm（非抗震区）或 1000mm（设防烈度 6 度、7 度抗震区），末端应设 90°弯钩。

4.7 试验

砂浆应按规定做稠度试验和强度试块，砂浆试样在搅拌机出料口随机取样制作，一组试样应在同一盘砂浆中制作。每一检验批且不超过 250m³ 砌体中，每台搅拌机同一类型及同一强度等级砂浆应至少检验一次，如强度等级、配合比或原材料有变化时，还应制作试块。

预拌砂浆应在卸料过程中的中间部位随机取样。

5 质量标准

5.1 主控项目

5.1.1 砖和砂浆的强度等级必须符合设计要求。

5.1.2 砌体水平缝的砂浆饱满度不得低于 80%；砖柱水平灰缝和竖向灰缝饱满度不得低于 90%。

5.1.3 砖砌体的转角处和交接处应同时砌筑，严禁无可靠措施的内外墙分砌施工。在抗震设防烈度为 8 度及 8 度以上地区，对不能同时砌筑而又必须留置的临时间断处应砌成斜槎，斜槎水平投影长度不应小于高度的 2/3，斜槎高度不得超过一步脚手架的高度。

5.1.4 非抗震设防及抗震设防烈度为 6 度、7 度地区的临时间断处，当不能留斜槎时，除转角处外，可留直槎，但直槎必须做成凸槎。留直槎处应加设拉结筋，拉结筋的数量为每 120mm 墙厚放置 1φ6 拉结筋（120mm 墙厚放置 2φ6 拉结筋），间距沿墙高不应超过 500mm；埋入长度从留槎处算起每边均不应小于 500mm，对抗震设防烈度 6 度、7 度的地区，不应小于 1000mm；末端应有 90°弯钩。

5.2 一般项目

5.2.1 砖砌体组砌方法应正确，内外搭砌，上下错缝。清水墙、窗间墙无通缝；混水墙中不得有长度大于 300mm 的通缝，长度 200～300mm 的通缝每间不超过 3 处，且不得位于同一面墙体上。砖柱不得采用包心砌法。

5.2.2 砖砌体的灰缝应横平竖直，厚薄均匀，水平灰缝厚度及竖向灰缝宽度宜为10mm，但不应小于8mm，也不应大于12mm。

5.2.3 砖砌体尺寸、位置的允许偏差及检验应符合表1-1的规定。

砖砌体尺寸、位置的允许偏差 表1-1

项次	项目			允许偏差（mm）
1	轴线位移			10
2	基础、墙、柱顶面标高			±15
3	墙面垂直度	每层		5
		全高	≤10m	10
			>10m	20
4	表面平整度	清水墙、柱		5
		混水墙、柱		8
5	水平灰缝平直度	清水墙		7
		混水墙		10
6	门窗洞口高、宽（后塞口）			±10
7	外墙上下窗口偏移			20
8	清水墙游丁走缝			20

6 成品保护

6.0.1 安拆脚手架、模板或吊放构件时，指挥人员和吊车司机应密切配合，防止碰撞已砌好的墙面。

6.0.2 墙体拉结筋、抗震构造柱钢筋、各种预埋件及暖卫、电气管线等，均应注意保护，不得任意拆改和损坏。

6.0.3 砂浆稠度应适宜，砌墙时防止砂浆溅脏墙面；在临时出入洞口或料架周围，应用草垫、木板或塑料薄膜覆盖。

6.0.4 窗台板、过梁安装应事先坐浆，不得随意砸墙，塞安构件。

6.0.5 电气埋管应尽量预留，当未预留或需要改变位置，应用切割机割缝，再用錾子轻剔，不得直接凿剔。

6.0.6 尚未安装或浇筑楼板、屋面板的墙和柱，当可能遇到大风时，应采取临时加固措施，以确保墙和柱的稳定性。

6.0.7 砖砌体施工时，楼面和屋面施工荷载不得超过板的活荷载允许值。

7 注意事项

7.1 应注意的质量问题

7.1.1 加强现场材料管理，严禁不同品种的水泥混合堆放或使用。

7.1.2 砂浆配合比必须经试验室试配确定，严禁凭经验确定。

7.1.3 配制砂浆严禁使用脱水硬化的石灰膏。严禁将消石灰粉直接用于砌筑砂浆中。使用外加剂必须具有产品说明书及出厂合格证，并经性能试验合格后方可使用。

7.1.4 砂浆试块应进行标准养护。

7.1.5 皮数杆是控制结构各部位竖向构造变化的标尺，必须按要求设立。

7.1.6 为了减少不均匀沉降和应力集中，砌体相邻工作段的高度差，不得超过一个楼层的高度，也不宜大于4m；砌体临时间断处的高度差，不得超过一步脚手架高度。

7.1.7 必须按设计规定的间距和宽度留置变形缝，缝内垃圾及时清理干净，施工中注意防护。

7.1.8 搁置楼板的山墙如有不平必须采用同圈梁强度等级的细石混凝土补平，严禁采用镶砖补缺。

7.1.9 实践证明"三一"砌砖法是提高砌体砌筑质量的有效方法，严禁采用铺长灰，摆砖贴心的方法，若采用铺灰法砌筑，铺灰长度不得超过500mm。

7.1.10 为了保证砌体质量，下列墙体或部位不得留脚手眼，脚手眼封堵必须采用同砌体强度一致的砖，并保证砂浆填塞密实。

1 120mm厚砖墙和独立柱。

2 过梁上与过梁成60°角的三角形范围及过梁净跨度1/2的高度范围内。

3 宽度小于1m的窗间墙。

4 砖砌体的门窗洞口两侧200mm和转角处450mm的范围内。

5 梁和梁垫下及其左右各500mm的范围内。

6 设计不允许设置脚手眼的部位。

7.1.11 构造柱处马牙槎砌砖宜切45°斜角，以使混凝土灌注密实。

7.1.12 应注意的质量通病：

1 基础墙与上部墙错台，使墙身轴线移位。

2 清水墙游丁走缝超标准。

3 灰缝大小不匀，同一皮砖层的标高不一致。

4 混水墙面造成通缝，表面粗糙。

5 清水墙面勾缝污染。

6 构造柱两侧马牙槎不统一，构造柱烂根，上部混凝土不密实。

7.2 应注意的安全问题

7.2.1 停放机械场地的土质要坚实，雨期施工应有排水措施，防止地面下沉造成机械倾斜。

7.2.2 施工前必须检查操作环境是否符合安全要求，道路是否畅通，机具是否完好牢固，安全设施和防护用品是否齐全，经检查符合要求后方可施工。

7.2.3 墙身砌筑高度超过 1.2m 时，应搭设脚手架。在一层以上或高度超过 3m 时，采用里脚手架并支搭安全网，采用外脚手架时，应设护身栏杆和挡脚板。

7.2.4 脚手架上堆料量不得超过规定荷载，堆砖高度不得超过 3 层侧砖。同一块脚手板上的操作人员不应超过 2 人。

7.2.5 不准站在墙上做划线、刮缝及清扫墙面或检查大角垂直等工作。

7.2.6 砍砖应面向内侧，防止碎砖跳出伤人。

7.2.7 起重机吊砖要用吊笼，砂浆料斗不能装得过满，吊车臂旋转到架子上时，砌筑人员要暂停操作，不得在吊臂下停留。

7.2.8 禁止用手抛砖，人工传递时应稳递稳接。

7.3 应注意的绿色施工问题

7.3.1 现场材料应堆放整齐，进行必要的苦盖，防止扬尘。水泥应存入水泥库房，并有防潮措施。

7.3.2 因砂浆搅拌而产生的污水应经过滤后排入指定地点。

7.3.3 砂浆搅拌机的运行噪声应控制在国家有关部门的规定范围内。

7.3.4 在砂浆搅拌、运输、使用过程中，遗漏的砂浆应及时回收处理。

7.3.5 施工场地实行封闭化，主要道路硬化，易起尘的施工面及时洒水围挡，保证现场扬尘排放达标。

7.3.6 固体废物实现分类存放，有效管理，提高回收利用率。生产和生活用水分类排放。

7.3.7 车辆运输不超载，出入冲洗车轮，保证运输无遗撒。

8 质量记录

8.0.1 砌体施工质量控制等级确认记录。

8.0.2 砖、水泥、钢筋、砂等材料合格证书、产品性能检测报告。

8.0.3 有机塑化剂砌体强度型式检验报告。

8.0.4 砂浆配合比通知单。

8.0.5 砂浆试件抗压强度试验报告。

8.0.6 隐蔽工程检查验收记录。

8.0.7 施工记录。

8.0.8 砖砌体工程检验批质量验收记录。

8.0.9 砖砌体分项工程质量验收记录。

8.0.10 其他技术文件。

第2章 多孔砖墙砌体砌筑

本工艺标准适用于房屋建筑中烧结多孔砖、混凝土多孔砖墙砌体的砌筑。

1 引用标准

《砌体结构工程施工规范》GB 50924—2014

《建筑工程施工质量验收统一标准》GB 50300—2013

《砌体结构工程施工质量验收规范》GB 50203—2011

《砌体工程现场检测技术标准》GB/T 50315—2011

《烧结多孔砖和多孔砌块》GB 13544—2011

《承重混凝土多孔砖》GB 25779—2010

《钢筋混凝土用钢　第1部分：热轧光圆钢筋》GB/T 1499.1—2017

《钢筋混凝土用钢　第2部分：热轧带肋钢筋》GB/T 1499.2—2018

《砌筑砂浆配合比设计规程》JGJ/T 98—2010

《建筑砂浆基本性能试验方法标准》JGJ/T 70—2009

2 术语（略）

3 施工准备

3.1 作业条件

3.1.1 应编制砌体工程施工方案，应按照设计及标准结合现场实际情况绘制排砖图，节点组砌图。

3.1.2 完成进场原材料的见证取样复验、砌筑砂浆及混凝土配合比的设计。

3.1.3 检查砌筑操作人员的技能资格，并对操作人员进行技术、安全交底。

3.1.4 完成上道工序的验收，且经验收合格。

3.1.5 弹好墙身轴线、边线以及门窗洞口线，核对放线尺寸，形成记录并办理验收手续。

3.1.6 现场所用计量器具符合检定周期和检定标准规定。

3.1.7 构造柱已按设计要求及规范规定绑扎好。

3.1.8 砌体样板已验收合格。

3.2　材料及机具

3.2.1　多孔砖：品种、强度等级必须符合设计要求及国家标准规定，并应规格一致，有出厂合格证和复试报告。用于清水墙、柱的砖应色泽均匀，边角整齐。多孔砖的生产龄期应达到 28d。

3.2.2　水泥：宜采用通用硅酸盐水泥或砌筑水泥，且应符合国家标准《通用硅酸盐水泥》GB 175 和《砌筑水泥》GB/T 3183 的规定，有出厂 28d 合格证和复试报告。M15 及以下强度等级的砌筑砂浆宜选用 32.5 级的通用硅酸盐水泥或砌筑水泥；M15 以上强度等级的砌筑砂浆宜选用 42.5 级普通硅酸盐水泥。水泥存放应按品种、强度等级、出厂日期分类堆放，并保持干燥，当在使用中对水泥质量受不利环境影响或水泥出厂超过 3 个月、快硬硅酸盐水泥超过 1 个月时，应进行复验，并应按复验结果使用。不同品种、不同强度等级的水泥不得混合使用。

3.2.3　砂：宜选用过筛中砂，且应符合现行标准《混凝土和砂浆用再生细骨料》GB/T 25176、《普通混凝土用砂、石质量及检验方法标准》JCJ 52 和《再生骨料应用技术规程》JGJ/T 240 的规定。水泥砂浆和强度等级不小于 M5 的水泥混合砂浆，砂中含泥量不应超过 5%；强度等级小于 M5 的水泥混合砂浆，砂中含泥量不应超过 10%。

3.2.4　掺合料：建筑生石灰熟化成石灰膏时，熟化时间不得少于 7d，磨细生石灰粉熟化时间不少于 2d，材质应符合《建筑生石灰》JC/T 479 的有关规定；粉煤灰的品质指标应符合《粉煤灰在混凝土及砂浆中的应用技术规程》JGJ 28 的有关规定，宜采用干排灰。

3.2.5　外加剂：凡在砂浆中掺入增塑剂、早强剂、缓凝剂、防水剂、防冻剂等外加剂，应符合国家现行标准《混凝土外加剂》GB 8076、《混凝土外加剂应用技术规范》GB 50119 和《砌筑砂浆增塑剂》JG/T 164 的规定。经检验和试配，符合要求后方可使用。

3.2.6　水：应采用不含有害物质的洁净水并应符合现行行业标准《混凝土用水标准》JGJ 63 的规定。

3.2.7　钢筋：砌体结构工程使用的钢筋，应符合设计要求及国家现行标准《钢筋混凝土用钢　第 1 部分：热轧光圆钢筋》GB/T 1499.1 和《钢筋混凝土用钢　第 2 部分：热轧带肋钢筋》GB/T 1499.2 的规定。

3.2.8　机具：搅拌机、切割机、台秤、大铲、刨锛、托线板、灰槽、线坠、钢卷尺、八字靠尺板、水平尺、皮数杆、小白线、砖夹、扫帚、5mm 孔径筛子、铁锹、运灰车、运砖车等。

4　操作工艺

4.1　工艺流程

测量放线 → 砖浇水 → 立皮数杆 → 砂浆搅拌 → 砌筑 → 试验

4.2　测量放线

以结构施工内控点为依据，按设计要求，在楼地面上弹好墙身线、门窗洞口位置线（特殊标识），并认真核对窗间墙、垛尺寸，按其长度排砖。

4.3　砖浇水

常温施工时，烧结多孔砖应提前 1～2d 浇水湿润，含水率宜为 60%～70%；混凝土多孔砖不宜浇水湿润。冬期施工或气温低于 0℃时，砖不得浇水，但必须增大砂浆稠度。

4.4　立皮数杆

按室内地坪在所砌墙的两端立好皮数杆，同时除墙体转角及交接处全立外，其他地方间距宜不大于 15m。

4.5　砂浆搅拌

优先采用预拌砂浆。现场拌制砂浆应采用机械搅拌，搅拌时间自投料完起算，水泥砂浆和水泥混合砂浆不应少于 2min；采用水泥粉煤灰砂浆和掺用外加剂的砂浆，不应少于 3min；掺液体增塑剂的砂浆，应先将水泥、砂干拌混合均匀后，将添加增塑剂的拌合水倒入干混砂浆中继续搅拌；掺固体增塑剂的砂浆，应先将水泥、砂和增塑剂干拌混合均匀后，将拌合水倒入其中继续搅拌。从加水开始，搅拌时间不应少于 3.5min。预拌砂浆的搅拌时间应符合有关技术标准或产品说明书的要求。

所用配合比应采用质量比，计量精度应控制在水泥及各种外加剂配料的允许偏差为 ±2%，砂、粉煤灰、石灰膏配料的允许偏差为 ±5% 以内。砂子计量时，应扣除其含水量对配料的影响。

4.6　砌筑

4.6.1　组砌方法：方形多孔砖一般采用全顺砌法，上下皮垂直灰缝应相互错开 1/2 砖长。矩形多孔砖宜采用一顺一丁或梅花丁的砌筑方式，上下皮垂直灰缝应相互错开 1/4 砖长。

4.6.2　排砖：摆底砖时，根据弹好的门窗洞口位置线，认真核对窗间墙、垛尺寸，如不符合模数，应全盘考虑，会同设计单位定出门窗洞口位置尺寸，并注意暖卫立管安装及门窗开启不受影响。方形多孔砖墙的转角处和交接处，应加砌配砖（半砖），配砖分别位于转角和交接处的外侧。

4.6.3　盘角：砌砖前应根据组砌方法、排砖要求进行盘角，及时靠平吊正，对照皮数杆的砖层和标高，控制好灰缝大小，大角盘好后复查一次，无误后方可挂线砌墙。

4.6.4　挂线：砌筑一砖及以上厚墙应双面挂线，当多人砌长墙使用一根通线时，中间应设几个支线点，小线要拉紧。每皮砖均要穿线看平，使水平灰缝均匀一致，平直通顺。

4.6.5　砌砖：

1　砌砖宜采用"三一砌砖法"（即一铲灰，一块砖，一挤揉），满铺满挤，确保砂浆饱满。砌砖时应将砖放平，并做到"上跟线，下对棱，左右相邻要对齐"。水平灰缝厚度和竖向灰缝宽度宜为10mm，但不应小于8mm，也不应大于12mm。清水墙不得在上部随意变活、乱缝，当砌完一步架高时，沿水平方向每隔2m左右，在丁砖立棱位置弹两道垂直线分段控制游丁走缝。

2　现场搅拌的砂浆应随拌随用，拌制的砂浆应在3h内使用完毕；当施工期间最高气温超过30℃时，应在2h内使用完毕。对掺用缓凝剂的砂浆，其使用时间可根据其缓凝时间的试验结果确定。

3　清水墙应随砌随压缝，勾缝深度应深浅一致，深度宜为8～10mm，并将墙面清扫干净。混水砖墙应及时将舌头灰刮净。

4　留槎：砖墙转角处和交接处应同时砌筑。在抗震设防烈度8度及以上地区，对不能同时砌筑的临时间断处应留斜槎，多孔砖砌体的斜槎长高比不应小于1/2，斜槎高度不得超过一步脚手架高度。

砖砌体的转角处和交接处对非抗震设防及在抗震设防烈度为6度、7度地区的临时间断处，当不能留斜槎时，除转角处外，可留直槎，但应做成凸槎，并应沿墙高每500mm加设拉结筋，且竖向间距偏差不应超过100mm。拉结筋数量为每120mm墙厚1ϕ6（墙厚120mm设2ϕ6），埋入长度从留槎处算起每边均不少于500mm（非抗震区）或1000mm（设防烈度6度、7度抗震区）；末端应设90°弯钩。施工洞口处亦应按此要求预埋拉结筋，上部应加预制钢筋混凝土过梁，洞口净宽不应大于1000mm，其侧边离交接处墙面不应小于500mm。砌体接槎时，必须将接槎处清理干净，浇水湿润，并应填实砂浆，保持灰缝平直。

5　过梁、梁垫安装：其标高、位置及型号必须准确，支座上砂浆铺平垫满。如铺灰厚度超过20mm时，应用豆石混凝土铺垫。过梁两端支撑点长度应一致并符合设计要求和规范规定。

6　木砖安砌：木砖应提前做好防腐处理，预埋时小头朝外，大头向内，其数量视洞口高度确定。洞口高在1200mm以内，每边放2块；高1200～2000mm，每边放3块；高2000～3000mm每边放4块，埋设位置一般在洞口上下四皮砖各放一块，中间均匀布置。对 120mm 厚墙可用混凝土预制，以防不牢，如图 2-1。

图 2-1　混凝土预制块示意图

注：图示尺寸为预制块最小尺寸，具体以多孔砖尺寸为准。

7　预留孔洞及穿墙管道必须符合设计要求，不得事后剔凿。电线管开槽必须弹线，用切割机切割。宽度超过 300mm 的洞口应设置预制钢筋混凝土过梁。

8　构造柱做法：与构造柱连接处砖墙应砌成先退后进马牙槎，每个马牙槎沿高度方向的尺寸宜为 300mm，凹凸尺寸宜为 60mm，凸槎下端切 45°斜角。砌体与构造柱间应沿墙高每 500mm 设拉结钢筋，钢筋数量及伸入墙内长度应满足设计要求。拉结筋数量为每 120mm 墙厚应设置 1ϕ6（墙厚为 120mm 时设 2ϕ6），埋入长度从留槎处算起每边均不应少于 500mm（非抗震区）或 1000mm（设防烈度 6 度、7 度抗震区），末端应设 90°弯钩。

9　砌筑完每一楼层后，应校核砌体的轴线和标高，保证其偏差在允许范围内。

4.7　试验

砂浆应按规定做稠度试验和强度试块，砂浆试样在搅拌机出料口随机取样制作，砌筑砂浆的验收批，同一类型、同一强度等级的砂浆试块不应少于 3 组。一组试样应在同一盘砂浆中制作，同一搅拌盘内砂浆不得制作一组以上的砂浆试块。每一检验批且不超过 250m³ 砌体中，每台搅拌机同一类型及同一强度等级砂浆应至少检验一次，如强度等级、配合比或原材料有变化时，还应制作试块。

预拌砂浆应在卸料过程中的中间部位随机取样。

5　质量标准

5.1　主控项目

5.1.1　多孔砖和砂浆的强度等级必须符合设计要求。

5.1.2 砌体水平缝的砂浆饱满度不得低于80%；砖柱水平灰缝和竖向灰缝饱满度不得低于90%。

5.1.3 多孔砖砌体的转角处和交接处应同时砌筑，严禁无可靠措施的内外墙分砌施工。在抗震设防烈度为8度及8度以上地区，对不能同时砌筑而又必须留置的临时间断处应砌成斜槎，斜槎水平投影长度不应小于高度的2/3，斜槎高度不得超过一步脚手架的高度。

5.2 一般项目

5.2.1 多孔砖砌体组砌方法应正确，内外搭砌，上下错缝。清水墙、窗间墙无通缝。

5.2.2 多孔砖砌体的灰缝应横平竖直，厚薄均匀，水平灰缝厚度及竖向灰缝宽度宜为10mm，但不应小于8mm，也不应大于12mm。

5.2.3 多孔砖砌体尺寸、位置的允许偏差及检验应符合表2-1的规定。

多孔砖砌体尺寸、位置的允许偏差   表2-1

项次	项目			允许偏差（mm）
1	轴线位移			10
2	基础、墙、柱顶面标高			±15
3	墙面垂直度	每层		5
		全高	≤10m	10
			>10m	20
4	表面平整度	清水墙、柱		5
		混水墙、柱		8
5	水平灰缝平直度	清水墙		7
		混水墙		10
6	门窗洞口高、宽（后塞口）			±10
7	外墙上下窗口偏移			20
8	清水墙游丁走缝			20
9	水平灰缝厚度（10皮砖累计）			±8

6 成品保护

6.0.1 安拆脚手架、模板或吊放构件时，指挥人员和吊车司机应密切配合，防止碰撞已砌好的墙面。

6.0.2 墙体拉结筋、抗震构造柱钢筋、各种预埋件及暖卫、电气管线等，均应注意保护，不得任意拆改和损坏。

6.0.3 砂浆稠度应适宜，砌墙时防止砂浆溅脏墙面；在临时出入洞口或料架周围，应用草垫、木板或塑料薄膜覆盖。

6.0.4　窗台板、过梁安装应事先坐浆，不得随意砸墙、塞安构件。

6.0.5　电气埋管应尽量预留，当未预留或需要改变位置，应用切割机割缝，再用錾子轻剔，不得直接凿剔。

6.0.6　尚未安装或浇筑楼板、屋面板的墙和柱，当可能遇到大风时，应采取临时加固措施，以确保墙和柱的稳定性。

6.0.7　砖砌体施工时，楼面和屋面施工荷载不得超过板的活荷载允许值。

7　注意事项

7.1　应注意的质量问题

7.1.1　加强现场材料管理，严禁不同品种的水泥混合堆放或使用。

7.1.2　砂浆配合比必须经试验室试配确定，严禁凭经验确定。

7.1.3　配制砂浆严禁使用脱水硬化的石灰膏。严禁消石灰粉直接用于砌筑砂浆中。使用外加剂必须具备产品说明书及出厂合格证，并经砂浆性能试验合格后方可使用。

7.1.4　砂浆试块应进行标准养护。

7.1.5　皮数杆是控制结构各部位竖向构造变化的标尺，必须按要求设立。

7.1.6　为了减少不均匀沉降和应力集中，砌体相邻工作段的高度差，不得超过一个楼层的高度，也不宜大于 4m；砌体临时间断处的高度差，不得超过一步脚手架高度。

7.1.7　必须按设计规定的间距和宽度留置变形缝，缝内垃圾及时清理干净，施工中注意防护。

7.1.8　搁置楼板的山墙如有不平必须采用同圈梁强度等级的细石混凝土补平，严禁采用镶砖补缺。

7.1.9　实践证明"三一"砌砖法是提高砌体砌筑质量的有效方法，严禁采用铺长灰，摆砖贴心的方法，若采用铺灰法砌筑，铺灰长度不得超过 500mm。

7.1.10　为了保证砌体质量，下列墙体或部位不得留脚手眼，脚手眼封堵必须采用同砌体强度一致的砖，并保证砂浆填塞密实。

1　120mm 厚砖墙和独立柱。

2　过梁上与过梁成 60°角的三角形范围及过梁净跨度 1/2 的高度范围内。

3　宽度小于 1m 的窗间墙。

4　砖砌体的门窗洞口两侧 200mm 和转角处 450mm 的范围内。

5　梁和梁垫下及其左右各 500mm 的范围内。

6　设计不允许设置脚手眼的部位。

7.1.11　构造柱处马牙槎砌砖宜切45°斜角，以使混凝土灌注密实。

7.1.12　应注意的质量通病：

1　基础墙与上部墙错台，墙身轴线移位。

2　清水墙游丁走缝超标准。

3　灰缝大小不匀，同一皮砖层的标高不一致。

4　混水墙面造成通缝，表面粗糙。

5　清水墙面勾缝污染。

6　构造柱两侧马牙槎不统一，构造柱烂根。

7.2　应注意的安全问题

7.2.1　停放机械场地的土质要坚实，雨期施工应有排水措施，防止地面下沉造成机械倾斜。

7.2.2　施工前必须检查操作环境是否符合安全要求，道路是否畅通，机具是否完好牢固，安全设施和防护用品是否齐全，经检查符合要求后方可施工。

7.2.3　墙身砌筑高度超过1.2m时，应搭设脚手架。在一层以上或高度超过3m时，采用里脚手架并支搭安全网，采用外脚手架时，应设护身栏杆和挡脚板。

7.2.4　脚手架上堆料量不得超过规定荷载，堆砖高度不得超过3层侧砖。同一块脚手板上的操作人员不应超过2人。

7.2.5　不准站在墙上做划线、刮缝及清扫墙面或检查大角垂直等工作。

7.2.6　砍砖应面向内侧，防止碎砖跳出伤人。

7.2.7　起重机吊砖要用吊笼，砂浆料斗不能装得过满，吊车臂旋转到架子上时，砌筑人员要暂停操作，不得在吊臂下停留。

7.2.8　禁止用手抛砖，人工传递时应稳递稳接。

7.3　应注意的绿色施工问题

7.3.1　现场材料应堆放整齐，进行必要的苫盖，防止扬尘。水泥应存入水泥库房，并有防潮措施。

7.3.2　因砂浆搅拌而产生的污水应经过滤后排入指定地点。

7.3.3　砂浆搅拌机的运行噪声应控制在国家有关部门规定的范围内。

7.3.4　在砂浆搅拌、运输、使用过程中，遗漏的砂浆应及时回收处理。

7.3.5　施工场地实行封闭化，主要道路硬化，易起尘的施工面及时洒水围挡，保证现场扬尘排放达标。

7.3.6　固体废物实现分类存放，有效管理，提高回收利用率。生产和生活用水分类排放。

7.3.7　车辆运输不超载，出入冲洗车轮，保证运输无遗撒。

8　质量记录

8.0.1　砌体施工质量控制等级确认记录。

8.0.2　砖、水泥、钢筋、砂等材料合格证书、产品性能检测报告。

8.0.3　有机塑化剂砌体强度型式检验报告。

8.0.4　砂浆配合比通知单。

8.0.5　砂浆试件抗压强度试验报告。

8.0.6　隐蔽工程检查验收记录。

8.0.7　施工记录。

8.0.8　多孔砖砌体工程检验批质量验收记录。

8.0.9　多孔砖砌体分项工程质量验收记录。

8.0.10　其他技术文件。

第3章 填充墙砌筑

本工艺标准适用于框架、剪力墙等结构形式的填充墙砌筑。

1 引用标准

《砌体结构工程施工规范》GB 50924—2014

《建筑工程施工质量验收统一标准》GB 50300—2013

《砌体结构工程施工质量验收规范》GB 50203—2011

《砌体工程现场检测技术标准》GB/T 50315—2011

《烧结普通砖》GB/T 5101—2017

《烧结空心砖和空心砌块》GB/T 13545—2014

《混凝土实心砖》GB/T 21144—2007

《蒸压加气混凝土砌块》GB/T 11968—2006

《蒸压灰砂砖》GB 11945—1999

《轻集料混凝土小型空心砌块》GB/T 15229—2011

《钢筋混凝土用钢 第1部分：热轧光圆钢筋》GB/T 1499.1—2017

《钢筋混凝土用钢 第2部分：热轧带肋钢筋》GB/T 1499.2—2018

《蒸压粉煤灰砖》JC/T 239—2014

《砌筑砂浆配合比设计规程》JGJ/T 98—2010

《建筑砂浆基本性能试验方法标准》JGJ/T 70—2009

《混凝土结构后锚固技术规程》JGJ 145—2013

2 术语（略）

3 施工准备

3.1 作业条件

3.1.1 应编制砌体工程施工方案，按照设计及标准结合现场实际情况绘制排砖图，节点组砌图。

3.1.2 完成进场原材料的见证取样复验、砌筑砂浆及混凝土配合比的设计。

3.1.3 检查砌筑操作人员的技能资格，并对操作人员进行技术、安全交底。

3.1.4　完成上道工序的验收，且验收合格。

3.1.5　弹好墙身轴线、边线以及门窗洞口线，核对放线尺寸，形成记录并办理验收手续。

3.1.6　现场所用计量器具符合检定周期和检定标准规定。

3.1.7　构造柱已按设计要求及规范规定绑扎好。

3.1.8　砌体样板已验收合格。

3.2　材料及机具

3.2.1　砌块：空心砖、加气混凝土砌块、轻骨料混凝土小型空心砌块应分别符合《烧结空心砖和小型空心砌块》GB/T 13545、《蒸压加气混凝土砌块》GB/T 11968 和《轻集料混凝土小型空心砌块》GB/T 15229 的规定，并有出厂合格证。

品种、强度等级必须符合设计要求及国家标准规定，并应规格一致，有出厂合格证和复试报告。用于清水墙、柱的砖应色泽均匀，边角整齐。混凝土砖、蒸压砖的生产龄期应达到 28d。

3.2.2　水泥：宜采用通用硅酸盐水泥或砌筑水泥，且应符合国家标准《通用硅酸盐水泥》GB 175 和《砌筑水泥》GB/T 3183 的规定，有出厂 28d 合格证和复试报告。M15 及以下强度等级的砌筑砂浆宜选用 32.5 级的通用硅酸盐水泥或砌筑水泥；M15 以上强度等级的砌筑砂浆宜选用 42.5 级普通硅酸盐水泥。水泥存放应按品种、强度等级、出厂日期分类堆放，并保持干燥，当在使用中对水泥质量受不利环境影响或水泥出厂超过 3 个月、快硬硅酸盐水泥超过 1 个月时，应进行复验，并应按复验结果使用。不同品种、不同强度等级的水泥不得混合使用。

3.2.3　砂：宜选用过筛中砂，且应符合现行标准《混凝土和砂浆用再生细骨料》GB/T 25176、《普通混凝土用砂、石质量及检验方法标准》JCJ 52 和《再生骨料应用技术规程》JGJ/T 240 的规定。水泥砂浆和强度等级不小于 M5 的水泥混合砂浆，砂中含泥量不应超过 5%；强度等级小于 M5 的水泥混合砂浆，砂中含泥量不应超过 10%。

3.2.4　掺合料：建筑生石灰熟化成石灰膏时，熟化时间不得少于 7d，磨细生石灰粉熟化时间不少于 2d，材质应符合《建筑生石灰》JC/T 479 的有关规定；粉煤灰的品质指标应符合《粉煤灰在混凝土及砂浆中的应用技术规程》JGJ 28 的有关规定，宜采用干排灰。

3.2.5　外加剂：凡在砂浆中掺入增塑剂、早强剂、缓凝剂、防水剂、防冻剂等外加剂，应符合国家现行标准《混凝土外加剂》GB 8076、《混凝土外加剂应用技术规范》GB 50119 和《砌筑砂浆增塑剂》JG/T 164 的规定。经检验和试配，符合要求后方可使用。

3.2.6 水：应采用不含有害物质的洁净水并应符合现行行业标准《混凝土用水标准》JGJ 63 的规定。

3.2.7 钢筋：砌体结构工程使用的钢筋，应符合设计要求及国家现行标准《钢筋混凝土用钢 第1部分：热轧光圆钢筋》GB/T 1499.1 和《钢筋混凝土用钢 第2部分：热轧带肋钢筋》GB/T 1499.2 的规定。

3.2.8 机具：搅拌机、切割机、台秤、大铲、刨锛、托线板、灰槽、线坠、钢卷尺、八字靠尺板、水平尺、皮数杆、小白线、砖夹、扫帚、5mm 孔径筛子、铁锹、运灰车、运砖车、人字梯、高压气枪等。

4 操作工艺

4.1 工艺流程

测量放线 → 砖浇水 → 立皮数杆 → 砂浆搅拌 → 砌筑 → 试验

4.2 测量放线

以结构施工内控点为依据，按设计要求，在楼地面上弹好墙身线、门窗洞口位置线（特殊标识），并认真核对窗间墙、垛尺寸，按其长度排砖。

4.3 砖浇水

用普通砂浆砌筑填充墙时烧结空心砖应提前 1～2d 浇水湿润，其相对含水率宜为 60%～70%。

轻骨料混凝土小型空心砌块砌筑时，其产品龄期应大于 28d。吸水率较小的轻骨料混凝土小型空心砌块，砌筑前不应对其浇水湿润，若在气候干燥炎热的情况下，宜在砌筑前浇水湿润；采用普通砂浆砌筑时，吸水率较大的轻骨料混凝土小型空心砌块应提前 1～2d 浇水湿润，相对含水率宜为 40%～50%。

蒸压加气混凝土砌块采用专用砂浆或普通砂浆砌筑时，应在砌筑当天对砌块砌筑面浇水湿润，相对含水率宜为 40%～50%。

4.4 立皮数杆

按室内地坪在所砌墙的两端立好皮数杆，数杆上应注明门窗洞口、木砖、过梁、砖层、灰缝等标高，皮数杆应垂直、牢固，标高一致，并经复核。

根据最下面第一皮砖的标高，拉通线检查，若水平灰缝厚度超过 20mm，应用细石混凝土找平。

4.5 砂浆搅拌

优先采用预拌砂浆。现场拌制砂浆应采用机械搅拌，搅拌时间自投料完起算，水泥砂浆和水泥混合砂浆不应少于 2min；采用水泥粉煤灰砂浆和掺用外加剂的砂浆，不得少于 3min；掺液体增塑剂的砂浆，应先将水泥、砂干拌混合均匀后，将混有增塑剂的拌合水倒入干混砂浆中继续搅拌；掺固体增塑剂的砂浆，应先将水泥、砂和增塑剂干拌混合均匀后，将拌合水倒入其中继续搅拌。从加水开始，搅拌时间不应少于 3.5min。预拌砂浆使用应符合有关技术标准或产品说明书的要求。

所用配合比应采用质量比，计量精度应控制在水泥及各种外加剂配料的允许偏差为±2％，砂、粉煤灰、石灰膏配料的允许偏差为±5％以内。砂子计量时，应扣除其含水量对配料的影响。

4.6　砌筑

4.6.1　空心砖砌体

1　空心砖墙应侧立砌筑，孔洞应呈水平方向。空心砖墙底部宜砌筑 3 皮普通砖，门窗洞口两侧一砖范围内应采用烧结普通砖砌筑。

2　砌筑空心砖墙的水平灰缝厚度和竖向灰缝宽度宜为 10mm，且不应小于 8mm，也不应大于 12mm。竖缝应采用刮浆法，先抹砂浆后再砌筑。

3　砌筑时，墙体的第一皮空心砖应进行试摆。排砖时，不够半砖处应采用普通砖或配砖补砌，半砖以上的非整砖宜采用无齿锯加工制作。

4　组砌时，应上下错缝，交接处应咬槎搭砌，掉角严重的空心砖不宜使用。

5　墙采用空心砖砌筑时，应采取防雨水渗漏的措施。

4.6.2　轻骨料混凝土小型空心砌块砌体

1　在厨房、卫生间和浴室等处采用轻骨料混凝土小型空心砌块砌筑墙体时，墙体底部宜现浇混凝土坎台，坎台高度应符合设计要求，当无设计要求时其高度宜为 150mm。

2　当砌筑厚度大于 190mm 的小砌块墙体时，宜在墙体内外侧双面挂线。小砌块应将生产时的底面朝上反砌于墙上，小砌块墙内不得混砌普通砖或其他墙体材料。当需局部嵌砌时，应采用强度等级不低于 C20 适宜尺寸的预制混凝土砌块。

3　当小砌块墙体孔洞中需填充隔热或隔声材料时，应砌一皮填充一皮，且应填满，不得捣实。

4　轻骨料混凝土小型空心砌块填充墙砌体，在纵横墙交接处及转角处应同时砌筑；当不能同时砌筑时，应留成斜槎，斜槎水平投影长度不应小于高度的 2/3，如图 3-1。施工洞口处亦按此要求预埋拉结钢筋，上部应设置钢筋混凝土过梁，洞口净宽不大于 1000mm，其侧边离交接处墙面不应小于 500mm。砌体接槎时，必须将接槎处清理干净，浇水湿润，并应填实砂浆，保持灰缝平直。

5　当砌筑带保温夹心层的小砌块墙体时，应将保温夹心层一侧靠置室外，并应对孔错缝。左右相邻小砌块中的保温夹心层应互相衔接，上下皮保温夹心层间的水平灰缝处宜采用保温砂浆砌筑。

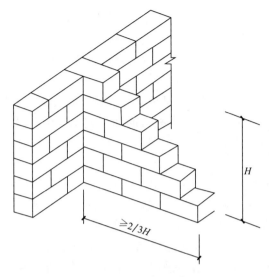

图 3-1　砌块墙斜槎

4.6.3　蒸压加气混凝土砌块砌体

1　蒸压加气混凝土砌块砌筑时，其产品龄期应大于 28d。

2　采用普通砂浆砌筑时，水平灰缝厚度和竖向灰缝厚度不应超过 15mm。采用薄层砂浆砌筑时，灰缝厚度宜为 2～4mm，砌块不得用水浇湿。砌块与拉结筋的连接应预先在相应位置的砌块上表面开设凹槽，砌筑时钢筋应放置在凹槽砂浆内。当水平面和垂直面上有 2mm 的错边时，应先磨平，方可进行下道工序施工。

3　在厨房、卫生间、浴室等处采用蒸压加气混凝土砌块砌筑墙体时，墙体底部宜现浇混凝土坎台，混凝土坎台的高度应符合设计要求，当设计无要求时，其高度宜为 150mm。

4　填充墙砌筑时应上下皮应错缝搭接长度不宜小于砌块长度的 1/3，且不应小于 150mm。

当不能满足时，在水平灰缝中应设置 $2\phi6$ 或 $\phi4$ 钢筋网片加强，加强筋从砌块搭接的错缝部位起，每侧搭接长度不宜小于 700mm。

5　纵横墙交接处，应将砌块分皮咬槎，交错搭砌。转角处应使纵横墙的砌块相互搭接，隔皮砌块露端面。T 字交接处，应使横墙砌块隔皮露端面，并坐中于纵墙砌块，如图 3-2。同时按照设计要求及相关规定设置构造柱。

4.6.4　墙体开槽及构造的设置

1　预留洞口及穿墙管道必须符合设计要求，不得事后剔凿。电线管开槽必

图 3-2　咬槎、搭接示意图

须弹线，用切割机切割。宽度超过 300mm 的洞口应设置预制或现浇钢筋混凝土过梁。

2　构造柱的设置：与构造柱连接处砖墙应砌成马牙槎，每个马牙槎沿高度方向的尺寸宜为 300mm，凹凸尺寸宜为 60mm，凸槎下端切 45°斜角。砌体的压筋应伸入构造柱内。

4.7　试验

砂浆应按规定做稠度和强度试验，砂浆试块在搅拌机出料口随机取样制作。同一类型、同一强度等级的砂浆试块不应少于 3 组，一组试样应在同一盘砂浆中制作。每一检验批且不超过 250m³ 砌体中，每台搅拌机同一类型及同一强度等级砂浆应至少检验一次，如强度等级、配合比或原材料有变化时，还应制作试块。

预拌砂浆应在卸料过程中的中间部位随机取样。

5　质量标准

5.1　主控项目

5.1.1　砖和砂浆的强度等级必须符合设计要求。

5.1.2　填充墙砌体应与主体结构可靠连接，其连接构造应符合设计要求。

5.1.3　化学植筋时，应进行实体检测。

5.2　一般项目

5.2.1　填充墙砌体的尺寸、位置允许偏差应符合表 3-1 的规定。

填充墙砌体的一般尺寸允许偏差（mm）　　　表 3-1

项次	项目		允许偏差（mm）
1	轴线位移		10
2	垂直度（每层）	≤3m	5
		>3m	10
3	表面平整度		8
4	门窗洞口高、宽（后塞口）		±10
5	外墙上、下窗口偏移		20

5.2.2　填充墙砌体的砂浆饱满度应符合表 3-2 的规定。

填充墙砌体的砂浆饱满度　　　表 3-2

砌体分类	灰缝	饱满度及要求
空心砖砌体	水平	≥80%
	垂直	填满砂浆，不得有透明缝、瞎缝、假缝
蒸压加气混凝土砌块、轻骨料混凝土小型空心砌块砌体	水平	≥80%
	垂直	≥80%

5.2.3　填充墙砌体留置的拉结筋或网片的位置，应与块体皮数相符合。拉结钢筋或网片应置于灰缝中，埋置长度应符合设计要求。竖向位置偏差不应超过一皮砖高度。

6　成品保护

6.0.1　预埋的拉结钢筋应加强保护，不得任意弯折或切断。

6.0.2　暖卫、电气管道及预埋件应注意保护，防止碰撞损坏。

6.0.3　手推车应平稳行驶，防止碰撞墙体。

6.0.4　空心砖墙上不得留脚手眼，防止发生事故。

6.0.5　先塞口门框应有保护措施，防止手推车轴损坏门框。

7　注意事项

7.1　应注意的质量问题

7.1.1　不得使用过期的水泥，配合比计量应准确，砂浆试块的制作、养护、试压应符合规定。

7.1.2　砌到顶部时，应在梁底或板底弹出墙边线，严格按线砌筑，以保证墙体顶部平直通顺。

7.1.3　孔洞、埋件应预留和预埋，防止在墙体上剔凿。

7.1.4 门窗框两侧应砌实心砖，便于埋设木砖或铁件，固定门窗框，并安放混凝土过梁。

7.2　应注意的安全问题

7.2.1 停放机械的场地土质应坚实，雨期应有排水措施，防止地面下沉造成机械倾斜。

7.2.2 操作之前应检查操作环境是否符合安全要求，道路是否畅通，机具是否完好牢固，安全设施和防护用品是否齐全，经检查符合要求后方可施工。

7.2.3 砌筑高度超过 1.2m 以上时，应搭设脚手架。在一层以上或高度超过 3m 时，采用里脚手架必须支搭安全网；采用外脚手架应设护身栏杆和挡脚板。

7.2.4 脚手架上堆料量不得超过规定荷载，堆砖高度不得超过三皮侧砖。同一块脚手板上的操作人员不应超过两人。

7.2.5 不得站在墙上进行划线、刮缝及清扫墙面或检查大角垂直等工作。

7.2.6 砍砖时应面向内打，防止碎砖跳出伤人。

7.2.7 起重机吊砖应用吊笼，砂浆料斗不得装得过满；吊车落到架子上时，砌筑人员应暂停操作，并避开一边。

7.2.8 禁止用手向上抛砖运输，人工传递时应稳递稳接。

7.2.9 砌体施工时，楼面和屋面堆载不得超过楼板的允许荷载值。施工层进料口楼板下，宜采用临时加撑措施。

7.3　应注意的绿色施工问题

7.3.1 现场材料应堆放整齐，进行必要的苫盖，防止扬尘。水泥应存入水泥库房，并有防潮措施。

7.3.2 因砂浆搅拌而产生的污水应经过滤后排入指定地点。

7.3.3 砂浆搅拌机的运行噪声应控制在国家有关部门规定的范围内。

7.3.4 在砂浆搅拌、运输、使用过程中，遗漏的砂浆应及时回收处理。

7.3.5 施工场地实行封闭化，主要道路硬化，易起尘的施工面及时洒水围挡，保证现场扬尘排放达标。

7.3.6 固体废物实现分类存放，有效管理，提高回收利用率。生产和生活用水分类排放。

7.3.7 车辆运输不超载，出入冲洗车轮，保证运输无遗撒。

8　质量记录

8.0.1 砌体施工质量控制等级确认记录。

8.0.2 填充墙砌块、砖、水泥、钢筋、砂等材料合格证书、产品性能检测报告，后植筋试验报告。

　　8.0.3　有机塑化剂砌体强度型式检验报告。

　　8.0.4　砂浆配合比通知单。

　　8.0.5　砂浆试件抗压强度试验报告。

　　8.0.6　隐蔽工程检查验收记录。

　　8.0.7　填充墙砌筑工程检验批质量验收记录。

　　8.0.8　填充墙砌筑分项工程质量验收记录。

　　8.0.9　其他技术文件。

第4章　配筋砌体砌筑

本工艺标准适用于配筋砌体的砌筑。

1　引用标准

《砌体结构工程施工规范》GB 50924—2014

《建筑工程施工质量验收统一标准》GB 50300—2013

《砌体结构工程施工质量验收规范》GB 50203—2011

《砌体工程现场检测技术标准》GB/T 50315—2011

《烧结普通砖》GB/T 5101—2017

《混凝土实心砖》GB/T 21144—2007

《蒸压灰砂砖》GB 11945—1999

《烧结空心砖和空心砌块》GB/T 13545—2014

《蒸压加气混凝土砌块》GB/T 11968—2006

《轻集料混凝土小型空心砌块》GB/T 15229—2011

《钢筋混凝土用钢　第1部分：热轧光圆钢筋》GB/T 1499.1—2017

《钢筋混凝土用钢　第2部分：热轧带肋钢筋》GB/T 1499.2—2018

《蒸压粉煤灰砖》JC/T 239—2014

《砌筑砂浆配合比设计规程》JGJ 98—2010

《建筑砂浆基本性能试验方法》JGJ 70—2009

2　术语（略）

3　施工准备

3.1　作业条件

3.1.1　应编制砌体工程施工方案，应按照设计及标准结合现场实际情况绘制排砖图，节点组砌图。

3.1.2　完成进场原材料的见证取样复验、砌筑砂浆及混凝土配合比的设计。

3.1.3　检查砌筑操作人员的岗位技能资格证，并对操作人员进行技术、安全交底。

3.1.4 完成上道工序的验收，且验收合格。

3.1.5 弹好墙身轴线、边线以及门窗洞口线，核对放线尺寸，形成记录并办理验收手续。

3.1.6 现场所用计量器具符合检定周期和检定标准规定。

3.1.7 构造柱已按设计要求及规范规定绑扎好。

3.1.8 砌体样板已验收合格。

3.2 材料及机具

3.2.1 砖：品种、强度等级必须符合设计要求及国家标准规定，并应规格一致，有出厂合格证。砌块的规格、外观质量、强度等级等必须符合设计要求。

3.2.2 水泥：宜采用通用硅酸盐水泥或砌筑水泥，且应符合国家标准《通用硅酸盐水泥》GB 175 和《砌筑水泥》GB/T 3183 的规定，有出厂 28d 合格证和复试报告。M15 及以下强度等级的砌筑砂浆宜选用 32.5 级的通用硅酸盐水泥或砌筑水泥；M15 以上强度等级的砌筑砂浆宜选用 42.5 级普通硅酸盐水泥。水泥存放应按品种、强度等级、出厂日期分类堆放，并保持干燥，当在使用中对水泥质量受不利环境影响或水泥出厂超过 3 个月、快硬硅酸盐水泥超过 1 个月时，应进行复验，并应按复验结果使用。不同品种、不同强度等级的水泥不得混合使用。

3.2.3 砂：宜选用过筛中砂，且应符合现行标准《混凝土和砂浆用再生细骨料》GB/T 25176、《普通混凝土用砂、石质量及检验方法标准》JCJ 52 和《再生骨料应用技术规程》JGJ/T 240 的规定。水泥砂浆和强度等级不小于 M5 的水泥混合砂浆，砂中含泥量不应超过 5%；强度等级小于 M5 的水泥混合砂浆，砂中含泥量不应超过 10%。

3.2.4 掺合料：建筑生石灰熟化成石灰膏时，熟化时间不得少于 7d，磨细生石灰粉熟化时间不少于 2d，材质应符合《建筑生石灰》JC/T 479 的有关规定；粉煤灰的品质指标应符合《粉煤灰在混凝土及砂浆中的应用技术规程》JGJ 28 的有关规定，宜采用干排灰。

3.2.5 外加剂：凡在砂浆中掺入增塑剂、早强剂、缓凝剂、防水剂、防冻剂等外加剂，应符合国家现行标准《混凝土外加剂》GB 8076、《混凝土外加剂应用技术规范》GB 50119 和《砌筑砂浆增塑剂》JG/T 164 的规定。经检验和试配，符合要求后方可使用。

3.2.6 水：应采用不含有害物质的洁净水并应符合现行行业标准《混凝土用水标准》JGJ 63 的规定。

3.2.7 配套材料：小砌块砌筑砂浆应符合《混凝土小型空心砌块和混凝土砖砌筑砂浆》JC 860 的要求；小砌块灌孔混凝土应符合《混凝土砌块（砖）砌块

用灌注混凝土》JC 861 的要求。

3.2.8 钢筋：砌体结构工程使用的钢筋，应符合设计要求及国家现行标准《钢筋混凝土用钢　第 1 部分：热轧光圆钢筋》GB/T 1499.1 和《钢筋混凝土用钢　第 2 部分：热轧带肋钢筋》GB/T 1499.2 的规定。

3.2.9 机具：搅拌机、切割机、台秤、大铲、刨锛、托线板、灰槽、线坠、钢卷尺、八字靠尺板、水平尺、皮数杆、小白线、砖夹、扫帚、5mm 孔径筛子、铁锹、运灰车、运砖车等。

4　操作工艺

4.1　工艺流程

测量放线 → 砖浇水 → 立皮数杆 → 砂浆搅拌 → 砌筑 → 试验

4.2　测量放线

以结构施工内控点为依据，按设计要求，在楼地面上弹好墙身线、门窗洞口位置线（特殊标识），并认真核对窗间墙、垛尺寸，按其长度排砖。

4.3　砖浇水

常温施工时，烧结普通砖、蒸压灰砂砖和蒸压粉煤灰砖应提前 1～2d 浇水湿润，烧结砖含水率宜为 60%～70%；非烧结类砖含水率宜为 40%～50%；混凝土砖不宜浇水湿润。冬期施工或气温低于 0℃时，砖不得浇水，但必须增大砂浆稠度。

4.4　立皮数杆

按室内地坪在所砌墙的两端立好皮数杆，同时除墙体转角及交接处全立外，其他地方间距宜不大于 15m。

4.5　砂浆搅拌

优先采用预拌砂浆。现场拌制砂浆应采用机械搅拌，搅拌时间自投料完起算，水泥砂浆和水泥混合砂浆不应少于 2min；采用水泥粉煤灰砂浆和掺用外加剂的砂浆，不应少于 3min；掺液体增塑剂的砂浆，应先将水泥、砂干拌混合均匀后，将添加增塑剂的拌合水倒入干混砂浆中继续搅拌；掺固体增塑剂的砂浆，应先将水泥、砂和增塑剂干拌混合均匀后，将拌合水倒入其中继续搅拌。从加水开始，搅拌时间不应少于 3.5min。预拌砂浆的搅拌时间应符合有关技术标准或产品说明书的要求。

所用配合比应采用质量比，计量精度应控制在水泥及各种外加剂配料的允许偏差为 ±2%，砂、粉煤灰、石灰膏配料的允许偏差为 ±5% 以内。砂子计量时，应扣除其含水量对配料的影响。

4.6 砌筑

4.6.1 配筋砖砌体

1 组砌方法：采用一顺一丁、梅花丁或三顺一丁砌法，不采用五顺一丁砌法。

2 网状配筋砌体的钢筋网，不得采用分离放置的单根钢筋代替，宜采用焊接网片。网片在水平灰缝中，应沿灰缝厚度居中布置，灰缝厚度应大于网片厚度4mm以上，但灰缝最大厚度不宜大于15mm。

3 由砌体和钢筋混凝土或配筋砂浆面层构成的组合砌体，其连接受力钢筋的拉结筋应在两端设置弯钩，并在砌筑砌体时正确埋入；面层施工时，应在砌体外围分段支设模板，分段支模高度宜在500mm以内，浇水湿润模板和砖砌体表面，分层浇筑混凝土或砂浆，并振捣密实；钢筋砂浆面层施工，可采用分层抹浆的方法，面层厚度应符合设计要求。

4 宽度小于1000mm的洞口可用钢筋砖过梁，但必须支模铺水泥砂浆，其厚度宜为30mm，钢筋要压入砂浆，两端弯90°弯钩，支撑长度不小于240mm，并将弯钩向上折入上层砖缝内。过梁的第一皮砖应砌丁砖。

5 砌筑一砖及以上墙应双面挂线，当多人砌长墙使用一根通线时，中间应设置几个支点，小线要拉紧。每皮砖均要穿线看平，使水平灰缝均匀一致，平直通顺。

6 构造柱：设置构造柱的砌体，应先砌墙后浇构造柱，与构造柱连接处砖墙应砌成先退后进的马牙槎；每个马牙槎沿高度方向的尺寸宜为300mm以内，凹凸尺寸宜为60mm，凸槎下端切45°斜角。构造柱混凝土可分段浇筑，每段高度不宜大于2m。

4.6.2 配筋砌块砌体

1 配筋砌块砌体的施工应采用专用砌筑砂浆和专用灌孔混凝土，其性能应符合《混凝土小型空心砌块和混凝土砖砌筑砂浆》JC 860 和《混凝土砌块（砖）砌体用灌孔混凝土》JC 861 的有关规定。

2 配筋砌块砌体剪力墙的水平钢筋，在凹槽砌块的混凝土带中的锚固、搭接长度应符合设计要求；配筋砌块砌体剪力墙两平行钢筋间的净距不应小于50mm；水平钢筋搭接时应上下搭接，并应加设短筋固定，水平钢筋两端宜锚入端部灌孔混凝土中。

3 当剪力墙墙端设置钢筋混凝土柱作为边缘构件时，应按先砌砌块墙体，后浇筑混凝土柱的施工顺序，墙体中的水平钢筋应在柱中锚固并应满足钢筋锚固长度的要求。

4 芯柱的纵向钢筋应通过清扫口与基础圈梁、楼层圈梁、连系梁伸出的竖向钢筋绑扎搭接或焊接连接，搭接或焊接长度应符合设计要求。当钢筋直径大于22mm时，宜采用机械连接。

5 芯柱竖向钢筋应居中设置，顶端固定后再浇筑芯柱混凝土，连续浇筑混凝土的高度不应大于 1.8m。

4.6.3 预留孔洞及穿墙管道必须符合设计要求，不得事后剔凿。电线管开槽必须弹线，用切割机切割。宽度超过 300mm 的洞口应设置预制钢筋混凝土过梁。

4.6.4 砌筑完每一楼层后，应校核砌体的轴线和标高，保证其偏差在允许偏差范围内。

4.7 试验

砂浆应按规定做稠度和强度试验。砂浆试样在搅拌机出料口随机取样制作，砌筑砂浆的验收批，同一类型、同一强度等级的砂浆试块不应少于 3 组。一组试样应在同一盘砂浆中制作，同一搅拌盘内砂浆不得制作一组以上的砂浆试块。每一检验批且不超过 250m³ 砌体中，每台搅拌机同一类型及同一强度等级砂浆应至少检验一次，如强度等级、配合比或原材料有变化时，还应制作试块。

预拌砂浆应在卸料过程中的中间部位随机取样。

5 质量标准

5.1 主控项目

5.1.1 钢筋的品种、规格、数量和设置部位应符合设计要求。

5.1.2 构造柱、芯柱、组合砌体构件、配筋砌体剪力墙构件的混凝土及砂浆的强度等级应符合设计要求。

5.1.3 构造柱与墙体的连接处应砌成马牙槎，马牙槎应先退后进，预留拉结钢筋位置准确。

5.1.4 配筋砌体中受力钢筋的连接方式及锚固长度、搭接长度应符合设计要求。

5.2 一般项目

5.2.1 构造柱一般尺寸允许偏差及钢筋安装位置的允许偏差应符合表 4-1 的规定。

构造柱一般尺寸允许偏差 表 4-1

项次	项目			允许偏差（mm）
1	中心线位置			10
2	层间错位			8
3	垂直度	每层		10
		全高	≤10m	15
			>10m	20

5.2.2 钢筋安装位置的允许偏差应符合表 4-2 的规定。

钢筋安装位置的允许偏差　　　　　　　　　　　　　　表 4-2

项目		允许偏差（mm）
受力钢筋保护层厚度	网状配筋砌体	±10
	组合砖砌体	±5
	配筋小砌块砌体	±10
配筋小砌块砌体墙凹槽中水平钢筋间距		±10

5.2.3　钢筋的防腐保护应符合规定，且钢筋保护层完好。

5.2.4　网状配筋砖砌体中，钢筋网规格及放置间距应符合设计规定。

6　成品保护

6.0.1　砌块在装运过程中，应轻装轻放，运到现场的小砌块，分规格、分等级堆放整齐，堆放高度不宜超过 2m。在运输及堆放中应防止雨淋。

6.0.2　预埋的拉结钢筋应加强保护，不得踩倒弯折。

6.0.3　砌体上的管线槽孔以预留为主，漏埋或未预埋时应采取措施，不得因剔凿而损坏砌体的完整性。

6.0.4　预埋的暖卫电器管线及设备应注意保护，防止碰撞损坏。

6.0.5　手推车应平稳行驶，防止碰撞墙面。

6.0.6　砌筑施工应及时清除砂浆和碎块，以免影响下道工序施工。

6.0.7　搭拆施工架子时，应注意保护墙体及门窗护角。

7　注意事项

7.1　应注意的质量问题

7.1.1　施工时所用的小砌块的产品龄期不应小于 28d。

7.1.2　承重墙体严禁使用断裂小砌块。

7.1.3　需要移动小砌块或小砌块被摇动时，应重新铺砌。

7.1.4　承重墙体不得采用小砌块与其他块体材料混合砌筑。

7.1.5　对于规定的洞口、管道、沟槽和预埋件等，应在砌体中预留或预埋，严禁在砌好的砌体上打凿。

7.2　应注意的安全问题

7.2.1　停放机械的场地土质应坚实，雨期应有排水措施，防止地面下沉造成机械倾斜。

7.2.2　机械运转前应进行全面检查，达到要求后方可施工。工作中如遇故障等，应专业人员进行检修。

7.2.3　垂直运输砌块、砂浆等不准超出机械的起吊能力，机械应设限位保险装置。

7.2.4 采用内脚手架施工时，应在房屋外墙四周按照安全技术规定设置安全网、护身栏，并随施工的高度逐层提升。

7.2.5 砌体施工时，不得站在墙上进行划线、刮缝及清扫墙面或检查墙面平整度和垂直度等操作，也不得在墙面上行走，防止坠落。

7.2.6 在砌块砌体上，不宜拉锚缆风绳，不宜吊挂重物，也不宜作为其他施工临时设施、支撑的支承点，如确需要时，应采取有效的安全措施。

7.2.7 大风、大雨、冰冻等异常气候之后，应检查砌体垂直度是否有变化。

7.3 应注意的绿色施工问题

7.3.1 现场材料应堆放整齐，进行必要的苫盖，防止扬尘。水泥应存入水泥库房，并有防潮措施。

7.3.2 因砂浆搅拌而产生的污水应经过滤后排入指定地点。

7.3.3 砂浆搅拌机的运行噪声应控制在国家有关部门规定的范围内。

7.3.4 在砂浆搅拌、运输、使用过程中，遗漏的砂浆应及时回收处理。

7.3.5 施工场地实行封闭化，主要道路硬化，易起尘的施工面及时洒水围挡，保证现场扬尘排放达标。

7.3.6 固体废物实现分类存放，有效管理，提高回收利用率。生产和生活用水分类排放。

7.3.7 车辆运输不超载，出入冲洗车轮，保证运输无遗撒。

8 质量记录

8.0.1 砌体施工质量控制等级确认记录。

8.0.2 砖、混凝土空心砌块、钢筋、混凝土、砂等材料合格证书、产品性能检测报告，后植筋拉拔试验报告。

8.0.3 有机塑化剂砌体强度型式检验报告。

8.0.4 混凝土、砂浆配合比通知单。

8.0.5 混凝土、砂浆试件抗压强度试验报告。

8.0.6 隐蔽工程检查验收记录。

8.0.7 施工记录。

8.0.8 配筋砖砌体工程检验批质量验收记录。

8.0.9 配筋砖砌体分项工程质量验收记录。

8.0.10 配筋砌块砌体工程检验批质量验收记录。

8.0.11 配筋砌块砌体分项工程质量验收记录。

8.0.12 其他技术文件。

第5章 石砌体砌筑

本工艺标准适用于石砌筑砌体工程。

1 引用标准

《砌体结构工程施工规范》GB 50924—2014

《建筑工程施工质量验收统一标准》GB 50300—2013

《砌体结构工程施工质量验收规范》GB 50203—2011

《砌体工程现场检测技术标准》GB/T 50315—2011

《砌筑砂浆配合比设计规程》JGJ 98—2010

《建筑砂浆基本性能试验方法》JGJ 70—2009

2 术语（略）

3 施工准备

3.1 作业条件

3.1.1 应编制砌体工程施工方案，按照设计及标准结合现场实际情况绘制排砌图及节点组砌图。

3.1.2 完成进场原材料的见证取样复验、砌筑砂浆及混凝土配合比的设计。

3.1.3 检查砌筑操作人员的岗位技能资格证，并对操作人员进行技术、安全交底。

3.1.4 完成上道工序的验收，且验收合格。

3.1.5 弹好墙身轴线、边线以及门窗洞口线，核对放线尺寸，形成记录并办理验收手续。

3.1.6 现场所用计量器具符合检定周期和检定标准规定。

3.1.7 砌体样板已验收合格。

3.2 材料及机具

3.2.1 石料：毛石应质地坚实、无风化剥落和裂纹，应呈块状，其中间厚度不宜小于150mm。料石的规格、品种、颜色、强度等级应符合设计要求，宽度、厚度均不宜小于200mm，长度不宜大于厚度的4倍。料石加工的允许偏差应符合表5-1的规定。

料石加工允许偏差（mm）　　　　　　表 5-1

料石种类	加工允许偏差	
	宽度、厚度（mm）	长度（mm）
细料石	±3	±5
粗料石	±5	±7
毛料石	±10	±15

　　3.2.2　水泥：宜采用通用硅酸盐水泥或砌筑水泥，且应符合国家标准《通用硅酸盐水泥》GB 175 和《砌筑水泥》GB/T 3183 的规定，有出厂 28d 合格证和复试报告。M15 及以下强度等级的砌筑砂浆宜选用 32.5 级的通用硅酸盐水泥或砌筑水泥；M15 以上强度等级的砌筑砂浆宜选用 42.5 级普通硅酸盐水泥。水泥存放应按品种、强度等级、出厂日期分类堆放，并保持干燥，当在使用中对水泥质量受不利环境影响或水泥出厂超过 3 个月、快硬硅酸盐水泥超过 1 个月时，应进行复验，并应按复验结果使用。不同品种、不同强度等级的水泥不得混合使用。

　　3.2.3　砂：宜选用过筛中砂，且应符合现行标准《混凝土和砂浆用再生细骨料》GB/T 25176、《普通混凝土用砂、石质量及检验方法标准》JGJ 52 和《再生骨料应用技术规程》JGJ/T 240 的规定。水泥砂浆和强度等级不小于 M5 的水泥混合砂浆，砂中含泥量不应超过 5%；强度等级小于 M5 的水泥混合砂浆，砂中含泥量不应超过 10%。

　　3.2.4　掺合料：建筑生石灰熟化成石灰膏时，熟化时间不得少于 7d，磨细生石灰粉熟化时间不少于 2d，材质应符合《建筑生石灰》JC/T 479 的有关规定；粉煤灰的品质指标应符合《粉煤灰在混凝土及砂浆中的应用技术规程》JGJ 28 的有关规定，宜采用干排灰。

　　3.2.5　外加剂：凡在砂浆中掺入增塑剂、早强剂、缓凝剂、防水剂、防冻剂等外加剂，应符合国家现行标准《混凝土外加剂》GB 8076、《混凝土外加剂应用技术规范》GB 50119 和《砌筑砂浆增塑剂》JG/T 164 的规定。经检验和试配，符合要求后方可使用。

　　3.2.6　水：应采用不含有害物质的洁净水并应符合现行行业标准《混凝土用水标准》JGJ 63 的规定。

　　3.2.7　机具：搅拌机、切割机、台秤、大铲、大锤、小锤、灰槽、线坠、钢卷尺、皮数杆、小白线、砖夹、扫帚、5mm 孔径筛子、铁锹、运灰车、运砖车等。

4　操作工艺

4.1　工艺流程

测量放线 → 立皮数杆 → 砂浆搅拌 → 砌筑 → 试验

4.2　测量放线

按照设计要求弹出各部位、墙身线及控制线。

4.3　立皮数杆

按照所弹强身线立好皮数杆，皮数杆应设在端部、转角处、中间部分距离宜不大于 15m，皮数杆上应注明砌筑皮数及砌筑高度等。

4.4　砂浆搅拌

优先采用预拌砂浆。现场拌制砂浆应采用机械搅拌，搅拌时间自投料完起算，水泥砂浆和水泥混合砂浆不应少于 2min；采用水泥粉煤灰砂浆和掺用外加剂的砂浆，不应少于 3min；掺液体增塑剂的砂浆，应先将水泥、砂干拌混合均匀后，将添加增塑剂的拌合水倒入干混砂浆中继续搅拌；掺固体增塑剂的砂浆，应先将水泥、砂和增塑剂干拌混合均匀后，将拌合水倒入其中继续搅拌。从加水开始，搅拌时间不应少于 3.5min。预拌砂浆的搅拌时间应符合有关技术标准或产品说明书的要求。

所用配合比应采用质量比，计量精度应控制在水泥及各种外加剂配料的允许偏差为 ±2％，砂、粉煤灰、石灰膏配料的允许偏差为 ±5％ 以内。砂子计量时，应扣除其含水量对配料的影响。

4.5　砌筑

4.5.1　砌料石

1　砌筑方法可采用丁顺叠砌、二顺一丁、丁顺组砌、全顺叠砌。

2　料石砌体的水平灰缝应平直，竖向灰缝应宽度一致，其中细料石砌体不宜大于 5mm；粗料石和毛料石砌体不宜大于 20mm。

3　砌筑料石砌体时，料石应放置平稳。砂浆铺设厚度应略高于规定灰缝厚度，其高出厚度：细料石、半细料石宜为 3～5mm；粗料石、毛料石宜为 6～8mm。叠砌面的粘灰面积应大于 80％。

4　料石墙的第一皮及每个楼层的最上一皮应丁砌。阶梯形料石基础，上级阶梯的料石应至少压砌下级阶梯的 1/3。

5　料石砌体应上下错缝搭砌。砌体厚度不小于两块料石宽度时，如同皮内全部采用顺砌，每砌两皮后，应砌一皮丁砌层；如同皮内采用丁顺组砌，丁砌不应交错设置，其中心间距不应大于 2m。

6　在料石和毛石或砖的组合墙中，料石砌体和毛石砌体或砖砌体应同时砌筑，并应按要求做好不同砌体的拉结。

7　料石砌体的转角处和交接处应同时砌筑。对不能同时砌筑而又必须留置临时间断处，应砌成斜槎。

4.5.2　砌毛石

1　毛石砌体的灰缝应饱满密实，表面灰缝厚度不宜大于 40mm，石块间不得有无砂浆而相互接触现象。

2　毛石砌体宜分皮卧砌，错缝搭砌，搭接长度不得小于 80mm，内外搭砌时，不得采用外面侧立石块中间填心的砌筑方法；第一皮及转角处、交接处和洞口处，应采用较大的平毛石砌筑。

3　砌筑毛石基础时应拉垂线及水平线，砌第一皮毛石时，应先在基坑底铺设砂浆，并将大面向下。阶梯形毛石基础的上级阶梯的石块应至少压砌下级阶梯的 1/2，相邻阶梯的毛石应相互错缝搭砌。

4　毛石砌体砌筑时，不应出现通缝、干缝、空缝和孔洞。

5　毛石砌体应设置拉结石，拉结石应均匀分布，相互错开，基础砌体同皮内间距不宜大于 2m，墙体应每 0.7m² 设置一块，且同皮内的中距不应大于 2m。当基础宽度或墙厚≤400mm，拉结石长度应与基础或墙厚同宽；当基础宽度或墙厚＞400mm 时，可用两块拉结石内外搭接，搭接长度不应小于 150mm 且其中一块的长度不应小于基础宽度或墙厚的 2/3。

6　在毛石和料石或砖的组合墙中，毛石砌体和料石砌体或砖砌体应同时砌筑，并应按要求做好不同砌体的拉结。

7　毛石砌体的转角处和交接处应同时砌筑。对不能同时砌筑而又必须留置临时间断处，应砌成斜槎。

4.5.3　勾缝

1　勾平缝时，应将灰缝嵌塞密实，缝面应于石面相平，并应将缝面压光。

2　勾凸缝时，应先用砂浆将灰缝补平，待初凝后再抹第二层砂浆，压实后应将其捋成宽度为 40mm 的凸缝。

3　勾凹缝时，应将灰缝嵌塞密实，缝面宜比石面深 10mm，并把缝面压平溜光。

4.6　试验

砂浆应按规定做稠度和强度试验。砂浆试样在搅拌机出料口随机取样制作，砌筑砂浆的验收批，同一类型、同一强度等级的砂浆试块不应少于 3 组。一组试样应在同一盘砂浆中制作，同一搅拌盘内砂浆不得制作一组以上的砂浆试块。每一检验批且不超过 250m³ 砌体中，每台搅拌机同一类型及同一强度等级砂浆应至少检验一次，如强度等级、配合比或原材料有变化时，还应制作试块。

预拌砂浆应在卸料过程中的中间部位随机取样。

5　质量标准

5.1　主控项目

5.1.1　石材及砂浆强度等级必须符合设计要求。

5.1.2 砂浆饱满度不应小于 80%。

5.2 一般项目

5.2.1 石砌体的一般尺寸允许偏差应符合表 5-2 的规定。

石砌体的一般尺寸允许偏差（mm） 表 5-2

项次	项目		允许偏差（mm）						
			毛石砌体		料石砌体				
					毛料石		粗粒石		细料石
			基础	墙	基础	墙	基础	墙	墙、柱
1	轴线位置		20	15	20	15	15	10	10
2	基础和墙砌体顶面标高		±25	±15	±25	±15	±15	±15	±10
3	砌体厚度		+30	+20 −10	+30	+20 −10	+15	+10 −5	+10 −5
4	墙面垂直度	每层	—	20	—	20	—	10	7
		全高	—	30	—	30	—	25	10
5	表面平整度	清水墙柱	—	—	—	20	—	10	5
		混水墙柱	—	—	—	20	—	15	—
6	清水墙水平灰缝平直度		—	—	—	—	—	10	5

5.2.2 石砌体的组砌形式应符合内外搭砌，上下错缝，拉结石、丁砌石交错设置的规定，毛石墙拉结石每 0.7m² 墙面不应少于 1 块。

6 成品保护

6.0.1 石材装卸、堆放应注意对棱角及外露面的保护。

6.0.2 砂浆初凝后，不得再移动或碰撞已砌筑的石块。

6.0.3 细料石墙、柱、垛应用木块、塑料布保护，防止损坏棱角或污染。

6.0.4 砌体中埋设的拉结筋应注意保护，不得随意踩倒弯折。

6.0.5 砌筑过程中遇大雨时应停工，并对已完成品采取保护措施。

7 注意事项

7.1 应注意的质量问题

7.1.1 石材质量应符合设计要求，对进场的料石品种、规格、颜色等应按规定进行核验。

7.1.2 砂浆配合比计量应准确，搅拌时间应达到规定的要求。试块的制作、养护、试压应符合规定。砂子计量时，应扣除含水量对配料的影响。

7.1.3 皮数杆应立牢固、标高一致，砌筑时拉紧小线。

7.1.4 石材清水墙、料石墙中不得留脚手眼。

7.1.5 雨后继续施工时，应检查已完砌体的垂直度和标高。

7.2　应注意的安全问题

7.2.1 停放机械的场地土质应坚实，雨期应有排水措施，防止地面下沉造成机械倾斜。

7.2.2 机械操作前应检查操作环境是否符合安全要求，道路是否畅通，机具是否完好牢固，安全设施是否齐全，经检查符合要求后方可施工。

7.2.3 砌筑时不准徒手移动，以免压破和擦伤手指。

7.2.4 不准在墙顶休整石材，以免震动墙体或石片掉下，造成伤人事故。

7.2.5 在超过 1m 以上的墙体进行砌筑时，应避免将墙体碰撞倒塌或上块石时失手掉下，造成安全事故。石砌体每天的砌筑高度不得大于 1.2m。

7.3　应注意的绿色施工问题

7.3.1 现场材料应堆放整齐，进行必要的苫盖，防止扬尘。水泥应存入水泥库房，并有防潮措施。

7.3.2 因砂浆搅拌而产生的污水应经过滤后排入指定地点。

7.3.3 砂浆搅拌机的运行噪声应控制在国家有关部门规定的范围内。

7.3.4 在砂浆搅拌、运输、使用过程中，遗漏的砂浆应及时回收处理。

7.3.5 施工场地实行封闭化，主要道路硬化，易起尘的施工面及时洒水围挡，保证现场扬尘排放达标。

7.3.6 固体废物实现分类存放，有效管理，提高回收利用率。生产和生活用水分类排放。

7.3.7 车辆运输不超载，出入冲洗车轮，保证运输无遗撒。

8　质量记录

8.0.1 砌体施工质量控制等级确认记录。

8.0.2 石材、水泥、钢筋、砂等材料合格证书、产品性能检测报告。

8.0.3 有机塑化剂砌体强度型式检验报告。

8.0.4 砂浆配合比通知单。

8.0.5 砂浆试件抗压强度试验报告。

8.0.6 隐蔽工程检查验收记录。

8.0.7 施工记录。

8.0.8 石砌体工程检验批质量验收记录。

8.0.9 石砌体分项工程质量验收记录。

8.0.10 其他技术文件。

第6章 混凝土小型空心砌块砌筑

本工艺标准适用于普通混凝土小型空心砌块和轻骨料混凝土小型空心砌块砌筑工程。

1 引用标准

《砌体结构工程施工规范》GB 50924—2014

《建筑工程施工质量验收统一标准》GB 50300—2013

《砌体结构工程施工质量验收规范》GB 50203—2011

《砌体工程现场检测技术标准》GB/T 50315—2011

《烧结普通砖》GB/T 5101—2017

《普通混凝土小型砌块》GB/T 8239—2014

《轻集料混凝土小型空心砌块》GB/T 15229—2011

《钢筋混凝土用钢 第1部分：热轧光圆钢筋》GB/T 1499.1—2017

《钢筋混凝土用钢 第2部分：热轧带肋钢筋》GB/T 1499.2—2018

《砌筑砂浆配合比设计规程》JGJ 98—2010

《建筑砂浆基本性能试验方法》JGJ 70—2009

2 术语（略）

3 施工准备

3.1 作业条件

3.1.1 应编制砌体工程施工方案，应按照设计及标准结合现场实际情况绘制排砖图，节点组砌图。

3.1.2 完成进场原材料的见证取样复验、砌筑砂浆及混凝土配合比的设计。

3.1.3 检查砌筑操作人员的技能资格，并对操作人员进行技术、安全交底。

3.1.4 完成上道工序的验收，且经验收合格。

3.1.5 弹好墙身轴线、边线以及门窗洞口线，核对放线尺寸，形成记录并办理验收手续。

3.1.6 现场所用计量器具符合检定周期和检定标准规定。

3.1.7　砌体样板已验收合格。

3.2　材料和机具

3.2.1　砌块：混凝土小型空心砌块和轻集料混凝土小型空心砌块的规格，外观质量、密度等级、强度等级等必须符合设计要求及《普通混凝土小型砌块》GB/T 8239 和《轻集料混凝土小型空心砌块》GB/T 15229。砌块的生产龄期应达到 28d，有出厂合格证。

3.2.2　水泥：宜采用通用硅酸盐水泥或砌筑水泥，且应符合国家标准《通用硅酸盐水泥》GB 175 和《砌筑水泥》GB/T 3183 的规定，有出厂 28d 合格证和复试报告。M15 及以下强度等级的砌筑砂浆宜选用 32.5 级的通用硅酸盐水泥或砌筑水泥；M15 以上强度等级的砌筑砂浆宜选用 42.5 级普通硅酸盐水泥。水泥存放应按品种、强度等级、出厂日期分类堆放，并保持干燥，当在使用中对水泥质量受不利环境影响或水泥出厂超过 3 个月、快硬硅酸盐水泥超过 1 个月时，应进行复验，并应按复验结果使用。不同品种、不同强度等级的水泥不得混合使用。

3.2.3　砂：宜选用过筛中砂，且应符合现行标准《混凝土和砂浆用再生细骨料》GB/T 25176、《普通混凝土用砂、石质量及检验方法标准》JCJ 52 和《再生骨料应用技术规程》JGJ/T 240 的规定。水泥砂浆和强度等级不小于 M5 的水泥混合砂浆，砂中含泥量不应超过 5%；强度等级小于 M5 的水泥混合砂浆，砂中含泥量不应超过 10%。

3.2.4　掺合料：建筑生石灰熟化成石灰膏时，熟化时间不得少于 7d，磨细生石灰粉熟化时间不少于 2d，材质应符合《建筑生石灰》JC/T 479 的有关规定；粉煤灰的品质指标应符合《粉煤灰在混凝土及砂浆中的应用技术规程》JGJ 28 的有关规定，宜采用干排灰。

3.2.5　外加剂：凡在砂浆中掺入增塑剂、早强剂、缓凝剂、防水剂、防冻剂等外加剂，应符合国家现行标准《混凝土外加剂》GB 8076、《混凝土外加剂应用技术规范》GB 50119 和《砌筑砂浆增塑剂》JG/T 164 的规定。经检验和试配，符合要求后方可使用。

3.2.6　水：应采用不含有害物质的洁净水并应符合现行行业标准《混凝土用水标准》JGJ 63 的规定。

3.2.7　配套材料：小砌块砌筑砂浆应符合《混凝土小型空心砌块和混凝土砖砌筑砂浆》JC 860 的要求；小砌块灌孔混凝土应符合《混凝土砌块（砖）砌体用灌孔混凝土》JC 861 的要求。

3.2.8　钢筋：砌体结构工程使用的钢筋，应符合设计要求及国家现行标准《钢筋混凝土用钢　第 1 部分：热轧光圆钢筋》GB/T 1499.1 和《钢筋混凝土用

钢 第2部分：热轧带肋钢筋》GB/T 1499.2的规定。

3.2.9 机具：搅拌机、切割机、台秤、大铲、刨锛、托线板、灰槽、线坠、钢卷尺、八字靠尺板、水平尺、皮数杆、小白线、砖夹、扫帚、5mm孔径筛子、铁锹、运灰车、运砖车等。

4 操作工艺

4.1 工艺流程

测量放线 → 砌块浇水 → 立皮数杆 → 砂浆搅拌 → 砌筑 → 芯柱施工 → 试验

4.2 测量放线

以结构施工内控点为依据，按设计要求，在楼地面上弹好墙身线、门窗洞口位置线（特殊标识），并认真核对窗间墙、垛尺寸，按其长度排砖。

4.3 砌块浇水

小砌块砌筑时的含水率，对普通混凝土小砌块，宜为自然含水率；当天气干燥炎热时，可提前浇水湿润；对轻集料混凝土小型砌块，宜提前1~2d浇水湿润。小砌块表面有浮水时不得使用。

4.4 立皮数杆

按室内地坪在所砌墙的两端立好皮数杆，同时除墙体转角及交接处全立外，其他地方间距宜不大于15m。

4.5 砂浆搅拌

优先采用预拌砂浆。现场拌制砂浆应采用机械搅拌，搅拌时间自投料完起算，水泥砂浆和水泥混合砂浆不应少于2min；采用水泥粉煤灰砂浆和掺用外加剂的砂浆，不应少于3min；掺液体增塑剂的砂浆，应先将水泥、砂干拌混合均匀后，将添加增塑剂的拌合水倒入干混砂浆中继续搅拌；掺固体增塑剂的砂浆，应先将水泥、砂和增塑剂干拌混合均匀后，将拌合水倒入其中继续搅拌。从加水开始，搅拌时间不应少于3.5min。预拌砂浆的搅拌时间应符合有关技术标准或产品说明书的要求。

所用配合比应采用质量比，计量精度应控制在水泥及各种外加剂配料的允许偏差为±2%，砂、粉煤灰、石灰膏配料的允许偏差为±5%以内。砂子计量时，应扣除其含水量对配料的影响。

4.6 砌筑

4.6.1 小砌块墙体应对孔错缝搭砌，搭砌应符合下列规定：

1 单排孔小砌块的搭接长度应为块体长度的1/2，多排孔小砌块的搭接长度不宜小于砌块长度的1/3，且不应小于90mm。

2 当个别部位不能满足搭砌要求时，应在此部位的水平灰缝中设 $\phi 4$ 钢筋网片，且网片两端与该位置的竖缝距离不得小于 400mm 或采用配块；搭接长度不应小于 90mm。墙体竖向通缝不得超过两皮小砌块，独立柱不得有竖向通缝。

4.6.2 小砌块应将生产时的底面朝上反砌于墙上。当砌筑厚度大于 190mm 的小砌块墙体时，宜在墙体内侧双面挂线。

4.6.3 墙体的转角处和纵横墙交接处应同时砌筑，临时间断处应砌成斜槎，斜槎水平投影长度不应小于高度。临时施工洞口可预留直槎，但在补砌洞口时，应在直槎上下搭砌的小砌块孔洞内用强度等级不低于 Cb20 或 C20 的混凝土灌实（图 6-1）。

图 6-1 施工临时洞口直槎砌筑示意图
1—先砌洞口灌孔混凝土（随砌随灌）；2—后砌洞口灌孔混凝土（随砌随灌）

4.6.4 厚度为 190mm 的自承重小砌块墙体宜与承重墙同时砌筑。厚度小于 190mm 的自承重小砌块墙宜后砌，且应按设计要求预留拉结钢筋或钢筋网片。

4.6.5 小砌块砌体的水平灰缝应平直，按净面积计算的砂浆饱满度不应低于 90％；竖向灰缝应采用加浆方法，使其砂浆饱满，竖缝的砂浆饱满度不得低于 90％。

4.6.6 砌筑时，对一般墙面，应及时用原浆勾缝，凹缝深度宜为 2mm。对装饰夹心复合墙墙体的墙面，应采用勾缝砂浆进行加浆勾缝，勾缝宜为凹圆或 V 形缝，凹缝深度宜为 4～5mm。

4.6.7 小砌块砌体的水平灰缝厚度和竖向灰缝宽度宜为 10mm，但不应小于 8mm，也不应大于 12mm。砌筑时的一次铺灰长度不宜超过两块主规格块体的长度。水平灰缝应满铺下皮小砌块的全部壁肋或单排、多排孔小砌块的封底面；竖向灰缝宜将小砌块一个端面朝上满铺砂浆，上墙应挤紧，并应加浆插捣密实。

4.6.8　砌筑时对砌体的表面平整度、垂直度、灰缝均匀程度及砂浆饱满程度等应随时检查，并校正所发现的偏差。在砌完一个楼层后，应校核墙体的轴线尺寸和标高。

4.6.9　对设计规定的洞口、管道、沟槽和预埋件，应在砌筑墙体时正确预留和预埋，不得随意打凿已砌好的墙体。小砌块墙内不得混砌黏土砖或其他墙体材料。当需局部嵌砌时，应采用强度等级不低于 C20 的适宜尺寸的配套预制混凝土砌块。

4.6.10　脚手架应采用双排脚手架或工具式脚手架。当需在墙上设置脚手眼时，可采用辅助规格的小砌块侧砌，利用其孔洞作脚手眼，墙体完工后应采用强度等级不低于 Cb20 或 C20 的混凝土填实。

4.7　芯柱施工

4.7.1　砌筑芯柱部位的墙体，应采用不封底的通孔小砌块。

4.7.2　在楼地面砌筑第一皮小砌块时，芯柱部位应采用带清扫口的 U 形、E 形、C 形或其他异形小砌块砌留操作孔。砌筑芯柱部位的砌块时，应随砌随刮去孔洞内壁凸出的砂浆，直至一个楼层高度，并应及时清除芯柱孔洞内掉落的砂浆及其他杂物。

4.7.3　浇灌芯柱混凝土应遵守下列规定：

1　应清除孔洞内的杂物，并应用水冲洗，湿润孔壁；

2　当用模板封闭操作孔时，应有防止混凝土漏浆的措施；

3　砌筑砂浆强度大于 1.0MPa 后，方可浇筑芯柱混凝土，每层应连续浇筑；

4　浇筑芯柱混凝土前，应先浇 50mm 厚与芯柱混凝土配比相同的去石水泥砂浆，再浇筑混凝土；每浇筑 500mm 左右高度，应捣实一次，或边浇筑边用插入式振捣器捣实；

5　应预先计算每个芯柱的混凝土用量，按计量浇筑混凝土；

6　芯柱与圈梁交接处，可在圈梁下 50mm 处留置施工缝，芯柱在预制楼盖处应贯通，不得削弱芯柱截面尺寸。

4.8　试验

砂浆应按规定做稠度和强度试验，砂浆试样在搅拌机出料口随机取样制作，砌筑砂浆的验收批，同一类型、同一强度等级的砂浆试块不应少于 3 组。一组试样应在同一盘砂浆中制作，同一搅拌盘内砂浆不得制作一组以上的砂浆试块。每一检验批且不超过 250m³ 砌体中，每台搅拌机同一类型及同一强度等级砂浆应至少检验一次，如强度等级、配合比或原材料有变化时，还应制作试块。

预拌砂浆应在卸料过程中的中间部位随机取样。

5 质量标准

5.1 主控项目

5.1.1 小砌块和芯柱混凝土、砌筑砂浆的强度等级必须符合设计要求。

5.1.2 砌体水平灰缝和竖向灰缝的砂浆饱满度，应按净面积计算不得低于90％；不得出现瞎缝、透明缝。

5.1.3 墙体转角处和纵横交接处应同时砌筑。临时间断处应砌成斜槎，斜槎水平投影长度不应小于斜槎高度。

5.1.4 小砌块砌体的芯柱在楼盖处应贯通，不得削弱芯柱截面尺寸；芯柱混凝土不得漏灌。

5.2 一般项目

5.2.1 墙体的水平灰缝厚度和竖向灰缝宽度宜为10mm，但不应大于12mm，也不应小于8mm，具体见表6-1。

砌体的轴线偏移和垂直度偏差（mm）　　　　　表6-1

项目			允许偏差
轴线位置偏移			10
垂直度	每层		5
	全高	≤10m	10
		>10m	20

5.2.2 砌体尺寸偏差见表6-2中的规定。

砌体的一般尺寸允许偏差　　　　　表6-2

项目		允许偏差
基础顶面和楼面标高		±15
表面平整度	清水墙、柱	5
	混水墙、柱	8
门窗洞口高、宽（后塞口）		±10
外墙上下窗口偏移		20
水平灰缝平直度	清水墙	7
水平灰缝平直度	混水墙	10

6 成品保护

6.0.1 砌块在装运过程中，应轻装轻放，运到现场的小砌块，分规格、分等级堆放整齐，堆放高度不宜超过1.6m。

6.0.2　预埋的拉结钢筋应加强保护，不得踩倒弯折。

6.0.3　砌体上的管线槽孔以预留为主，漏埋或未预埋时应采取措施，不得因剔凿而损坏砌体的完整性。

6.0.4　预埋的暖卫电器管线及设备应注意保护，防止碰撞损坏。

6.0.5　手推车应平稳行驶，防止碰撞墙面。

6.0.6　砌筑施工应及时清除砂浆和碎块，以免影响下道工序施工。

6.0.7　搭拆施工架子时，应注意保护墙体及门窗护角。

7　注意事项

7.1　应注意的质量问题

7.1.1　施工时所用的小砌块的产品龄期不应小于 28d。

7.1.2　承重墙体严禁使用断裂小砌块。

7.1.3　需要移动小砌块或小砌块被摇动时，应重新铺砌。

7.1.4　承重墙体不得采用小砌块与其他块体材料混合砌筑。

7.1.5　拉结钢筋或网片应放置于灰缝和芯柱内，不得漏放，外露部分不得随意弯折。

7.1.6　小砌块用于框架填充墙时，应与框架中预埋的拉结钢筋连接；当填充墙砌至顶面最后一皮时，与上部结构的接触处宜用实心小砌块斜砌紧楔。

7.1.7　对于规定的洞口、管道、沟槽和预埋件等，应在砌体中预留或预埋，严禁在砌好的砌体上打凿。

7.2　应注意的安全问题

7.2.1　停放机械的场地土质应坚实，雨期应有排水措施，防止地面下沉造成机械倾斜。

7.2.2　机械运转前应进行全面检查，达到要求后方可施工。工作中如遇故障等，应专业人员进行检修。

7.2.3　垂直运输砌块、砂浆等不准超出机械的起吊能力，机械应设限位保险装置。

7.2.4　采用内脚手架施工时，应在房屋外墙四周按照安全技术规定设置安全网、护身栏，并随施工的高度逐层提升。

7.2.5　砌体施工时，不得站在墙上进行划线刮缝及清扫墙面或检查墙面平整度和垂直度等操作，也不得在墙面上行走，防止坠落。

7.2.6　在砌块砌体上，不宜拉锚缆风绳，不宜吊挂重物，也不宜作为其他施工临时设施、支撑的支承点，如确需要时，应采取有效的安全措施。

7.2.7　大风、大雨、冰冻等异常气候之后，应检查砌体垂直度是否有变化。

小砌块砌体每天的砌筑高度控制在 1.4m 或一步脚手架高度内。

7.3　应注意的绿色施工问题

7.3.1　现场材料应堆放整齐，进行必要的苫盖，防止扬尘。水泥应存入水泥库房，并有防潮措施。

7.3.2　因砂浆搅拌而产生的污水应经过滤后排入指定地点。

7.3.3　砂浆搅拌机的运行噪声应控制在国家有关部门规定的范围内。

7.3.4　在砂浆搅拌、运输、使用过程中，遗漏的砂浆应及时回收处理。

7.3.5　施工场地实行封闭化，主要道路硬化，易起尘的施工面及时洒水围挡，保证现场扬尘排放达标。

7.3.6　固体废物实现分类存放，有效管理，提高回收利用率。生产和生活用水分类排放。

7.3.7　车辆运输不超载，出入冲洗车轮，保证运输无遗撒。

8　质量记录

8.0.1　砌体施工质量控制等级确认记录。

8.0.2　混凝土空心砌块、钢筋、混凝土、砂等材料合格证书、产品性能检测报告，后植筋拉拔试验报告。

8.0.3　有机塑化剂砌体强度型式检验报告。

8.0.4　混凝土、砂浆配合比通知单。

8.0.5　混凝土、砂浆试件抗压强度试验报告。

8.0.6　隐蔽工程检查验收记录。

8.0.7　施工记录。

8.0.8　混凝土小型空心砌块砌体工程检验批质量验收记录。

8.0.9　混凝土小型空心砌块砌体分项工程质量验收记录。

8.0.10　其他技术文件。

第2篇 钢结构工程

第7章 钢结构零部件加工

本工艺标准适用于钢结构工程的零件、部加工。如：翼缘板、腹板、节点板、牛腿等。

1 引用标准

《钢结构设计标准》GB 50017—2017

《钢结构工程施工规范》GB 50755—2012

《钢结构工程施工质量验收规范》GB 50205—2001

《钢结构焊接规范》GB 50661—2011

《高层民用建筑钢结构技术规程》JGJ 99—2015

《碳素结构钢》GB/T 700—2006

《低合金高强度结构钢》GB/T 1591—2008

《热轧型钢》GB/T 706—2008

《碳素结构钢和低合金结构钢热轧钢板和钢带》GB/T 3274—2017

《建筑结构用钢板》GB/T 19879—2015

2 术语

2.0.1 零件：组成部件或构件的最小单元，如节点板、翼缘板等。

2.0.2 部件：由若干零件组成的单元，如焊接 H 型钢、牛腿等。

3 施工准备

3.1 作业条件

3.1.1 完成施工详图设计，并经原设计人员签字认可。按施工详图的需求备料，所用材料已进场并验收合格。

3.1.2 编制零部件加工工艺文件，作业前做好安全技术交底。

3.1.3 生产工人均应进行岗前培训，取得相应资格的上岗证书。焊工必须经考试合格取得焊工合格证并在施工许可范围内施焊，严禁焊工无证操作。

3.1.4 所用机械设备调试验收合格，制作、检查、验收所用量具的精度符合要求，并经计量检测部门检定。

3.2 材料及机具

3.2.1 钢材：钢板、型钢等材料的品种、规格、性能等应符合现行国家产品标准和设计要求，进口钢材产品的质量应符合设计和合同规定标准的要求。有产品质量合格证明文件中文标志和检验报告。属于下列情况之一的钢材，应进行抽样复验，复验结果应符合现行国家产品标准和设计要求。

1 进口钢材、混批钢材，或质量证明文件不齐全的钢材；

2 建筑结构安全等级为一级，大跨度钢结构中主要受力构件所采用的钢材；

3 板厚≥40mm，且设计有 Z 向性能要求的厚板；

4 设计文件要求复验的钢材；

5 对质量有疑义的钢材。

3.2.2 焊接材料：焊接材料的品种、规格、性能等应符合现行国家产品标准和设计要求，有质量合格证明文件、中文标注和检验报告。对于下列情况之一的钢结构所用焊接材料，应进行抽样复验，复验结果应符合现行国家产品标准和设计要求。

1 建筑结构安全等级为一级的一、二级焊缝；

2 建筑结构安全等级为二级的一级焊缝；

3 大跨度结构中一级焊缝；

4 重级工作制吊车梁结构中一级焊缝；

5 设计文件要求复验的焊接材料。

3.2.3 机具

数控仿形切割机、多头数控直条火焰切割机、卷板机、型钢矫正机、钢板矫正机、组立机、碳弧气刨、电焊设备、数控钻床、普通摇臂钻床、洗床或刨床、磁力电钻、砂轮机、角磨机、喷砂或抛丸设备、喷涂设备等。

工具：钢卷尺、卡尺、直尺、直角尺、墨盒、划针、划规、样冲、大小锤、凿子、撬杠、扳手、夹顶器、千斤顶、枕木、垫块等。

4 操作工艺

4.1 工艺流程

放样和号料 → 切割 → 矫正和成型 → 边缘加工 → 制孔 → 验收

4.2 放样和号料

4.2.1 需要进行放样的工件应根据批准的施工详图以 1：1 比例放出大样，

当放样尺寸过大时可分段放出，但应注意其精度，放样弹出的十字基准线，两线必须垂直，根据放样尺寸制作样板或样杆。

4.2.2 放样和号料应预留焊接收缩量（包括现场焊接收缩量）及切割、铣、刨等加工余量，高层建筑钢结构钢框架柱尚应按设计要求预留弹性压缩量。焊接收缩量根据分析计算或参考经验数据确定，必要时由工艺试验结果确定；切割余量根据材料板厚和切割方法的不同确定；需要进行边缘刨削加工的工件，其刨削量应满足现行规范要求；柱压缩量应由设计单位提出，由制作单位、安装单位和设计单位协商确定。

4.2.3 主要受力构件和需要弯曲的构件，号料时应按工艺规定的方向取料。

4.2.4 号料前，若钢板、型材弯曲变形，先进行矫正。矫正采用钢板矫正机、型钢矫正机等机械矫正或手工矫正，或联合矫正法矫正。

4.2.5 号料后，零件和部件应按施工详图和工艺要求进行识别。号料后的剩余材料应进行余料标识，包括余料型号、规格、材质和炉批号等，以便余料下次使用。

4.3 切割

钢材下料切割可采用机械切割、气割或等离子切割等方法。选用的切割方法应满足工艺文件的要求。切割后的飞边、毛刺应清理干净。切割时优先采用数控切割设备切割，提高切割质量。

4.3.1 机械切割

机械切割主要有剪板机、切割机切割，机械切割主要用于型钢、薄钢板的切割，主要工艺要求：1）剪切时剪刀必须锋利，上下刀刃的间隙应根据板厚调节适当；2）剪切后的弯扭变形必须进行矫正，剪切面粗糙或带有毛刺必须磨光；3）剪切过程中切口附近的金属因受剪力而发生挤压和弯曲，从而产生硬度提高，材料变脆的冷作硬化现象，重要钢构件的焊缝接口位置，一定要用铣、刨或砂轮磨削等方法将硬化表面加工清除。机械剪切的零件厚度不宜大于12mm，剪切面应平整，碳素结构钢在环境温度低于−20℃、低合金结构钢在环境温度低于−15℃时不得进行剪切和冲孔。

4.3.2 气割

钢板零部件下料切割直线时宜采用直条数控火焰切割机；不规则钢板零部件下料切割时宜用仿形数控火焰切割机；大截面型钢下料切割时可采用半自动火焰切割和手动切割相结合的方法。

数控火焰切割设备切割时，应将钢板放置在切割平台并摆正，采用数控计算机微调，将与数控切割计算机系统兼容的CAD软件绘制的图形导入数控计算机系统，用手动或自动套料功能进行套料优化，根据切割钢板厚度的不同选择适宜的割具型号和切缝宽度，设置合理的切割工艺参数、切割路线和切割程序，提交执行完成自动切割。

气割前必须检查确认整个气割设备和工具全部运转正常并可安全使用。气割时应依据割具特点、钢板厚度选择正确的工艺参数，切割时应调节好氧气射流的形状，使其达到并保持轮廓清晰，风线长和射力高，并防止回火。气割前应去除钢材表面的污物、浮锈和其他杂物，并在下面留出一定空间，以便熔渣的吹出。为防止气割变形，应靠边靠角，合理布置，先割大件，后割小件；先割复杂的，后割简单的；窄长条切割采用两边同时切割的方法。

4.4　矫正和成型

零件下料后，根据零件的变形情况和表面质量情况，结合钢材材质和环境温度等因素，选择经济、合理的矫正方法，矫正常用手工矫正、机械矫正、加热矫正，或加热和机械联合矫正。矫正后的偏差值不应超过规范规定的允许偏差。

4.4.1　手工矫正时，把材料的凸面朝上放在平台上，用锤由凸起周围逐渐向边缘进行锤击；板材四周呈波浪形，用锤由四周逐渐向中间进行锤击；板材扭曲时，沿着翘起的对角线进行锤击，并经过多次翻身锤击，达到平整。角钢矫正一般先矫扭曲，后矫角变形及弯曲变形。

4.4.2　钢材及零件采用平板机或型材矫直机矫正时，碳素结构钢的环境温度不应低于 -16℃，低合金结构钢的环境温度不应低于 -12℃。

4.4.3　较厚钢板采用火焰加热进行矫正时，加热温度应符合规范要求，火焰加热矫正采用以下方法：

1　点状加热：圆点直径为板厚的 6 倍加 10mm，加热后采用锤击；

2　线状加热：用于矫正中厚板的圆弧弯曲及构件角变形，根据板厚和变形程度的不同，采用直线形、环线形、摆动曲线形等加热；

3　三角形加热：用于刚性较大的型钢、钢结构件弯曲变形矫正，三角形顶点一般在中心线上，边长可取材料厚度两倍以上；

4　考虑是否需要加外力；

5　一般先矫刚性大的方向，然后再矫刚性小的方向，先矫变形大的局部，然后再矫变形小的部位。

4.4.4　当零件采用热加工成型时，可根据材料的含碳量，选择不同的加热温度，加热温度控制在 900～1000℃，也可控制在 1100～1300℃，碳素结构钢和低合金结构钢在温度分别下降到 700℃和 800℃前应结束加工，低合金结构钢应自然冷却。热加工成型温度应均匀，同一构件不应反复进行热加工，温度冷却到 200～400℃时，严禁捶打、弯曲和成型。型钢冷矫正和冷弯曲的最小曲率半径和最大弯曲矢高应符合《钢结构工程施工规范》GB 50755 的相关规定。

4.5　边缘加工

4.5.1　边缘加工可采用气割和机械加工的方法，对边缘有特殊要求时宜采用精密切割。

4.5.2　气割和机械剪切的零件，需要进行边缘加工时，其刨削量不应小于2.0mm。

4.5.3　加工坡口时，多采用半自动切割机或倒角机，在特殊情况下采用手动气体切割的方法，但事后必须打磨，使坡口符合工艺要求。

4.6　制孔

4.6.1　制孔宜采用数控钻床或摇臂钻床钻孔，构件钻孔也可采用磁力钻床钻孔的方法，对直径较大或长形孔也可采用气割制孔。

4.6.2　制孔时，应根据工件的材质、螺栓孔的直径、级别、精度要求、孔壁表面粗糙度要求选择适宜的钻头和钻杆转速、进给速度，并定时检查刀刃锋利程度。

4.6.3　被钻孔的工件装夹牢固，钻孔过程中，孔壁应保持与构件表面垂直。

4.6.4　在焊接结构中会产生焊接收缩和变形，因此在制作过程中把握好什么时候开孔，将在很大程度上影响产品精度。一般采用下列四种情况，根据结构特点、要求等合理选择。

第一种：在构件加工时预先划上孔位，待拼装、焊接及变形矫正完成后，再划线确认进行打孔加工。

第二种：在构件一端先进行打孔加工，待拼装、焊接及变形矫正完成后，再对另一端进行打孔加工。

第三种：待构件焊接及变形矫正后，对端面进行精加工，然后以加工面为基准进行划线、打孔。

第四种：在划线时，考虑焊接收缩量、变形的余量、允许偏差等直接在零部件上打孔。

4.6.5　采用划线钻孔时，先在构件上划出孔的中心和直径，在孔的圆周上（90°位置）打四只冲眼，作钻孔后检查用；孔中心的冲眼应大而深，作为钻头定心用。厚板和多层板钻孔时要检查平台的水平度，以防止孔的中心倾斜。

4.6.6　采用钻模板钻孔时，当孔群中孔的数量较多，位置要求较高，批量小时采用；做钻模板的钢板多用高强度低合金钢板。

4.6.7　制孔后，孔周边的毛刺、飞边应用砂轮、铲刀等工具清除干净。

4.7　验收

材料进场验收合格后，按各工序检验合格的基础上进行验收，加工质量除满足本标准外，均应满足现行国家相关规范和设计要求。

5 质量标准

5.1 主控项目

5.1.1 钢材的品种、规格、性能等应符合现行国家标准和设计要求，进口产品的质量应符合设计和合同规定的质量要求。钢材应按照现行国家标准《钢结构工程施工质量验收规范》GB 50205 的规定进行抽样复验，其复验结果应符合现行国家标准和设计要求。

5.1.2 放样和号料的允许偏差应符合表 7-1 和表 7-2 的规定。

放样和样板的允许偏差 表 7-1

项目	允许偏差
平行线距离和分段尺寸	±0.5mm
样板长度	±0.5mm
样板宽度	±0.5mm
样板对角线差	1.0mm
样杆长度	±1.0mm
样板的角度	±20′

号料允许偏差 表 7-2

项目	允许偏差（mm）
零件外形尺寸	±1.0
孔距	±0.5

5.1.3 钢材切割面或剪切面应无裂纹、夹渣、毛刺、分层和大于 1mm 的缺棱。气割或机械剪切的零件需要边缘加工时，其刨削量不应小于 2.0mm。

5.1.4 碳素结构钢在环境温度低于 −16℃、低合金结构钢在环境温度低于 −12℃时，不应进行冷矫正和冷弯曲。碳素结构钢和低合金结构钢在加热矫正时，加热温度严禁超过 900℃，最低温度不得低于 600℃。低合金结构钢在加热矫正后应自然冷却。当零件采用热加工成型时，可根据材料的含碳量选择不同的加热温度，加热温度控制在 900～1000℃，也可控制在 1100～1300℃；碳素结构钢和低合金结构钢在温度分别下降到 700℃和 800℃之前，应结束加工；低合金钢结构应自然冷却。

5.1.5 A、B 级螺栓孔（Ⅰ类孔）、C 级螺栓孔（Ⅱ类孔）允许偏差应符合表 7-3 的规定。

A、B、C 级螺栓孔径允许偏差　　　　　　　　表 7-3

A、B 级螺栓孔（Ⅰ类孔）应具有 H12 的精度，孔壁表面粗糙度 Ra 不应大于 12.5μm，其孔径的允许偏差应符合下列规定

螺栓公称直径、螺栓孔直径（mm）	螺栓公称直径允许偏差（mm）	螺栓孔直径允许偏差（mm）
10~18	0.00；−0.18	+0.18；0.00
8~30	0.00；−0.21	+0.21；0.00
30~50	0.00；−0.25	+0.25；0.00

C 级螺栓孔（Ⅱ类孔），孔壁表面粗糙度 Ra 不应大于 25μm，其允许偏差应符合下列规定

项目	允许偏差（mm）
直径	+1.0；0.0
圆度	2.0
垂直度	0.03t，且≤2.0

5.2　一般项目

5.2.1　切割的允许偏差应符合表 7-4 和表 7-5 的规定。

气割允许偏差　　　　　　　　　　　　　　表 7-4

项目	允许偏差（mm）
零件宽度、长度	±3.0
切割面平面度	0.05t 且≤2.0
割纹深度	0.3
局部缺口深度	1.0

注：t 为切割面厚度。

机械剪切允许偏差　　　　　　　　　　　　表 7-5

项目	允许偏差（mm）
零件宽度、长度	±3.0
边缘缺棱	1.0
型钢端部垂直度	2.0

5.2.2　矫正后的钢材表面，不应有明显的凹面或损伤，划痕深度不得大于 0.5mm，且不应大于该钢材厚度负允许偏差的 1/2。

5.2.3　钢板、型钢冷矫正和冷弯曲的最小曲率半径和最大弯曲矢高应符合现行国家标准《钢结构工程施工质量验收规范》GB 50205 的规定。钢材矫正后和钢管弯曲成型的允许偏差分别符合表 7-6 和表 7-7 的规定。

钢材矫正后允许偏差 表 7-6

项目		允许偏差（mm）
钢板的局部平面度	$t\leqslant14$	1.5
	$t>14$	1.0
型钢弯曲矢高		$l/1000$ 且 $\leqslant5.0$
角钢肢的垂直度		$b/100$ 且双肢栓接角钢的角度 $\leqslant90°$
槽钢翼缘对腹板的垂直度		$b/80$
工字钢、H 型钢翼缘对腹板的垂直度		$b/100$ 且不大于 2.0

钢管弯曲成型的允许偏差 表 7-7

项目	允许偏差（mm）
直径	$\pm d/200$ 且 $\pm\leqslant5.0$
构件长度	±3.0
管口圆度	$d/200$ 且 $\leqslant5.0$
管中间圆度	$d/100$ 且 $\leqslant8.0$
弯曲矢高	$l/1000$ 且 $\leqslant5.0$

5.2.4 边缘加工允许偏差应分别符合表 7-8、表 7-9 和表 7-10 的规定。

边缘加工允许偏差 表 7-8

项目	允许偏差
零件宽度、长度	±1.0mm
加工边直线度	$l/3000$，且 $\leqslant2.0$mm
相邻两边夹角	$\pm6'$
加工面垂直度	$0.025t$，且小于等于 0.5mm
加工面表面粗糙度	Ra$\leqslant50\mu$m

焊缝坡口允许偏差 表 7-9

项目	允许偏差
坡口角度	$\pm5°$
钝边	±1.0mm

零部件铣削加工后的允许偏差 表 7-10

项目	允许偏差（mm）
两端铣平时零件长度、宽度	±1.0
铣平面的平面度	0.3
铣平面的垂直度	$h/1500$

5.2.5 螺栓孔距允许偏差应符合表7-11的规定。

螺栓孔距允许偏差（mm） 表7-11

螺栓孔孔距	≤500	501～1200	1201～3000	>3000
同一组任意两孔间距离	±1.0	±1.5	—	—
相邻两组间的端孔距离	±1.5	±2.0	±2.5	±3.0

6 成品保护

6.0.1 钢构件严禁平放高叠，成品应立放，并用支撑固定，构件不得发生弯曲变形。

6.0.2 钢构件侧向刚度较小时，吊装前两侧面应用圆木临时加固，并选择合适的吊点。

6.0.3 构件在转运过程中，钢丝绳绑扎处宜用柔性材料保护，如发生涂层破坏应及时补涂。

6.0.4 钢构件在吊运过程中严禁碰撞。

7 注意事项

7.1 应注意的质量问题

7.1.1 钢结构所用的杆件、零部件或构件在下料时应及时编号，并分开堆放，以防混用。

7.1.2 放样和号料时要预留焊接收缩量和加工余量，经验收合格后办理预检手续。

7.1.3 材料剪切后，发现端面粗糙或带有毛刺，必须修磨光洁；剪切后的弯扭变形，必须进行矫正。

7.1.4 零部件在搬运或存放过程中，要有防止发生变形的措施。

7.2 应注意的安全问题

7.2.1 各种机械在使用前应经过试运转，合格后方可操作。机械的电气部分应有接地接零保护装置，绝缘部位绝缘性能良好。

7.2.2 现场材料应按品种分类堆放；作业场地周围不应堆放易燃易爆材料，与氧气瓶、乙炔瓶等的距离不得小于10m。

7.2.3 零部件或构件堆放时，应保持其稳定或支撑牢固，防止倾倒伤人。

7.2.4 作业区域物料周转调运稳起稳放，以防碰撞伤人。

7.3 应注意的绿色施工问题

7.3.1 作业区应控制噪声，合理安排作业时间，减少对周边环境的影响。

7.3.2 加工所用的机械在停班或班后按规定停机，关闭电源。

7.3.3 制作余料和废料及时分类回收，并对余料的炉批号、品种、规格、型号标识清楚，以便利用。

7.3.4 作业区内构件排放整体有序，作业面保持清洁、干净。

7.3.5 加工过程中烟气排放应符合现行国家标准《大气污染物综合排放标准》GB 16297 的规定。

8　质量记录

8.0.1 所用钢材的质量合格证明文件、中文标志及性能检测报告。

8.0.2 钢结构零部件加工工艺文件。

8.0.3 施工记录（交接检验记录、各工序施工记录）。

8.0.4 钢结构零、部件加工工程检验批质量验收记录。

8.0.5 钢结构零、部件加工分项工程质量验收记录。

8.0.6 其他技术文件。

第8章 钢构件组装及预拼装

本工艺标准适用于钢结构制作及安装中构件的组装及加工。

1 引用标准

《钢结构设计标准》GB 50017—2017

《钢结构工程施工规范》GB 50755—2012

《钢结构焊接规范》GB 50661—2011

《钢结构工程施工质量验收规范》GB 50205—2001

《高层民用建筑钢结构技术规程》JGJ 99—2015

《碳素结构钢》GB/T 700—2006

《低合金高强度结构钢》GB/T 1591—2008

《热轧型钢》GB/T 706—2008

《碳素结构钢和低合金结构钢热轧钢板和钢带》GB/T 3274—2017

《建筑结构用钢板》GB/T 19879—2015

2 术语

2.0.1 构件：由零件或由零件和部件组成的钢结构基本单元，如梁、柱、支撑等。

2.0.2 预拼装：为检验构件形状和尺寸是否满足质量要求而预先进行的试拼装。

3 施工准备

3.1 作业条件

3.1.1 熟悉图纸，根据制作方案编制组装工艺文件，作业前做好安全技术交底。

3.1.2 构件所用零部件加工完毕，并验收合格。

3.1.3 生产工人都进行了岗前培训，取得相应资格的上岗证书。焊工必须经考试合格取得焊工合格证并在施工许可范围内施焊，严禁焊工无证操作。

3.1.4 所用机械设备调试验收合格，制作、检查、验收所用的量具，精度符合要求，并经计量检测部门检定。

3.2　材料及机具

3.2.1　材料：零部件的材质、规格、外观、尺寸、数量验收合格，符合现行相关规范要求和设计要求。

3.2.2　组装所用的连接材料螺栓（焊接材料）的品种、规格、性能应符合现行国家产品标准和设计要求，有质量合格证明文件和检验报告。

3.2.3　机具

H 型钢组立机、箱形构件组立机、组装胎膜、碳弧气刨、焊接设备、气割设备、砂轮机、角磨机、装夹设备等。

工具：钢卷尺、卡尺、直尺、直角尺、墨盒、划针、划规、样冲、大小锤、凿子、撬杠、扳手、夹顶器、千斤顶、枕木、垫块等。

4　操作工艺

4.1　工艺流程

作业准备 → 部件拼装 → 构件组装 → 焊接 → 焊后矫正 → 端部加工 →

检查验收 → 预拼装

4.2　作业准备

4.2.1　根据图纸核对组装的零部件材质、规格、外观尺寸、数量等符合设计要求。

4.2.2　应根据设计要求、构件的形式、连接方式、焊接方式、焊接顺序等确定合理的组装顺序。

4.3　部件拼装

4.3.1　焊接 H 型钢的翼缘板拼接接缝和腹板拼接接缝的间距不宜小于200mm。翼缘板拼接长度不应小于 600mm；腹板拼接宽度不应小于 300mm，长度不应小于 600mm。

4.3.2　箱形构件的侧板拼接长度不应小于 600mm，相邻两侧板拼接缝的间距不宜小于 200mm；侧板在宽度方向不宜拼接，当宽度超过 2400mm 确需拼接时，最小拼接宽度不宜小于板宽的 1/4。

4.3.3　设计无特殊要求时，用于次要构件的热轧型钢可采用直口全熔透焊接拼接，其拼接长度不应小于 600mm。

4.3.4　钢管接长时每个节间宜为一个接头，最短接长长度应符合规范规定。当设计无要求时，受压杆件可以接长，受拉杆件一般不接长。

4.3.5　部件拼接焊缝应符合设计文件要求，当设计无要求时，应采用全熔透等强对接焊缝。

4.3.6　构件的组装在部件拼接检验合格后进行组装。

4.4　构件组装

4.4.1　构件组装按照构件的形式选择合理的组装方法，常用的方法有组立机组装、专用胎膜组装、地样法组装，仿形复制法组装。组装时可用立组和卧组等方式。

1　组立机组装：用专用的组立的组立机，如 H 型钢组立机、箱形组立机等。

2　专用胎膜组装：将构件的零件用胎膜定位在其装配位置上的装配方法。此方法适用于构件批量大、精度高的产品。

3　地样法组装：用 1：1 比例在装配平台上放出构件实样，然后根据零件在实样上的位置，分别组装起来成为构件。此装配方法使用于桁架、钢架等小批量结构的组装。

4　仿形复制法组装：先用地样法组装成单片或单面的结构，然后定位点焊牢固将其翻身，作为复制胎膜，在其上面装配另一单面（单片）的结构，此种方法适用于横断面互为对称的桁架结构。

5　立装：立装是根据构件的特点，及其零件的稳定位置，选择自上而下或自下而上装配。此法用于放置平稳，高度不大的结构。

6　卧装：卧装时将构件放置卧的位置进行的装配。卧装适用于断面不大，但长度较长的细长构件。

4.4.2　构件组装间隙应符合设计和工艺文件要求，当设计和工艺文件无规定时，组装间隙不宜大于 2.0mm。

4.4.3　焊接构件组装时应预设焊接收缩量，并应对各部件进行合理的焊接收缩量分配。重要和复杂构件宜通过工艺性试验确定焊接收缩量。

4.4.4　设计要求起拱或设计未要求但施工工艺要求起拱的构件，应在组装时按规定的起拱值或相关规范要求起拱。

4.4.5　H 型钢组装工艺如下：

1　将下翼缘板吊到组立机上平放，对中装夹；

2　把腹板吊到下翼缘板上，位置线对准校正垂直和装配间隙后用夹紧辊夹紧，并进行点焊定位；

3　将上翼缘板吊到组立机上平放，对中装夹；

4　将由下翼缘板、腹板组成的 T 形部件翻转后吊到上翼缘板上对准安装位置，校正垂直和装配间隙后用夹紧辊夹紧，实施点焊定位。

4.4.6　箱形钢构件组装工艺如下：

1　将一腹板吊到箱形组立机辊道上平放，用对中机构将其对中，吊上两个侧腹板；

2　在平放腹板上划好隔板位置线，按隔板位置线依次将隔板组对好后进行点焊；

3　将箱形钢组立机移动压紧架依次移至各隔板处，分别启动箱形钢组立机上部和两侧压紧油缸，将两侧腹板与下部腹板、隔板接触面压严，并进行隔板与腹板间的点焊和隐蔽焊缝施焊；

4　待隔板隐蔽焊缝施焊后，将另一腹板吊上，平放到两个侧腹板上，对正；

5　将组箱形钢组立机移动压紧架依次移至各隔板处，分别启动组立机移动压紧架上部和两侧压紧油缸，将上部腹板与两个侧腹板的接触面压严，并进行上腹板与两侧腹板间的点焊；

6　将组对的箱形钢构件翻转，进行另一腹板与两侧腹板间的点焊。

4.4.7　桁架组装时应首先组装上下弦杆和竖直腹杆，再组装斜腹板；组装前应先划好各个节点的位置线，每个节点预留 1～2mm 的焊接收缩量。组装后焊接时，先焊中间节点，再向两端节点扩展。先焊接下弦杆连接的节点，再焊接上弦杆连接的节点，不应在同一根腹板两端同时焊接。

4.4.8　屋架、格构柱、平台、栏杆、支撑，或（有一定批量的）其他非 H 形、箱形构件。

1　屋架、格构柱、平台、栏杆、支撑组装：

1）按工艺规定的组对顺序先将主要零件、部件按基准定位就位。然后将其他零件、部件就位；

2）用胎模上的卡具将就位的零件、部件卡紧。检查各尺寸及零件、部件间接触面的间隙。不符合要求的逐一松开卡紧机构进行调整；

3）重新卡紧就位的零件、部件，复查各尺寸及零件、部件间接触面的间隙。符合要求后进行点焊。

2　小批量，或较大的非 H 形、箱形构件组装：

1）在平台按构件制造详图进行划线放样；

2）放样后必须严格按构件制造详图符核所有尺寸，确认无误；

3）先安装主要的、大的零件和部件，再安装次要的、小的零件和部件；

4）零件、部件全部安装就位后，检查零件、部件间间隙及主要尺寸；

5）先进行主要的、大的零件和部件间的点焊，再进行次要的、小的零件和部件间的点焊。

4.5　焊接

4.5.1　施工前应由焊接技术责任人员根据焊接工艺评定结果编制焊接工艺

文件，并向有关操作人员进行技术交底，施工中应严格遵守工艺文件的规定。焊接工艺文件应包括下列内容：

1　焊接方法或焊接方法的组合；

2　母材的规格、牌号、厚度及适用范围；

3　焊接材料型号、规格；

4　焊接接头形式、坡口形状及尺寸允许偏差；

5　夹具、定位焊、衬垫的要求；

6　焊接电流、焊接电压、焊接速度、焊接层次、清根要求、焊接顺序等焊接工艺参数规定；

7　预热温度及层间温度范围；

8　后热、焊后消除应力处理工艺；

9　检验方法及合格标准；

10　其他必要的规定。

4.5.2　钢结构焊接时，采用的焊接工艺和焊接顺序应能使最终构件的变形和收缩最小。根据构件上焊缝的布置，可按下列要求采用合理的焊接顺序控制变形：

1　对接接头、T 形接头和十字接头，在工件放置条件允许或易于翻转的情况下，宜双面对称焊接；有对称截面的构件，宜对称于构件中性轴焊接；有对称连接杆件的节点，宜对称于节点轴线同时对称焊接；

2　非对称双面坡口焊缝，宜先在深坡口面完成部分焊缝焊接，然后完成浅坡口面焊缝焊接，最后完成深坡口面焊缝焊接。特厚板宜增加轮流对称焊接的循环次数；

3　对长焊缝宜采用分段退焊法或多人对称焊接法；

4　宜采用跳焊法，避免工件局部热量集中。

4.5.3　构件装配焊接时，应先焊收缩量较大的接头，后焊收缩量较小的接头，接头应在小的拘束状态下焊接。

4.5.4　对于有较大收缩或角变形的接头，正式焊接前应采用预留焊接收缩余量或反变形方法控制收缩和变形。

4.5.5　多组件构件的组合构件应采取分部组装焊接，矫正变形后再进行总装焊接。

4.5.6　对于焊缝分布相对于构件的中性轴明显不对称的异形截面的构件，在满足设计要求的条件下，可采用调整填充焊缝熔敷量或补偿加热的方法。

4.6　焊后矫正

4.6.1　构件外形矫正宜采取先总体后局部、先主要后次要、先下部后上部的顺序。

4.6.2 构件外形矫正可采取冷矫正和热矫正。当设计有要求时，矫正方法和矫正温度应符合设计文件要求；当设计文件无要求时，矫正环境温度和矫正加热温度应符合规范规定。

4.7　端部加工

4.7.1 需要端部加工的构件，在构件组装、焊接、焊后矫正完成并验收合格后进行。构件的端面铣平可用端铣床加工。

4.7.2 构件端部铣平加工应符合下列规定：

1 应根据工艺要求预先确定端部铣削量，铣削量不宜小于 5mm；

2 应按设计文件及现行国家标准《钢结构工程施工质量验收规范》GB 50205 的有关规定，控制铣平面的平面度和垂直度。

4.8　检查验收

4.8.1 组装前对零部件的加工质量进行复核，达到规范要求的基础上进行组装。

4.8.2 对构件组装的部件拼装进行验收，验收结果应符合规范规定。

4.8.3 构件组装后进行焊接和焊后矫正，钢构件组装允许偏差和外形尺寸应符合规范规定。

4.9　预拼装

4.9.1 根据合同要求和设计文件规定的构件预拼装，预拼装前，单个构件应检查合格；当同一类型构件较多时，可选择一定数量的代表性构件进行预拼装。由于受运输条件、现场安装条件等因素的限制，大型钢结构件不能整件出厂，必须分成两段或若干段出厂时，也要进行预拼装。

4.9.2 构件预拼装可采用实体预拼装或计算机辅助模拟预拼装。实体预拼装可采用整体预拼装和累计连续预拼装的方法，当采用累计连续预拼装时，两个相邻单元连接的构件应分别参与两个单元的预拼装。根据结构体系和构件特点合理选择预拼装方法。

4.9.3 采用实体预拼装时应符合下列规定：

1 预拼装场地应平整、坚实；预拼装所用的临时支承架、支承凳或平台应经测量准确定位，并应符合工艺文件要求。重型构件预拼所用的临时支承结构应进行结构安全验算；

2 预拼装单元可根据场地条件、起重设备等选择合适的几何形态进行预拼装；

3 构件应在自由状态下进行预拼装；

4 构件预拼装应按设计图的控制尺寸定位，对有预起拱、焊接收缩等的预

65

拼装构件，应按预起拱值或收缩量的大小尺寸定位进行调整；

　　5　采用螺栓连接的节点连接件，必要时可在预拼装定位后进行钻孔；

　　6　当多层板叠采用高强度螺栓或普通螺栓连接时，宜先使用不少于螺栓孔总数 10％的冲钉定位，再采用临时螺栓紧固。临时螺栓在一组孔内不得少于螺栓孔数量的 20％，且不应少于 2 个；预拼装时应使板层密贴。螺栓孔应采用试孔器进行检查，并应符合规范规定；

　　7　预拼装检查合格后，宜在构件上标注中心线、控制基准线等标记，必要时可设置定位器；

　　8　预拼装时，宜在日出前或室内，应避开日照的影响。

4.9.4　采用计算机辅助模拟预拼装时应符合以下规定：

　　1　模拟构件或单元的外形尺寸应与实物几何尺寸相同；

　　2　采用 BIM 技术建立 BIM 理论模型；

　　3　采用 BIM 技术将实体构件控制点的实测三维坐标在计算机中模拟拼装，形成实体构件的轮廓模型；

　　4　实体模型与理论模型拟合比对，检查分析加工拼装精度，得到所需修改的调整信息；

　　5　经过必要的调整、修改与模拟拼装，直至满足精度要求。

5　质量标准

5.1　主控项目

5.1.1　钢吊车梁的下翼缘不得焊接工装夹具、定位板、连接板等临时工件。钢吊车梁和吊车桁架组装、焊接完成后在自重荷载下不允许有下挠。

5.1.2　端部铣平的允许偏差应符合表 8-1 的规定。

端部铣平的允许偏差　　　　　　　　　　　　　　　　　　　　表 8-1

项目	允许偏差（mm）
两端铣平时构件长度	±2.0
两端铣平时零件长度	±0.5
铣平面的平面度	0.3
铣平面对轴线的垂直度	$l/1500$

5.1.3　钢材、钢部件拼接或对接时所采用的焊缝质量等级应符合设计要求。当设计没有要求时，应采用质量等级不低于二级的熔透焊缝，对直接承受拉力的焊缝，应采用一级熔透焊缝。

5.1.4　钢构件外形尺寸允许偏差应符合表 8-2 的规定。

钢构件外形尺寸允许偏差 表8-2

项目	允许偏差（mm）
单层柱、梁、桁架受力支托（支撑面）表面至第一个安装孔距离	±1.0
多节柱铣平面至第一个安装孔距	±1.0
实腹梁两端最外侧安装孔距离	±3.0
构件连接处的截面几何尺寸	±3.0
受压构件（杆件）弯曲矢高	$l/1000$，且≤10.0
柱、梁连接处的腹板中心线偏移	2.0

5.1.5 高强度螺栓和普通螺栓连接的多层板叠，应采用试孔器进行检查，并应符合下列规定：

1 当采用比孔公称直径小 1.0mm 的试孔器检查时，每组孔的通过率不应小于 85%；

2 当采用比螺栓公称直径大 0.3mm 的试孔器检查时，通过率应为 100%。

5.1.6 当采用计算机仿真模拟预拼装时应符合下列规定：

1 采用的软件应取得相关软件著作权证书；

2 测量分析仪器设备应经计量检定、校准合格。

5.2 一般项目

5.2.1 焊接 H 型钢的翼缘板拼接缝和腹板拼接缝的间距不应小于 200mm。翼缘板拼接长度小于 2 倍翼缘板宽且不小于 600mm；腹板拼接宽度不应小于 300mm，长度不应小于 600mm。

5.2.2 箱形构件的侧板拼接长度不应小于 600mm，相邻两侧板拼接缝的间距不宜小于 200mm；侧板在宽度方向不宜拼接，当截面宽度超过 2400mm 确需拼接时，最小拼接宽度不宜小于板宽的 1/4。

5.2.3 热轧型钢可采用直口全熔透焊缝拼接，其拼接长度不应小于 2 倍截面高度且不小于 600mm。

5.2.4 除采用卷制方式加工成型的钢管外，钢管接长时每个节间宜为一个接头，当钢管直径 $d≤500$mm 时，不应小于 500mm；当钢管直径 d 为 500～1000mm 时，不小于管径 d；当钢管直径 $d>1000$mm 时，不应小于 1000mm。

5.2.5 钢管接长时，相邻管节或管段的纵向焊缝应错开，错开的最小距离（沿弧长方向）应不小于 5 倍的钢管壁厚，且不应小于 200mm。主管拼接焊缝与相贯的支管焊缝间的距离应不小于 200mm。

5.2.6 焊接 H 型钢允许偏差应符合表 8-3 的规定。

焊接 H 型钢允许偏差　　　　　　　　表 8-3

项目		允许偏差（mm）
截面高度 h	h<500	±2.0
	500<h<1000	±3.0
	h>1000	±4.0
截面宽度 b		±3.0
腹板中心偏移 e		2.0
翼缘板垂直度 Δ		b/100，且≤3.0
弯曲矢高（受压构件除外）		l/1000，且≤10.0
扭曲		h/250，且≤5.0
腹板局部平面度 f	t≤6	4.0
	6<t<14	3.0
	t≥14	2.0

5.2.7　焊接连接制作组装允许偏差应符合表 8-4 的规定。

焊接连接制作组装允许偏差　　　　　　　表 8-4

项目		允许偏差（mm）
对口错边 Δ		t/10，且≤3.0
间隙 a		±1.0
搭接长度 a		±5.0
缝隙 Δ		1.5
高度 h		±2.0
垂直度 Δ		b/100，且≤3.0
中心偏移 e		±2.0
型钢错位	连接处	1.0
	其他处	2.0
箱形截面高度 h		±2.0
宽度 b		±2.0
垂直度 Δ		b/200，且≤3.0

5.2.8　构件端部铣平后顶紧接触面应有 75% 以上的面积密贴，应用 0.3mm 的塞尺检查，其塞入面积应小于 25%，边缘最大间隙不应大于 0.8mm。

5.2.9　桁架结构组装时，杆件轴线交点偏移不宜大于 3mm。

5.2.10　安装焊缝坡口精度应符合规范规定。坡口角度允许偏差为 ±5°，钝边允许偏差为 ±1.0mm，外露铣平面和顶紧接触面应防锈保护。

5.2.11　单节钢柱外形尺寸允许偏差应符合表 8-5 的规定。

单节钢柱外形尺寸允许偏差 表8-5

项目		允许偏差
柱底面到柱端与桁架连接的最上一个安装孔距离 l		$\pm l/1500$ ± 15.0
柱底面到牛腿支承面距离 l_1		$\pm l_1/2000$ ± 8.0
牛腿面的翘曲 $\triangle$		2.0
柱身弯曲矢高		$H/1200$ 且 $\leqslant 12.0$
柱身扭曲	牛腿处	3.0
	其他处	8.0
柱截面几何尺寸	连接处	± 3.0
	非连接处	± 4.0
翼缘对腹板的垂直度	连接处	1.5
	其他处	$b/100$，且 $\leqslant 5.0$
柱脚底板平面度		5.0
柱脚螺柱孔中心对柱轴线的距离		3.0

5.2.12 多节钢柱外形尺寸允许偏差应符合表8-6的规定。

多节钢柱外形尺寸允许偏差 表8-6

项目		允许偏差（mm）
节柱高度 H		± 3.0
两端最外侧安装孔距离 l_3		± 2.0
铣平面到第一个安装孔距离 a		± 1.0
柱身弯曲矢高 f		$H/1500$，且 $\leqslant 5.0$
一节柱的柱身扭曲		$h/250$，且 $\leqslant 5.0$
牛腿端孔到柱轴线距离 l_2		± 3.0
牛腿的翘曲或扭曲 $\triangle$	$l_2 \leqslant 1000$	2.0
	$l_2 > 1000$	3.0
柱截面尺寸	连接处	± 3.0
	非连接处	± 4.0
柱脚底板平面度		5.0
翼缘板对腹板的垂直度	连接处	1.5
	其他处	$b/100$，且 $\leqslant 5.0$
柱脚螺柱孔对柱轴线的距离 a		3.0
箱型截面连接处对角线差		3.0
箱型柱身板垂直度		$h(b)/150$，且 $\leqslant 5.0$

5.2.13 复杂截面钢柱外形尺寸允许偏差应符合表 8-7 的规定。

复杂截面钢柱外形尺寸允许偏差　　　　表 8-7

项目		允许偏差（mm）
双箱体	箱形截面高度 h 连接处	±4.0
	箱形截面高度 h 非连接处	+8.0 −4.0
	翼板宽度 b	±2.0
	腹板间距 b_0	±3.0
	翼板间距 h_0	±3.0
	垂直度 Δ	$H/150$，且≤6.0
三箱体	箱形截面尺寸 h 连接处	±4.0
	箱形截面尺寸 h 非连接处	+8.0 −4.0
	翼板宽度 b	±2.0
	腹板间距 b_0	±3.0
	翼板间距 h_0	±3.0
	垂直度 Δ	不大于 6.0
特殊箱体	箱形截面尺寸 h 连接处	±5.0
	箱形截面尺寸 h 非连接处	+12.0 −5.0
	翼板间距 H_0	±3.0
	翼板间距 h_0	±3.0
	垂直度 Δ	$h/150$，且≤5.0
	箱形截面尺寸 b	±2.0

5.2.14 焊接实腹钢梁外形尺寸允许偏差应符合表 8-8 的规定。

焊接实腹钢梁外形尺寸允许偏差　　　　表 8-8

项目		允许偏差（mm）
梁长度 l	端面有凸缘支座板	0 −5.0
	其他形式	±$l/2500$ ±5.0
端面高度 h	$h \leqslant 2000$	±2.0
	$h > 2000$	±3.0
拱度	设计要求起拱	±$l/5000$
	设计未要求起拱	+10.0 −10.0

续表

项目		允许偏差（mm）
侧弯矢高		$l/2000$，且$\leqslant10$
扭曲		$h/250$，且$\leqslant10$
腹板局部平面度	$t\leqslant6$	4.0
	$6<t<14$	3.0
	$t\geqslant14$	2.0
翼缘板对腹板的垂直度		$b/100$，且$\leqslant3.0$
吊车梁上翼缘与轨道接触面平面度		1.0
箱型截面对角线差		5.0
箱型截面两腹板至翼缘板中心线距离 a	连接处	1.0
	其他处	1.5
梁端板的平面度（只允许凹进）		$h/500$，且$\leqslant2.0$
梁端板与腹板的垂直度		$h/500$，且$\leqslant2.0$

5.2.15　钢桁架外形尺寸允许偏差应符合表 8-9 的规定。

钢桁架外形尺寸允许偏差　　　　　　表 8-9

项目		允许偏差（mm）
桁架最外端两个孔或两端支撑面最外侧距离 l	$l\leqslant24m$	$+3.0$ -7.0
	$l>24m$	$+5.0$ -10.0
桁架跨中高度		±10.0
桁架跨中拱度	设计要求起拱	$\pm l/5000$
	设计未要求起拱	$+10.0$ -5.0
相邻节间弦杆弯曲（受压除外）		$l_1/1000$
支撑面到第一个安装孔距离 a		±1.0
檩条连接支座间距		±5.0

5.2.16　钢管构件外形尺寸允许偏差应符合表 8-10 的规定。

钢管构件外形尺寸允许偏差　　　　　表 8-10

项目	允许偏差（mm）
直径 d	$d/250$，且$\leqslant5.0$
构件长度 l	±3.0
管口圆度	$d/250$，且$\leqslant5.0$
管端面管轴线垂直度	$d/500$，且$\leqslant3.0$
弯曲矢高	$l/1500$，且$\leqslant5.0$
对口错边	$t/10$，且$\leqslant3.0$

5.2.17 墙架、檩条、支撑系统钢构件外形尺寸允许偏差应符合表8-11的规定。

墙架、檩条、支撑系统钢构件外形尺寸允许偏差 表8-11

项目	允许偏差（mm）
构件长度 l	±4.0
构件两端最外侧安装孔距离 l_1	±3.0
构件弯曲矢高	$l/1000$，且≤10
截面尺寸	+5.0 −2.0

5.2.18 钢平台、钢梯和防护钢栏杆外形尺寸允许偏差应符合表8-12的规定。

钢平台、钢梯和防护钢栏杆外形尺寸允许偏差 表8-12

项目	允许偏差（mm）
平台长度和宽度	±5.0
平台两对角线差	6.0
平台支柱高度	±3.0
平台支柱弯曲矢高	5.0
平台表面平面度（1m范围内）	6.0
梯梁长度 l	±5.0
钢梯宽度 b	±5.0
钢梯安装孔距离 a	±3.0
钢梯纵向挠曲矢高	$l/1000$
踏步（棍）间距	±5.0
栏杆高度	±5.0
栏杆立柱间距	±10.0

5.2.19 实体预拼装时宜先使用不少于螺栓孔总数10%的冲钉定位，再采用临时螺栓紧固。临时螺栓在一组孔内不得少于螺栓孔数量的20%，且不少于2个。

5.2.20 实体预拼装（仿真模拟预拼装）的允许偏差应符合表8-13的规定。

实体预拼装（仿真模拟预拼装）的允许偏差 表8-13

构件名称	项目	允许偏差（mm）
多节柱	预拼装单元总长	±5.0
	预拼装单元弯曲矢高	$l/1500$，且≤10.0
	接口错边	2.0
	预拼装单元柱身扭曲	$h/200$，且≤5.0
	顶紧面至任一牛腿距离	±2.0

续表

构件名称	项目		允许偏差（mm）
梁桁架	跨度最外两端安装孔或两端支承面最外侧距离		+5.0 −10.0
	接口截面错位		2.0
	拱度	设计要求起拱	$l/5000$
		设计未要求起拱	$+ l/2000$ 0
	节点处杆件轴线错位		4.0
管构件	预拼装单元总长		±5.0
	预拼装单元弯曲矢高		$l/1500$，且≤10.0
	对口错边		$t/10$，且≤3.0
	坡口间隙		+2.0 −1.0
构件平面总体预拼装	各楼层柱距		±4.0
	相邻楼层梁与梁之间距离		±3.0
	各层间框架两对角线之差		$H_i/2000$，且≤5
	任意两对角线之差		$\Sigma H_i/2000$，且≤8.0

6　成品保护

6.0.1　成品立放时应临时支承加固，平放时应在构件下面支垫块垫平，防止扭曲变形。

6.0.2　钢构件侧向刚度较小时，吊装前两侧面应用圆木临时加固，并选择合适的吊点。

6.0.3　构件在转运过程中，钢丝绳绑扎处宜用柔性材料保护，如发生涂层破坏应及时补涂。

6.0.4　钢构件在吊运过程中严禁碰撞。

6.0.5　钢构件露天放置时，尽可能及时除锈和防腐涂装，防止生锈。

7　注意事项

7.1　应注意的质量问题

7.1.1　钢构件所用的杆件、零部件按图纸进行逐个核对，以防混用。

7.1.2　零部件在搬运或存放过程中，要有防止发现变形的措施。

7.1.3　组装后检查构件的外观尺寸，及时矫正。

7.1.4　钢构件在焊接时严格按照工艺文件要求采取焊前预热和焊后保温措

施；严格按照工艺文件要求的焊接顺序施焊，减小焊接应力和焊接变形。

7.1.5　采用热矫正时，严格控制矫正温度。

7.2　应注意的安全问题

7.2.1　各种机械在使用前应经过试运转，合格后方可操作。机械的电气部分应有接地接零保护装置，绝缘部位绝缘性能良好。

7.2.2　现场材料应按品种分类堆放；作业场地周围不应堆放易燃易爆材料，与氧气瓶、乙炔瓶等的距离不得小于 10m。

7.2.3　零部件、构件放置时，应保持其稳定或支撑牢固，防止倾倒伤人。

7.2.4　吊装区域设置安全警戒线，非作业人员严禁入内。

7.2.5　构件拼装未达到稳定的体系前，应采取临时稳固措施。

7.2.6　零部件在组装及拼装转运过程中，应稳起稳放，以防止碰撞伤人。

7.3　应注意的绿色施工问题

7.3.1　作业区应控制噪声，合理安排作业时间，减少对周边环境的影响。

7.3.2　加工所用的机械在停班或班后按规定停机，关闭电源。

7.3.3　制作余料和废料及时分类回收，并对余料的炉批号、品种、规格、型号标识清楚，以便利用。

7.3.4　用完的焊条头应及时清除，不准随意丢弃。

7.3.5　作业区内构件排放整体有序，作业面保持清洁、干净。

7.3.6　加工过程中烟气排放应符合现行国家标准《大气污染物综合排放标准》GB 16297 的规定。

8　质量记录

8.0.1　所用零部件的质量合格证明文件。

8.0.2　焊接材料、连接材料的质量合格证明文件。

8.0.3　焊工合格证及编号。

8.0.4　焊接工艺评定报告。

8.0.5　钢构件加工工艺文件。

8.0.6　隐蔽工程验收记录。

8.0.7　施工记录（交接检验记录、各工序施工记录）。

8.0.8　钢构件组装工程检验批质量验收记录。

8.0.9　钢构件预拼装工程检验批质量验收记录。

8.0.10　钢构件组装及预拼装分项工程质量验收记录。

8.0.11　其他技术文件。

第9章 钢结构手工电弧焊焊接

本工艺标准适用于建筑钢结构制作和安装的手工电弧焊焊接。

1 引用标准

《钢结构设计标准》GB 50017—2017

《钢结构工程施工规范》GB 50755—2017

《钢结构焊接规范》GB 50661—2011

《钢结构工程施工质量验收规范》GB 50205—2001

《高层民用建筑钢结构技术规程》JGJ 99—2015

《钢结构超声波检测及质量分级》JG/T 203—2007

《碳素结构钢》GB/T 700—2006

《低合金高强度结构钢》GB/T 1591—2008

《热轧型钢》GB/T 706—2008

《碳素结构钢和低合金结构钢热轧钢板和钢带》GB/T 3274—2017

《非合金钢及细晶粒钢焊条》GB/T 5117—2012

《热强钢焊条》GB/T 5118—2012

2 术语

2.0.1 焊缝金属：构成焊缝的金属，一般是熔化的母材和填充金属凝固形成的那部分金属。

2.0.2 层间温度：多层焊时，停焊后继续焊之前，其相邻焊道应保持的最低温度。

2.0.3 定位焊：焊前为装配和固定焊接接头的位置而施焊的短焊缝。

3 施工准备

3.1 作业条件

3.1.1 应根据《钢结构焊接规范》GB 50661 的规定进行焊接工艺评定，根据工艺评定报告制定焊接工艺文件（包括施工方案、焊接作业指导书或焊接工艺卡），施工前对作业班组进行安全技术交底。

3.1.2　待焊的零件、部件或构件组装完成并检验合格，所用焊条经过进场验收合格。

3.1.3　相关作业人员必须持有有效的上岗证，焊工必须经过考试取得合格证书，并在其规定许可范围内施焊。

3.1.4　电弧焊机运行状态良好，接零或接地符合安全要求。

3.1.5　焊接作业条件应符合下列要求：

1　焊接作业区最大风速应低于8m/s，若超过时，应设防风棚或采用其他防风措施，制作车间内焊接作业区有穿堂风或鼓风机时，也应按以上规定设挡风装置；

2　焊接作业区的相对湿度不得大于90%；

3　当焊件表面潮湿或有冰雪覆盖时，应采取加热措施除潮去湿；

4　焊接作业区环境温度低于0℃但不低于－10℃时，应将构件焊接区各方向大于或等于两倍钢板厚度且不小于100mm范围内的母材，加热到20℃以上后方可施焊，且在焊接过程中均不应低于这一温度。

3.1.6　焊接作业区环境超出3.1.5条规定但必须焊接时，应编制专项方案。焊接温度低于－10℃时，必须进行相应焊接环境下的工艺评定试验，并应在评定合格后再进行焊接，如果不符合上述规定，严禁焊接。

3.2　材料及机具

3.2.1　建筑钢结构用钢材及焊接材料的选用应符合设计图纸的要求，并应具生产厂家出具的产品质量合格证明书或检验报告，其化学成分、力学性能和其他质量要求必须符合现行国家标准，并按照现行国家标准《钢结构工程施工质量验收规范》GB 50205的规定进行抽样复验。材料代换时需经设计单位同意，并按相应焊接工艺文件施焊。

3.2.2　焊条的选择应与母材的成分、性能相匹配，并符合使用要求。一般要求焊缝金属的力学性能（包括抗拉强度、塑性和冲击韧性）应达到母材金属规定性能指标的下限值。使用前应按规定要求进行烘焙。

3.2.3　钢结构工程中选用的新材料必须经过新产品鉴定。钢材应由生产厂提供焊接性能资料、指导性焊接工艺、热加工和热处理工艺参数、相应钢材的焊接接头性能数据等资料；焊接材料应由生产厂家提供贮存及焊前烘焙参数规定、熔敷金属化学成分、性能鉴定资料及指导性施焊参数，经专家论证、评审和焊接工艺评定合格后，方可在工程中采用。

3.2.4　机具：电焊机、焊把线、焊钳、面罩、焊条烘箱、焊条保温桶、钢丝刷、石棉布、碳弧气刨、工作平台、夹具、大小锤、气割工具等。

4 操作工艺

4.1 工艺流程

制定焊接工艺 → 反变形、焊接收缩量确定 → 检查构件 →

安装引弧板、引出板及垫板 → 预热处理 → 调整工艺参数 → 焊接 →

焊后处理 → 检查验收

4.2 制定焊接工艺

施工前应由焊接施工单位根据焊接工艺评定结果编制焊接工艺文件，并向有关操作人员进行安全技术交底，施工中应严格遵守工艺文件的规定。焊接工艺文件应包括下列内容：

1 焊接方法或焊接方法的组合；

2 母材的规格牌号、厚度及其他相关尺寸和适用范围；

3 焊接材料型号、规格和类别；

4 焊接接头形式、坡口形状、尺寸及允许偏差；

5 夹具、定位焊、衬垫的要求；

6 焊接位置；

7 焊接电源的种类和电流极性；

8 焊接电流、焊接电压、焊接速度、焊接层次、清根要求、焊接顺序等焊接工艺参数规定；

9 预热温度及层间温度范围；

10 后热、焊后消除应力处理工艺；

11 检验方法及合格标准；

12 其他必要的规定。

4.3 反变形、焊接收缩量确定

4.3.1 控制焊接变形，可采取反变形措施，其反变形数值及焊接收缩量应根据焊接工艺试验确定。

4.3.2 对反变形的构件，应事先在胎具上进行压制，通过焊接试验检验其变形正确与否，成功后再大批制作。

4.3.3 焊接后在焊缝处发生冷却收缩时，其收缩量按照工艺试验的收缩量确定。

4.4 检查构件

4.4.1 焊接前对构件外形尺寸、坡口角度、组装间隙进行检查，符合规范要求后进行定位焊。定位焊焊缝的质量要求同正式焊缝，采用钢衬垫的定位焊宜在接头坡口内焊接，定位焊焊缝厚度不应小于 3mm，且不宜超过设计焊缝厚度的 2/3，定位焊焊缝长度不应小于 40mm，间距宜为 300～600mm，并应填满弧坑。用角磨机打磨，以便施焊时定位焊缝处形成平滑过渡，防止留下缺陷。定位焊预热温度宜高于正式施焊预热温度 20～50℃，当定位焊焊缝上有气孔或、裂纹或加渣时，应完全清除并经检验合格后方能施焊。

4.4.2　焊条在使用前应按规定的烘焙时间和烘焙温度进行烘焙。受潮的酸性焊条使用前应在 100～150℃ 范围内烘焙 12h；低氢型焊条使用前应在 300～430℃ 范围内烘焙 12h，低氢型焊条烘干后必须存放在温度不低于 120℃ 的保温箱（筒）内存放待用，使用时应置于保温筒中，随用随取。低氢型焊条由保温箱取出后在大气中放置时间不应超过 4h。用于焊接Ⅲ、Ⅳ类钢材的焊条，烘干后在大气中放置的时间不应超过 2 小时，重新烘干次数不应超过 1 次。

4.5　安装引弧板、引出板和垫板

4.5.1　T 形接头、十字接头、角接接头和对接接头主焊缝两端，必须配置引弧板和引出板，其材质应和被焊接母材相同，坡口形式应与被焊件相同，禁止使用其他材质的材料充当引弧板和引出板。

4.5.2　手工电弧焊焊缝引出长度应大于 25mm。其引弧板和引出板宽度应大于 50mm，长度宜为板厚的 1.5 倍且不小于 30mm，厚度不应小于 6mm。

4.5.3　钢衬垫板应与接头母材密贴连接，其间隙不应大于 1.5mm，并应与焊缝金属充分熔合。手工电弧焊时，钢衬垫板厚度不应小于 4mm。

4.6　预热处理

4.6.1　预热方法及层间温度控制方法应符合下列规定：

1　焊前预热及层间温度的保持宜采用电加热法、火焰加热法，并应采用专用的测温仪器测量；

2　预热的加热区域应在焊缝坡口两侧，宽度应大于焊件施焊处板厚的 1.5 倍，且不应小于 100mm；预热温度宜在焊件受热面的背面测量，测温点应在离电弧经过前的焊接点各方向不小于 75mm 处；当采用火焰加热器预热时正面测温应在加热停止后进行。

4.6.2　采用中等热输入焊接时，对于板厚不大于 20mm 的Ⅰ、Ⅱ类钢和板厚小于 20mm 且不大于 40mm 的Ⅰ类钢材，其焊接环境温度在 0℃ 以上时，可不采取预热措施。

4.7　调整工艺参数

4.7.1　在保证焊接质量的条件下，采用大直径焊条和大电流焊接，以提高劳动生产率，但多层焊的第一层以及非水平位置焊接时，焊条直径应选小一点。

4.7.2　焊角焊缝时，电流要稍大些。打底焊时，使用的焊接电流要小些；

填充焊时，通常要较大焊接电流；盖面焊时，使用的电流稍小些。碱性焊条比酸性焊条小 10%，不锈钢焊条比碳钢焊条小 20%。

4.7.3 电弧电压主要取决于弧长。电弧长，则电压高；反之则低。在焊接过程中，一般希望弧长始终保持一致，并且尽量使用短弧焊接。

4.8　焊接

4.8.1 焊接时，按照构件的结构特点制定合理的焊接顺序进行施焊。选择焊缝焊接顺序时，一般应先焊竖向焊缝后焊横向焊缝，先焊对角焊缝后焊贴角焊缝。焊接薄焊件的长焊缝时，应采用分段焊法，分段长度一般以两根焊条所能焊接的长度为宜。

4.8.2 焊接过程中，最低层间温度不应低于预热温度；静载结构焊接时，最大层间温度不宜超过 250℃；需进行疲劳验算的动荷载结构和调质钢焊接时，最大层间温度不宜超过 230℃。在约束焊道上施焊，应连续进行；如因故中断，再焊时应对已焊的焊缝局部做预热处理。

4.8.3 采用多层焊时，应将前一道焊缝表面清理干净后再继续施焊。

4.8.4 焊接完成后，应用火焰切割去除引弧板和引出板，并修磨平整。不得用锤击落引弧板和引出板。焊接时不得使用药皮脱落或焊芯生锈的焊条。

4.8.5 焊接完毕后，焊工应清理焊缝表面的熔渣及两侧的飞溅物，检查焊缝外观质量。检查合格后应在工艺规定的焊缝及部位打上焊工钢印。

4.9　焊后处理

4.9.1 因焊接而变形的构件，可用机械（冷矫）或局部加热的方法进行矫正，并应符合下列规定：

1 碳素结构钢在环境温度低于 −16℃、低合金结构钢在环境温度低于 −12℃ 时，不应进行冷矫正和冷弯曲。碳素结构钢和低合金结构钢在加热矫正时，加热温度不应超过 900℃，最低温度不应低于 600℃。低合金结构钢在加热矫正后应自然冷却；

2 当零件采用热加工成型时，加热温度应控制在 900～1000℃；碳素结构钢和低合金结构钢在温度分别下降到 700℃ 和 800℃ 之前，应结束加工；低合金结构钢应自然冷却；

3 对调质钢采用加热矫正时，其矫正温度严禁超过最高回火温度。

4.9.2 当要求进行焊后消氢热处理时，应符合下列规定：

1 消氢热处理的加热温度应为 250～350℃，保温时间应根据工件板厚按每 25mm 板厚不小于 0.5h，且总保温时间不得小于 1h 确定；

2 达到保温时间后应缓冷至常温；

3 焊接完成经自检合格后，进行专项检验。

4.9.3 设计文件或合同文件对焊后清除应力有要求时，常采用加热退火法、振动法、锤击法。

1 需经疲劳验算的动荷载结构中承受拉应力的对接接头或焊缝密集的节点或构件，宜采用电加热器局部退火和加热炉整体退火的方法；

2 仅为稳定结构尺寸时，可采用振动法。振动时效工艺参数选择及技术要求，应符合现行国家标准的有关规定；

3 采用锤击法消除中间焊接层应力时，应使用圆头手锤或小型振动工具进行，但不应对根部焊缝、盖面焊缝或焊缝坡口边缘的母材进行锤击。

4.10 检查验收

4.10.1 按规范规定在外观检查合格的基础上进行无损探伤检查。

4.10.2 所有承受静荷载结构焊缝质量的检验应冷却到环境温度后进行外观检查，Ⅲ、Ⅳ类钢材及焊接难度等级为C、D级时，应以焊接完成24h后检查结果作为验收依据；钢材标称屈服强度不小于690MPa或供货状态为调质状态时，应以焊接完成48h后的检查结果作为验收依据。

4.10.3 需要疲劳验算结构的焊缝质量检查，Ⅰ、Ⅱ类钢材及焊接难度等级为A、B级时，应以焊接完成24h后检测结果作为验收依据；Ⅲ、Ⅳ类钢材及焊接难度等级为C、D级时，应以焊接完成48h后的检查结果作为验收依据。

4.10.4 有下列情况之一应进行表面检测：

1 设计文件要求进行表面检测的；

2 外观检测发现裂纹时，应对该批中同类焊缝进行100％的表面检测；

3 外观检测怀疑有裂纹缺陷时，应对怀疑的部位进行表面检测；

4 检测人员认为有必要时。

5 质量标准

5.1 主控项目

5.1.1 焊条与母材的匹配应符合设计要求及国家现行标准《钢结构焊接规范》GB 50661的规定。焊条在使用前，应按其产品说明书及焊接工艺文件的规定进行烘焙和存放。

5.1.2 焊工必须经考试合格并取得合格证书。持证焊工必须在其考试合格项目及其认可范围内施焊。严禁无证焊工施焊。

5.1.3 施工单位应按照现行国家标准《钢结构焊接规范》GB 50661的规定进行焊接工艺评定，根据评定报告确定焊接工艺，编写焊接工艺文件并进行全过程质量控制。

5.1.4 设计要求全焊透的一、二级焊缝应采用超声波探伤进行内部缺陷的检验；超声波探伤不能对缺陷作出判断时，应采用射线探伤，其焊缝质量等级及缺陷分级应符合表 9-1 的规定。

一级、二级焊缝质量等级及缺陷分级　　　　表 9-1

焊缝质量等级		一级	二级
内部缺陷超声波探伤	缺陷评定等级	Ⅱ	Ⅲ
	检验等级	B 级	B 级
	检测比例	100%	20%
内部缺陷射线探伤	缺陷评定等级	Ⅱ	Ⅲ
	检验等级	B 级	B 级
	检测比例	100%	20%

5.1.5　T 形接头、十字接头、角接接头等要求熔透的对接和角对接组合焊缝，其焊脚尺寸不应小于 $t/4$；设计有疲劳验算要求的吊车梁或类似构件的腹板与上翼缘连接的焊脚尺寸不应小于 $t/2$，且不应大于 10mm；焊角尺寸的允许偏差为 0~4mm。

5.2　一般项目

5.2.1　焊条外观不应有药皮脱落、焊芯生锈等缺陷，焊剂不应受潮结块。

5.2.2　对于需要进行焊前预热或焊后热处理的焊缝，其预热温度或后热温度应符合国家现行有关标准的规定或通过工艺试验确定。预热区在焊道两侧，每侧宽度均应大于焊件厚度的 1.5 倍以上，且不应小于 100mm；后热处理应在焊后立即进行，保温时间应根据板厚按每 25mm 板厚 1h 确定。

5.2.3　无疲劳验算、有疲劳验算的焊缝外观质量要求应分别符合表 9-2 和表 9-3 的规定。

无疲劳验算焊缝的外观质量要求　　　　表 9-2

检查项目	一级焊缝	二级焊缝允许偏差（mm）	三级焊缝允许偏差（mm）
裂纹		不允许	
未焊满（指不足设计要求）	不允许	$\leqslant 0.2+0.02t$，且 $\leqslant 1.0$	$\leqslant 0.2+0.04t$，且 $\leqslant 2.0$
		每 100 长度焊缝内未焊满累积长度 $\leqslant 25$	
根部收缩	不允许	$\leqslant 0.2+0.02t$，且 $\leqslant 1.0$	$\leqslant 0.2+0.04t$，且 $\leqslant 2.0$
		长度不限	
咬边	不允许	深度 $\leqslant 0.05t$，且 $\leqslant 0.5$；连续长度 $\leqslant 100$，且焊缝两侧咬边总长 $\leqslant 10\%$ 焊缝全长	深度 $\leqslant 0.1t$ 且 $\leqslant 1.0$，长度不限
接头不良	不允许	缺口深度 $\leqslant 0.05t$，且 $\leqslant 0.5$	缺口深度 $\leqslant 0.1t$，且 $\leqslant 1.0$
		每 1000 长度焊缝内不得超过 1 处	
电弧擦伤		不允许	允许存在个别电弧擦伤

检查项目	一级焊缝	二级焊缝允许偏差（mm）	三级焊缝允许偏差（mm）
表面夹渣		不允许	深≤0.2t，长≤0.5t，且≤20.0
表面气孔		不允许	每50焊缝长度内允许直径≤0.4t，且≤3.0的气孔2个，孔距≥6倍孔径

注：t 为连接处较薄的板厚。

有疲劳验算的焊缝外观质量要求 表 9-3

检查项目	一级焊缝	二级焊缝允许偏差（mm）	三级焊缝允许偏差（mm）
裂纹		不允许	
未焊满		不允许	≤0.2+0.02t 且≤1.0，每100长度焊缝内未焊满累积长度≤25
根部收缩		不允许	≤0.2+0.02t 且≤1.0，长度不限
咬边	不允许	深度≤0.05t 且≤0.3，连续长度≤100且焊缝两侧咬边总长≤10%焊缝全长	深度≤0.1t，且≤0.5，长度不限
电弧擦伤		不允许	允许存在个别电弧擦伤
接头不良		不允许	缺口深度≤0.05t，且≤0.5，每1000长度焊缝内不得超过1处
表面夹渣		不允许	深≤0.2t，长≤0.5t，且≤20.0
表面气孔		不允许	直径＜1.0，每米不多于3个，间距≥20

5.2.4 无疲劳验算、有疲劳验算的对接焊缝与角焊缝外观尺寸允许偏差应分别符合表9-4和表9-5的规定。

无疲劳验算对接焊缝与角焊缝的外观尺寸允许偏差（mm） 表 9-4

项目	一、二级焊缝	三级焊缝
对接焊缝余高 C	B＜20 时，C 为 0～3.0	B＜20 时，C 为 0～3.5
	B≥20 时，C 为 0～4.0	B≥20 时，C 为 0～5.0
对焊焊缝错边 Δ	Δ＜0.15t，且≤2.0	Δ＜0.15t，且≤3.0
角焊缝余高 C	h_f≤6 时，C 为 0～1.5；h_f＞6 时，C 为 0～3.0	

有疲劳验算对接焊缝与角焊缝的外观尺寸允许偏差（mm） 表 9-5

项目	焊缝种类	外观尺寸允许偏差
焊脚尺寸	对接与角接组合焊缝 h_{fk}	0～+2.0
	其他角焊缝 h_f	−1.0～+2.0
焊缝高低差	角焊缝	≤2.0（任意25长范围高低差）

项目	焊缝种类	外观尺寸允许偏差
余高	对接焊缝	≤2.0 （焊缝宽 b≤20）
		≤3.0（b>20）
余高铲磨后表面	横向对接焊缝	表面不高于母材 0.5
		表面不低于母材 0.3
		粗糙度不大于 50μm

6　成品保护

6.0.1　焊接成形的成品应当自然冷却，负温焊接后应采取缓冷措施，完全冷却后方可清除残留的金属和熔渣。

6.0.2　不准随意在母材上打火。

6.0.3　各种构件校正好后方可施焊，不得随意移动垫块和卡具，以防造成构件尺寸偏差。

7　注意事项

7.1　应注意的质量问题

7.1.1　应严格控制焊接材料、母材和焊接工艺的质量。

7.1.2　应选择合理的焊接工艺参数及焊接顺序控制焊接变形。

7.1.3　多层施焊应将各层的熔渣清除干净，如发现有影响焊接质量缺陷时，应用碳弧气刨清除后重新施焊。

7.1.4　Ⅱ类及Ⅱ类以上钢材箱形柱角接头，当板厚大于、等于 80mm 时，板边火焰切割面宜用机械方法去除淬硬层。

1　采用低氢型、超低氢型焊条或气体保护电弧焊施焊。

2　提高预热温度施焊。

7.2　应注意的安全问题

7.2.1　高空作业前，应对操作人员进行专项安全教育，并定期体检。作业时衣着要灵便，禁止穿硬底、带钉易滑的鞋。

7.2.2　施焊场地周围应清除易爆易燃品，氧气、乙炔气瓶应放在 10m 以外，需配备相应的消防器材。

7.2.3　焊机应接零接地，焊钳绝缘性能良好，焊工操作时应穿绝缘鞋戴绝缘手套。

7.2.4　露天操作时，应沿顺风方向操作；在封闭环境下操作时，应有通风措施。

7.3　应注意的绿色施工问题

7.3.1　作业区应控制噪声，合理安排作业时间，减少对周边环境的影响。

7.3.2　加工所用的机械在停班或班后按规定停机，关闭电源。

7.3.3　制作余料和废料及时分类回收，并对余料的炉批号、品种、规格、型号标识清楚，以便利用。

7.3.4　包装箱及时收集，统一回收处理，不得随意抛弃。

7.3.5　作业区内构件排放整体有序，作业面保持清洁、干净。

7.3.6　加工过程中烟气排放应符合现行国家标准《大气污染物综合排放标准》GB 16297 的规定。

8　质量记录

8.0.1　所用钢材、焊接材料的质量合格证明文件、中文标志及性能检测报告。

8.0.2　焊工合格证书及编号。

8.0.3　焊接预热后热施工记录。

8.0.4　焊条烘焙记录。

8.0.5　焊接工艺评定报告。

8.0.6　钢结构制作（安装）焊接工程检验批质量验收记录。

8.0.7　钢结构制作（安装）焊接分项工程质量验收记录。

8.0.8　构件焊缝外观、尺寸检查记录。

8.0.9　焊缝探伤检测报告。

8.0.10　施工记录。

8.0.11　其他技术文件。

第 10 章　钢结构埋弧自动焊焊接

本工艺标准适用于建筑钢结构制作的埋弧自动焊焊接。

1　引用标准

《钢结构设计标准》GB 50017—2017

《钢结构工程施工规范》GB 50755—2012

《钢结构焊接规范》GB 50661—2011

《钢结构工程施工质量验收规范》GB 50205—2001

《高层民用建筑钢结构技术规程》JGJ 99—2015

《碳素结构钢》GB/T 700—2006

《低合金高强度结构钢》GB/T 1591—2008

《碳素结构钢和低合金结构钢热轧钢板和钢带》GB/T 3274—2007

《碳素结构钢和低合金结构钢热轧薄钢板和钢带》GB 912—2008

《埋弧焊用低合金钢焊丝和焊剂》GB/T 12470—2003

《埋弧焊用碳钢焊丝和焊剂》GB/T 5293—1999

2　术语

2.0.1　余高：高出焊趾连接部分的焊缝高度。

2.0.2　焊缝金属：构成焊缝的金属，一般是熔化的母材和填充金属凝固形成的金属部分。

2.0.3　船形焊：T 字形、十字形和角接接头处于平焊位置进行的焊接。

3　施工准备

3.1　作业条件

3.1.1　应根据《钢结构焊接规范》GB 50661 的规定进行焊接工艺评定，根据工艺评定报告制定焊接工艺文件（包括施工方案、焊接作业指导书或焊接工艺卡），施工前对作业班组进行安全技术交底。

3.1.2　待焊的零件、部件或构件已组装完成并检验合格，所用焊丝、焊剂经过进场验收合格。

3.1.3 相关作业人员必须持有有效的上岗证，焊工必须经过考试取得合格证书，在其规定许可范围内施焊。

3.1.4 钢构件组装完毕并验收合格，所用的焊丝、焊剂经过进场验收合格。

3.1.5 焊剂使用前应按厂家推荐的温度进行烘焙，已受潮或结块的焊剂严禁使用，用于焊接Ⅲ、Ⅳ类钢材的焊剂，烘干后在大气中放置时间不应超过4h。

3.1.6 焊接设备运行状态良好，接零或接地符合安全要求。

3.1.7 施焊前，焊工应检查焊接件的接头质量和焊接区的坡口、间隙、钝边的情况，符合要求后方可施焊。

3.2 材料及机具

3.2.1 建筑钢结构用钢材及焊接材料的选用应符合设计图纸的要求，并应具有钢厂和焊接材料厂出具的产品质量证明书或检验报告，其化学成分、力学性能和其他质量要求必须符合现行国家标准的规定。材料代换时需经设计单位同意。

3.2.2 焊接材料：符合常用钢结构埋弧焊焊接材料选配的规定。

3.2.3 机具：自动埋弧焊机、焊接滚轮架、翼缘矫正机、吊装设备、烘干箱、钢丝刷、石棉布、碳弧气刨、工作平台、夹具、手锤、氧气、乙炔气、焊割具等。

4 操作工艺

4.1 工艺流程

制定焊接工艺 → 反变形、焊接收缩量确定 → 检查构件 →

安装引弧板、引出板及垫板 → 预热处理 → 调整工艺参数 → 焊接 →

焊后处理 → 检查验收

4.2 制定焊接工艺

4.2.1 施工前应由焊接施工单位根据焊接工艺评定结果编制焊接工艺文件，并向有关操作人员进行安全技术交底，施工中应严格遵守工艺文件的规定。焊接工艺文件应包括下列内容：

1 焊接方法或焊接方法的组合；

2 母材的牌号、厚度及其他相关尺寸和适用范围；

3 焊接材料型号、规格和类别；

4 焊接接头形式、坡口形状、尺寸及允许偏差；

5 夹具、定位焊、衬垫的要求；

6 焊接位置；

7 焊接电源的种类和电流极性；

8 焊接电流、焊接电压、焊接速度、焊接层次、清根要求、焊接顺序等焊接工艺参数规定；

9 预热温度及层间温度范围；

10 后热、焊后消除应力处理工艺；

11 检验方法及合格标准；

12 其他必要的规定。

4.2.2 埋弧自动焊工艺参数的选择应符合下列要求：

1 焊丝直径根据现行《钢结构焊接规范》GB 50661 的规定，针对不同直径焊丝选择合适的焊接电流；

2 电弧电压要与焊接电压相匹配；

3 符合不开坡口留间隙双面埋弧自动焊工艺参数要求。

4.3 反变形、焊接收缩量确定

4.3.1 控制焊接变形，可采取反变形措施，其反变形可参考焊接反变形经验数值或据焊接工艺试验确定。

4.3.2 对反变形的构件，应事先在胎具上进行压制，通过试验检验其变形正确与否，成功后再大批制作。

4.3.3 焊接后在焊缝处发生冷却收缩时，其收缩量按照工艺试验的收缩量确定。

4.4 检查构件

4.4.1 施焊前，应复核焊件外形尺寸、接头质量和焊接区域的坡口、间隙、钝边等的情况，发现不符合要求时，应修整。

4.4.2 构件摆放应当平整、贴实。定位焊接应与原焊接材料相同，并由焊工按工艺要求操作。

4.4.3 定位焊必须由持相应合格证的焊工施焊，所用焊接材料应与正式施焊相当。定位焊焊缝应与最终焊缝有相同的质量要求。钢衬垫的定位焊宜在接头坡口内焊接，定位焊焊缝厚度不应小于 3mm，且不宜超过设计焊缝厚度的 2/3，定位焊缝长度不应小于 40mm，间距宜为 300～600mm，并应填满弧坑。定位焊预热温度应高于正式施焊预热温度 20～50℃。当定位焊焊缝上有气孔或裂纹时，必须清除后重焊。

4.5 安装引弧板、引出板及垫板

4.5.1 T 形接头、十字接头、角接接头和对接接头主焊缝两端，必须配置引弧板和引出板，其材质应和被焊母材相同，坡口形式应与被焊焊缝相同，禁止其他材料充当引弧板和引出板。

4.5.2 埋弧自动焊焊缝引出长度应大于 80mm，其引弧板和引出板宽度应

大于 80mm，长度宜为板厚的 2 倍且不小于 100mm，厚度应不小于 10mm。

4.5.3　钢衬垫板应与接头母材密贴连接，其间隙不应大于 1.5mm，并应与焊缝金属充分熔合。埋弧焊焊接时，钢衬垫板厚度不应小于 6mm。

4.6　预热处理

4.6.1　板厚与最低预热温度应符合现行国家标准《钢结构焊接规范》GB 50661 的规定，实际操作时，尚应符合下列规定：

1　根据焊接接头的坡口形式和实际尺寸、板厚及构件约束条件确定预热温度。焊接坡口角度及间隙增大时，应相应提高预热温度；

2　根据接头热传导条件选择预热温度。在其他条件不变时，T 形接头应比对接接头的预热温度高 25～50℃。但 T 形接头两侧角焊缝同时施焊时应按对接接头确定预热温度；

3　根据施焊环境温度确定预热温度。操作地点环境温度低于常温（高于 0℃）时，应提高预热温度 15～25℃。

4.6.2　采用中等热输入焊接时，对于板厚不大于 20mm 的 I、II 类钢材和板厚大于 20mm 且不大于 40mm 的 I 类钢材，其焊接环境温度在 0℃ 以上时，可不采取预热措施。

4.7　调整工艺参数

4.7.1　焊接前应按工艺文件要求调整焊接电流、电弧电压、焊接速度、送丝速度等参数，合格后方可正式施焊。

4.7.2　不开坡口留间隙双面埋弧自动焊、对接接头埋弧自动焊、厚壁多层埋弧自动焊、搭接接头埋弧自动焊、T 形接头单道埋弧自动焊，船形位置 T 形接头单道埋弧自动焊焊接参数按照工艺评定报告调整或参见《钢结构焊接规范》GB 50661 的规定。

4.8　焊接

4.8.1　不应在焊缝以外的母材上打火引弧。

4.8.2　厚度 12mm 以下板材，可不开坡口，采用双面焊，正面焊电流稍大，熔深达 65％～70％，反面达 40％～55％。厚度大于 12～20mm 的板材，单面焊后，背面清根，再进行焊接。厚度较大板，开坡口焊，一般采用手工打底焊。

4.8.3　在组装好的构件上施焊，应严格按焊接工艺规定的参数以及焊接顺序进行，以控制焊后构件变形。

4.8.4　在约束焊道上施焊，应连续进行，如因故中断，再焊时应对已焊的焊缝局部做预热处理。

4.8.5　采用多层焊时，应将前一道焊缝表面清理干净后再继续施焊。

4.8.6　T 形接头、十字接头、角接接头和对接接头主焊缝两端，必须配置引弧板和引出板，其材质应与被焊母材相同，坡口形式应与被焊焊缝相同，禁止用其他材料充当。

4.8.7　埋弧自动焊焊缝引出长度应大于 80mm，其引弧板和引出板宽度应大于 80mm，长度宜为板厚的 2 倍且不小于 100mm，厚度应不小于 10mm。

4.8.8　填充层总厚度低于母材表面 1~2mm，稍凹，不得熔化坡口边。

4.8.9　盖面层使焊缝对坡口熔宽每边 3mm±1mm，调整焊速，使余高为 0~3mm。

4.8.10　焊接完成后，应用火焰切割去除引弧板和引出板，不得用锤击。

4.9　焊后处理

4.9.1　因焊接而变形的构件，可用机械（冷却）或在严格控制温度条件下局部加热的方法进行矫正。

4.9.2　碳素结构钢在环境温度低于-16℃、低合金结构钢在环境温度低于-12℃时，不应进行冷矫正和冷弯曲。碳素结构钢和低合金结构钢在加热矫正时，加热温度不应超过 900℃，低合金结构钢在加热矫正后应自然冷却。

4.9.3　当零件采用热加工成型时，加热温度应控制在 900~1000℃；碳素结构钢和低合金结构钢在温度分别下降到 700℃和 800℃之前，应结束加工；低合金结构钢应自然冷却。

4.9.4　设计文件或合同文件对焊后清除应力有要求时，常采用加热退火法、振动法、锤击法。

1　需经疲劳验算的动荷载结构中承受拉应力的对接接头或焊缝密集的节点或构件，宜采用电加热器局部退火和加热炉整体退火的方法；

2　仅为稳定结构尺寸时，可采用振动法。振动时效工艺参数选择及技术要求，应符合现行国家标准的有关规定；

3　采用锤击法消除中间焊层应力时，应使用圆头手锤或小型振动工具进行，但不应对根部焊缝、盖面焊缝或焊缝坡口边缘的母材进行锤击。

4.10　检查验收

4.10.1　按规范要求在外观检查合格的基础上进行无损探伤检查。

4.10.2　所有承受静荷载结构焊缝质量的检验应冷却到环境温度后进行外观检查，Ⅲ、Ⅳ类钢材及焊接难度等级为 C、D 级时，应以焊接完成 24h 后检查结果作为验收依据；钢材标称屈服强度不小于 690MPa 或供货状态为调质状态时，应以焊接完成 48h 后的检查结果作为验收依据。

4.10.3　需要疲劳验算结构的焊缝质量检查，Ⅰ、Ⅱ类钢材及焊接难度等级为 A、B 级时，应以焊接完成 24h 后的检测结果作为验收依据；Ⅲ、Ⅳ类钢材及焊接难度等级为 C、D 级时，应以焊接完成 48h 后的检查结果作为验收依据。

4.10.4 有下列情况之一应进行表面检测：

1 外观检查发现裂纹时，应对该批中同类焊缝进行 100％的表面检测；

2 外观检查怀疑有裂纹时，应对怀疑的部位进行表面检测；

3 设计图纸要求进行表面检测时；

4 质量检查人员认为有必要时。

5　质量标准

5.1　主控项目

5.1.1 焊丝、焊剂与母材的匹配应符合设计要求及国家现行标准《钢结构焊接规范》GB 50661 的规定。焊剂在使用前，应按其产品说明书及焊接工艺文件的规定进行烘焙和存放。

5.1.2 焊工必须经考试合格并取得合格证书。持证焊工必须在其考试合格项目及其认可范围内施焊。严禁无证焊工施焊。

5.1.3 施工单位应按照现行国家标准《钢结构焊接规范》GB 50661 的规定进行焊接工艺评定，根据评定报告确定焊接工艺，编写焊接工艺文件并进行全过程质量控制。

5.1.4 设计要求全焊透的一、二级焊缝应采用超声波探伤进行内部缺陷的检验；超声波探伤不能对缺陷作出判断时，应采用射线探伤，其焊缝质量等级及缺陷分级应符合表 10-1 的规定。

一级、二级焊缝质量等级及缺陷分级　　　　　　表 10-1

焊缝质量等级		一级	二级
内部缺陷 超声波探伤	缺陷评定等级	Ⅱ	Ⅲ
	检验等级	B 级	B 级
	检测比例	100％	20％
内部缺陷 射线探伤	缺陷评定等级	Ⅱ	Ⅲ
	检验等级	B 级	B 级
	检测比例	100％	20％

5.1.5 T 形接头、十字接头、角接接头等要求熔透的对接和角对接组合焊缝，其焊角尺寸不应小于 $t/4$；设计有疲劳验算要求的吊车梁或类似构件的腹板与上翼缘连接的焊脚尺寸不应小于 $t/2$，且不应大于 10mm。其焊脚尺寸允许偏差为 0～4mm。

5.2　一般项目

5.2.1 焊剂不应受潮结块。

5.2.2　对于需要进行焊前预热或焊后热处理的焊缝，其预热温度或后热温度应符合国家现行有关标准的规定或通过工艺试验确定。预热区在焊道两侧，每侧宽度均应大于焊件厚度的 1.5 倍以上，且不应小于 100mm；后热处理应在焊后立即进行，保温时间应根据板厚按每 25mm 板厚 1h 确定。

5.2.3　无疲劳验算、有疲劳验算的焊缝外观质量要求应分别符合表 10-2 和表 10-3 的规定。

无疲劳验算要求焊缝的外观质量要求　　　　表 10-2

检查项目	一级焊缝	二级焊缝允许偏差（mm）	三级焊缝允许偏差（mm）
裂纹		不允许	
未焊满（指不足设计要求）	不允许	$\leqslant 0.2+0.02t$，且 $\leqslant 1.0$	$\leqslant 0.2+0.04t$，且 $\leqslant 2.0$
		每 100 长度焊缝内未焊满累积长度 $\leqslant 25$	
根部收缩	不允许	$\leqslant 0.2+0.02t$，且 $\leqslant 1.0$	$\leqslant 0.2+0.04t$ 且 $\leqslant 2.0$
		长度不限	
咬边	不允许	深度 $\leqslant 0.05t$，且 $\leqslant 0.5$，连续长度 $\leqslant 100$ 且焊缝两侧咬边总长 $\leqslant 10\%$ 焊缝全长	深度 $\leqslant 0.1t$，且 $\leqslant 1.0$，长度不限
电弧擦伤		不允许	允许存在个别电弧擦伤
接头不良	不允许	缺口深度 $\leqslant 0.05t$，且 $\leqslant 0.5$	缺口深度 $\leqslant 0.1t$，且 $\leqslant 1.0$
		每 1000 长度焊缝内不得超过 1 处	
表面夹渣		不允许	深 $\leqslant 0.2t$，长 $\leqslant 0.5t$，且 $\leqslant 20.0$
表面气孔		不允许	每 50 焊缝长度内允许直径 $\leqslant 0.4t$，且 $\leqslant 3.0$ 的气孔 2 个，孔距 $\geqslant 6$ 倍孔径

注：t 为连接处较薄的板厚。

有疲劳验算焊缝的外观质量要求　　　　表 10-3

检查项目	一级焊缝	二级焊缝允许偏差（mm）	三级焊缝允许偏差（mm）
裂纹		不允许	
未焊满（指不满足设计要求）		不允许	$\leqslant 0.2+0.02t$，且 $\leqslant 1.0$ 每 100 长度焊缝内未焊满累积长度 $\leqslant 25$
根部收缩		不允许	$\leqslant 0.2+0.02t$，且 $\leqslant 1.0$ 长度不限
咬边	不允许	深度 $\leqslant 0.05t$，且 $\leqslant 0.3$，连续长度 $\leqslant 100$ 且焊缝两侧咬边总长 $\leqslant 10\%$ 焊缝全长	深度 $\leqslant 0.1t$，且 $\leqslant 0.5$，长度不限
电弧擦伤		不允许	允许存在个别电弧擦伤
接头不良		不允许	缺口深度 $\leqslant 0.05t$，且 $\leqslant 0.5$，每 1000 长度焊缝内不得超过 1 处
表面夹渣		不允许	深 $\leqslant 0.2t$，长 $\leqslant 0.5t$，且 $\leqslant 20.0$
表面气孔		不允许	直径 <1.0mm，每米不多于 3 个，间距 $\geqslant 20$

5.2.4 无疲劳验算、有疲劳验算的对接焊缝与角焊缝外观尺寸允许偏差应分别符合表 10-4 和表 10-5 的规定。

无疲劳验算对接焊缝与角焊缝的外观尺寸允许偏差（mm） 表 10-4

检查项目	一、二级焊缝	三级焊缝
对接焊缝余高 C	$B<20$ 时，C 为 $0\sim3.0$	$B<20$ 时，C 为 $0\sim3.5$
	$B\geqslant20$ 时，C 为 $0\sim4.0$	$B\geqslant20$ 时，C 为 $0\sim5.0$
对焊焊缝错边 Δ	$\Delta<0.1t$，且 $\leqslant2.0$	$\Delta<0.15t$，且 $\leqslant3.0$
角焊缝余高 C	$h_f\leqslant6$ 时，C 为 $0\sim1.5$；$h_f>6$ 时，C 为 $0\sim3.0$	

有疲劳验算对接焊缝与角焊缝的外观尺寸允许偏差（mm） 表 10-5

检查项目	焊缝种类	外观尺寸允许偏差
焊脚尺寸	对接与角接组合焊缝 h_f	$0\sim+2.0$
	其他角焊缝 h_f	$-1.0\sim+2.0$
焊缝高低差	角焊缝	$\leqslant2.0$（任意 25 长范围高低差）
余高	对接焊缝	$\leqslant2.0$（焊缝宽 $b\leqslant20$）
		$\leqslant3.0$（$b>20$）
余高铲磨后表面	横向对接焊缝	表面不高于母材 0.5
		表面不低于母材 0.3
		粗糙度不大于 $50\mu m$

6 成品保护

6.0.1 焊接成形的成品应当自然冷却，不准浇水冷却。

6.0.2 低温环境下焊接后应采取保温缓冷措施。

6.0.3 未完全冷却时，不准用锤敲击焊缝清渣。

7 应注意的问题

7.1 应注意的质量问题

7.1.1 应严格控制焊接材料、母材和焊接工艺的质量。

7.1.2 应有防止层状撕裂的工艺措施。

7.1.3 在 T 形、十字形及角接接头中，当翼缘板厚度等于、大于 20mm 时，为防止翼缘板产生层状撕裂，宜采取下列节点构造设计：

1 采用较小的焊接坡口角度及间隙，并满足焊透深度要求；

2 在角接接头中，采用对称坡口或偏向于侧板的坡口；

3 采用双面坡口对称焊接；

4 在 T 形或角接接头中，板厚方向承受焊接拉应力的板材端头伸出接头焊缝区；

5　在 T 形、十字接头中，采用过渡段，以对接接头取代 T 形、十字接头。

7.1.4　确保焊材及母材质量要求，对有特殊要求的部位，可选用 Z 向延性性能好的钢材。

7.1.5　为防止内部夹渣，需层间清理彻底，每层焊后发现咬边夹渣必须清除修复。

7.1.6　为防止焊缝表面成型出现中间凸起而两边凹陷，应提高药粉圈，去除粘渣，使焊剂覆盖高度达 30～40mm。

7.2　**应注意的安全问题**

7.2.1　施焊场地周围应清除易爆易燃品。

7.2.2　焊机外壳应接零或接地，焊工操作时应穿绝缘鞋戴绝缘手套。

7.2.3　构件在反转吊运过程中应稳吊稳放。

7.3　**应注意的绿色施工问题**

7.3.1　作业区应控制噪声，合理安排作业时间，减少对周边环境的影响。

7.3.2　加工所用的机械在停班或班后按规定停机，关闭电源。

7.3.3　制作余料和废料及时分类回收，并对余料的炉批号、品种、规格、型号标识清楚，以便利用。

7.3.4　包装箱及时收集，统一回收处理，不得随意抛弃。

7.3.5　作业区内构件排放整体有序，作业面保持清洁、干净。

7.3.6　加工过程中烟气排放应符合现行国家标准《大气污染物综合排放标准》GB 16297 的规定。

8　质量记录

8.0.1　所用钢材、焊接材料的质量合格证明文件、中文标志及性能检测报告。

8.0.2　焊工合格证书及编号。

8.0.3　焊接预热、后热施工记录。

8.0.4　焊剂烘焙记录。

8.0.5　焊接工艺评定报告。

8.0.6　钢结构制作（安装）焊接工程检验批质量验收记录。

8.0.7　钢结构制作（安装）焊接分项工程质量验收记录。

8.0.8　构件焊缝外观、尺寸检查记录。

8.0.9　焊缝探伤检测报告。

8.0.10　施工记录。

8.0.11　其他技术文件。

第11章　钢结构二氧化碳气体保护焊焊接

本工艺标准适用于建筑钢结构制作和安装工程中二氧化碳气体保护焊焊接。

1　引用标准

《钢结构设计标准》GB 50017—2017
《钢结构工程施工规范》GB 50755—2012
《钢结构焊接规范》GB 50661—2011
《建筑工程施工质量验收统一标准》GB 50300—2013
《钢结构工程施工质量验收规范》GB 50205—2001
《高层民用建筑钢结构技术规程》JGJ 99—2015
《钢结构超声波探伤及质量分级法》JG/T 203—2007
《熔化焊用钢丝》GB/T 14957—1994
《低合金钢药芯焊丝》GB/T 17493—2008
《碳钢药芯焊丝》GB/T 10045—2001
《气体保护电弧焊用碳钢、低合金钢焊丝》GB/T 8110—2008

2　术语（略）

3　施工准备

3.1　作业条件

3.1.1　应根据《钢结构焊接规范》GB 50661 的规定进行焊接工艺评定，根据工艺评定报告制定焊接工艺文件，施工前对作业班组进行安全技术交底（包括施工方案、焊接作业指导书或焊接工艺卡）。

3.1.2　待焊的零件、部件或构件已组装完成并检验合格，所用焊丝经过进场验收合格。

3.1.3　相关作业人员必须持有有效的上岗证，焊工必须经过考试取得合格证书，并在其规定许可范围内施焊。

3.1.4　电弧焊机运行状态良好，接零或接地符合安全要求。

3.1.5　焊接作业条件应符合下列要求：

1 焊接作业区最大风速不宜超过 2m/s；若超过时，应设防风棚或采用其他防风措施，制作车间内焊接作业区有穿堂风或鼓风机时，也应按以上规定设挡风装置；

2 焊接作业区的相对湿度不得大于 90%；

3 当焊件表面潮湿或有冰雪覆盖时，应采取加热措施除潮去湿；

4 焊接作业区环境温度低于 0℃但不低于－10℃时，应将构件焊接区各方向大于或等于两倍钢板厚度且不小于 100mm 范围内的母材，加热到 20℃以上后方可施焊，且在焊接过程中均不应低于这一温度。

3.1.6 焊接作业区环境超出 3.1.5 条规定但必须焊接时，应编制专项方案。焊接温度低于－10℃时，必须进行相应焊接环境下的工艺评定试验，并应在评定合格后再进行焊接；如果不符合上述规定，严禁焊接。

3.1.7 施焊前打开气瓶高压阀，将预热器打开，预热 10～15min，预热后打开低压阀，调到所需气体流量后焊接。

3.2　材料及机具

3.2.1 建筑钢结构用钢材及焊接材料的选用应符合设计图的要求，并应具有钢厂和焊接材料厂的产品质量证明书或检验报告，其化学成分、力学性能和其他质量要求必须符合现行国家标准的规定。材料代换时，需经设计单位同意。

3.2.2 焊丝应符合现行国家标准《熔化焊用钢丝》GB/T 14957、《气体保护电弧焊用碳钢、低合金钢焊丝》GB/T 8110 及《碳钢药芯焊丝》GB/T 10045、《低合金钢药芯焊丝》GB/T 17493 的规定。其二氧化碳气体含量（V/V）不得低于 99.9%，水蒸气与乙醇含量（m/m）不得高于 0.005%，并不得验出液态水。

3.2.3 机具：CO_2 气体保护焊机、焊接滚轮架、翼缘矫正机、吊装设备、烘干箱、钢丝刷、石棉布、碳弧气刨、工作平台、夹具、手锤、氧气、乙炔气、焊割炬等。

4　操作工艺

4.1　工艺流程

制定焊接工艺 → 反变形、焊接收缩量确定 → 检查构件 →

安装引弧板、引出板及垫板 → 预热处理 → 调整工艺参数 → 焊接 →

焊后处理 → 检查验收

4.2　制定焊接工艺

根据焊接工艺评定、构件尺寸、坡口、焊接环境、焊接要求制定焊接工艺。

4.3　反变形、焊接收缩量确定

4.3.1　控制焊接变形，可采取反变形措施。其反变形可参考焊接反变形经验数值或根据焊接工艺试验确定。

4.3.2　对反变形的构件，应事先在胎具上进行压制，通过试验检验其变形正确与否，成功后再大批制作。

4.3.3　焊接后在焊缝处发生冷却收缩时，其收缩量按照工艺试验的收缩量确定。

4.4　检查构件

4.4.1　施焊前，应复核焊件外形尺寸、接头质量和焊接区域的坡口、间隙、钝边等的情况。发现不符合要求时，应修整。

4.4.2　构件摆放应当平整、贴实。定位焊接应与原焊接材料相同，并由焊工按工艺要求操作。

4.4.3　定位焊必须由持相应合格证的焊工施焊，所用焊接材料应与正式施焊相当。定位焊焊缝应与最终焊缝有相同的质量要求。钢衬垫的定位焊宜在接头坡口内焊接，定位焊焊缝厚度不应小于 3mm，且不宜超过设计焊缝厚度的 2/3，定位焊缝长度不应小于 40mm，间距 300～600mm，并应填满弧坑。定位焊预热温度应高于正式施焊预热温度 20～50℃。当定位焊焊缝上有气孔或裂纹时，必须清除后重焊。

4.5　加装引弧板、引出板及垫板

4.5.1　T 形接头、十字接头、角接接头和对接接头主焊缝两端，必须配置引弧板和引出板，其材质应和被焊母材相同，坡口形式应与被焊焊缝相同，禁止其他材料充当引弧板和引出板。

4.5.2　二氧化碳气体保护焊焊缝引出板长应大于 25mm，其引弧板和引出板宽度应大于 50mm，长度宜为板厚的 1.5 倍且不小于 30mm，厚度不应小于 6mm。

4.5.3　钢衬垫板应与接头母材密贴连接，其间隙不应大于 1.5mm，并应与焊缝金属充分熔合。CO_2 气体保护焊焊接时，钢衬垫板厚度不应小于 4mm。

4.6　预热处理

4.6.1　板厚与最低预热温度应符合现行国家标准《钢结构焊接规范》GB 50661 的规定，实际操作时，尚应符合下列规定：

1　根据焊接接头的坡口形式和实际尺寸、板厚及构件约束条件确定预热温度。焊接坡口角度及间隙增大时，应相应提高预热温度；

2　根据接头热传导条件选择预热温度。在其他条件不变时，T 形接头应比对接接头的预热温度高 25～50℃。但 T 形接头两侧角焊缝同时施焊时应按对接

接头确定预热温度；

3　根据施焊环境温度确定预热温度。操作地点环境温度低于常温（高于 0℃）时，应提高预热温度 15～25℃。

4.6.2　采用中等热输入焊接时，对于板厚不大于 20mm 的Ⅰ、Ⅱ类钢材和板厚大于 20mm 且不大于 40mm 的Ⅰ类钢材，其焊接环境温度在 0℃ 以上时，可不采取预热措施。

4.7　调整工艺参数

4.7.1　焊前应对焊丝仔细清理，去除铁锈和油污等杂质。

4.7.2　根据板厚的不同选择不同的焊丝直径，为减少杂质含量，尽量选择直径较大的焊丝。

4.7.3　常用焊接电流和电弧电压的范围见表 11-1。

常用焊接电流和电弧电压的范围　　　　　　　表 11-1

焊丝直径（mm）	短路过渡		细颗粒过渡	
	电流（A）	电压（V）	电流（A）	电压（V）
0.5	30～60	16～18		
0.6	30～70	17～19		
0.8	50～100	18～21		
1.0	70～120	18～22		
1.2	90～150	19～23	160～400	25～38
1.6	140～200	20～24	200～500	26～40
2.0			200～600	27～40
2.5			300～700	28～42
3.0			500～800	32～44

4.7.4　$\phi 1.6$ 焊丝 CO_2 半自动焊常用工艺参数见表 11-2。

$\phi 1.6$ 焊丝 CO_2 半自动焊常用工艺参数表　　　　表 11-2

熔滴过渡形式	焊接电流（A）	电弧电压（V）	气体流量（L/min）	适用范围
短路过渡	160	22	15～22	全位置焊
细颗粒过渡	400	39	20	平焊

4.7.5　在组装好的构件上施焊，应严格按焊接工艺规定的参数以及焊接顺序进行，以控制焊后构件变形。CO_2 焊 T 形接头贴角焊焊件的焊接工艺参数、CO_2 焊全熔透对接接头焊件的焊接工艺参数，参照《钢结构焊接规范》GB 50661 的相关规定调整。

4.8　焊接

4.8.1　对于非密闭的隐蔽部位，应按施工图纸的要求进行涂层处理后方可进行组装；对刨平顶紧的部位，必须经检验合格后才能施焊。

4.8.2　焊接前应按工艺文件的要求调整焊接电流、电弧电压、焊接速度、送丝速度等参数，合格后方可正式施焊。二氧化碳气体保护焊必须采用直流反接。

4.8.3　不应在焊缝以外的母材上打火、引弧。

4.8.4　半自动焊时，焊接速度不应超过 0.5m/min。

4.8.5　引弧前要求焊丝端头与焊件保持 2～3mm 的距离。还要注意剪掉已熔化过的焊丝端头，对接焊应采用引弧板或在距板材端部 2～4mm 处引弧；然后，缓慢移向接缝的端头。待焊缝金属熔合后，再以正常焊接前进。

4.8.6　打底焊层高度不超过 4mm，填充焊时焊枪横向摆动，使焊道表面下凹且高度低于母材表面 1.5～2mm；盖面焊时焊接熔池边缘应超过坡口棱边 0.5～1.5mm，防止咬边。熄弧时，应注意将收尾处的弧坑填满。

4.8.7　T 形接头焊接时，易产生咬边、未焊透、焊缝下垂等现象。操作时，除正确执行焊接工艺参数外，应根据板厚和焊脚尺寸来控制焊丝的位置与角度。

4.8.8　焊脚尺寸小于 8mm 时，可用直线移动送丝法和短路过渡法进行匀速焊接；焊脚尺寸在 5～8mm 时，可采用斜圆圈形送丝法进行焊接；焊角尺寸在 8～9mm 时，焊缝可用两层两道焊，第一层用直线移动送丝法施焊，电流稍偏大，以保证熔深；第二层电流偏小，用斜圆圈形左焊法施焊。焊脚尺寸大于 9mm 时，可采用多层多道焊连接方式。

4.8.9　因焊接而变形的构件，可用机械（冷却）或在严格控制温度条件下加热的方法进行矫正。碳素结构钢在环境温度低于 −16℃、低合金结构钢在环境温度低于 −12℃时，不应进行冷矫正和冷弯曲。碳素结构钢和低合金结构钢在加热矫正时，加热温度不应超过 900℃。低合金结构钢在加热后应自然冷却。当零件采用热加工成型时，加热温度应控制在 900～1000℃；碳素结构钢和低合金结构钢在温度分别下降到 700℃和 800℃之前，应结束加工；低合金结构钢应自然冷却。

4.9　焊后处理

4.9.1　因焊接而变形的构件，可用机械（冷却）或在严格控制温度条件下局部加热的方法进行矫正。

4.9.2　碳素结构钢在环境温度低于 −16℃、低合金结构钢在环境温度低于 −12℃时，不应进行冷矫正和冷弯曲。碳素结构钢和低合金结构钢在加热矫正时，加热温度不应超过 900℃。低合金结构钢在加热矫正后应自然冷却。

4.9.3　当零件采用热加工成型时，加热温度应控制在 900～1000℃；碳素结构钢和低合金结构钢在温度分别下降到 700℃ 和 800℃ 之前，应结束加工；低合金结构钢应自然冷却。

4.9.4　设计文件或合同文件对焊后清除应力有要求时，常采用加热退火法、振动法、锤击法。

1　需经疲劳验算的动荷载结构中承受拉应力的对接接头或焊缝密集的节点或构件，宜采用电加热器局部退火和加热炉整体退火的方法；

2　仅为稳定结构尺寸时，可采用振动法。振动时效工艺参数选择及技术要求，应符合现行国家标准的有关规定；

3　采用锤击法消除应力时，应用圆头手锤或小型振动工具进行，但不应对根部焊缝、盖面焊缝或焊缝坡口边缘的母材进行锤击。

4.10　**检查验收**

4.10.1　按规范规定，在外观检查合格的基础上进行无损探伤检查。

4.10.2　所有承受静荷载结构焊缝质量的检验应冷却到环境温度后进行外观检查，Ⅲ、Ⅳ类钢材及焊接难度等级为 C、D 级时，应以焊接完成 24h 后检查结果作为验收依据；钢材标称屈服强度不小于 690MPa 或供货状态为调质状态时，应以焊接完成 48h 后的检查结果作为验收依据。

4.10.3　需要疲劳验算结构的焊缝质量检查，Ⅰ、Ⅱ类钢材及焊接难度等级为 A、B 级时，应以焊接完成 24h 后检测结果作为验收依据；Ⅲ、Ⅳ类钢材及焊接难度等级为 C、D 级时，应以焊接完成 48h 后的检查结果作为验收依据。

4.10.4　有下列情况之一应进行表面检测：

1　外观检查发现裂纹时，应对该批中同类焊缝进行 100％ 的表面检测；

2　外观检查怀疑有裂纹时，应对怀疑的部位进行表面检测；

3　设计图纸要求进行表面探伤时；

4　质量检查人员认为有必要时。

4.10.5　磁粉探伤应符合现行国家标准《无损检测　焊缝磁粉检测》GB/T 6061 的规定，渗透探伤应符合现行国家标准《无损检测　焊缝渗透检测》GB/T 6062 的规定。

5　质量标准

5.1　主控项目

5.1.1　焊丝与母材的匹配应符合设计要求及国家现行标准《钢结构焊接规范》GB 50661 规定。药芯焊丝在使用前，应按其产品说明书及焊接工艺文件的规定烘焙和存放。

5.1.2　焊工必须经考试合格并取得合格证书。持证焊工必须在其考试合格项目及其认可范围内施焊。严禁无证焊工施焊。

5.1.3　施工单位应按照现行国家标准《钢结构焊接规范》GB 50661 的规定进行焊接工艺评定，根据评定报告确定焊接工艺，编写焊接工艺文件并进行全过程质量控制。

5.1.4　设计要求全焊透的一、二级焊缝应采用超声波探伤进行内部缺陷的检验；超声波探伤不能对缺陷作出判断时，应采用射线探伤，其焊缝质量等级及缺陷分级应符合表 11-3 的规定。

一级、二级焊缝质量等级及缺陷等级　表 11-3

焊缝质量等级		一级	二级
内部缺陷 超声波探伤	缺陷评定等级	Ⅱ	Ⅲ
	检验等级	B 级	B 级
	检测比例	100%	20%
内部缺陷 射线探伤	缺陷评定等级	Ⅱ	Ⅲ
	检验等级	B 级	B 级
	检测比例	100%	20%

5.1.5　T 形接头、十字接头、角接接头等要求熔透的对接和角对接组合焊缝，其焊脚尺寸不应小于 $t/4$；设计有疲劳验算要求的吊车梁或类似构件的腹板与上翼缘连接焊缝的焊脚尺寸，不应小于 $t/2$ 且不应大于 10mm。焊脚尺寸的允许偏差为 0~4mm。

5.2　一般项目

5.2.1　对于需要进行焊前预热或焊后热处理的焊缝，其预热温度或热后温度应符合国家现行有关标准的规定或通过工艺试验确定。预热区在焊道两侧，每侧宽度均应大于焊件厚度的 1.5 倍以上，且不应小于 100mm；后热处理应在焊后立即进行，保温时间应根据板厚按每 25mm 板厚 1h 确定。

5.2.2　无疲劳验算、有疲劳验算的焊缝外观质量要求应分别符合表 11-4 和表 11-5 的规定。

无疲劳验算焊缝的外观质量要求　表 11-4

检查项目	一级焊缝	二级焊缝允许偏差（mm）	三级焊缝允许偏差（mm）
裂纹		不允许	
未焊满（指不足 设计要求）	不允许	≤0.2+0.02t，且≤1.0	≤0.2+0.04t，且≤2.0
		每 100 长度焊缝内未焊满累积长度≤25	
根部收缩	不允许	≤0.2+0.02t，且≤1.0	≤0.2+0.04t，且≤2.0
		长度不限	

续表

检查项目	一级焊缝	二级焊缝允许偏差（mm）	三级焊缝允许偏差（mm）
咬边	不允许	深度≤0.05t，且≤0.5；连续长度≤100 且焊缝两侧咬边总长≤10%焊缝全长	深度≤0.1t，且≤1.0，长度不限
电弧擦伤		不允许	允许存在个别电弧擦伤
接头不良	不允许	缺口深度≤0.05t，且≤0.5	缺口深度≤0.1t，且≤1.0
		每 1000 长度焊缝内不得超过 1 处	
表面夹渣		不允许	深≤0.2t，长≤0.5t，且≤20.0
表面气孔		不允许	每 50 焊缝长度内允许直径≤0.4t，且≤3.0 的气孔 2 个，孔距≥6 倍孔径

有疲劳验算焊缝的外观质量要求 表 11-5

检查项目	一级焊缝	二级焊缝允许偏差（mm）	三级焊缝允许偏差（mm）
裂纹		不允许	
未焊满（指不足设计要求）		不允许	≤0.2+0.02t，且≤1.0；每 100 长度焊缝内未焊满累积长度≤25
根部收缩		不允许	≤0.2+0.02t，且≤1.0；长度不限
咬边	不允许	深度≤0.05t，且≤0.3，连续长度≤100 且焊缝两侧咬边总长≤10%焊缝全长	深度≤0.1t，且≤0.5，长度不限
电弧擦伤		不允许	允许存在个别电弧擦伤
接头不良		不允许	缺口深度≤0.05t，且≤0.5，每 1000 长度焊缝内不得超过 1 处
表面夹渣		不允许	深≤0.2t，长≤0.5t，且≤20.0
表面气孔		不允许	直径<1.0，每米不多于 3 个，间距≥20

5.2.3 无疲劳验算、有疲劳验算的对接焊缝与角焊缝外观尺寸允许偏差应分别符合表 11-6 和表 11-7 的规定。

无疲劳验算对接焊缝与角焊缝的外观尺寸允许偏差（mm） 表 11-6

检查项目	一、二级	三级
对接焊缝余高 C	B<20 时，C 为 0~3.0	B<20 时，C 为 0~3.5
	B≥20 时，C 为 0~4.0	B≥20 时，C 为 0~5.0
对焊焊缝错边 Δ	Δ<0.1t，且≤2.0	Δ<0.15t，且≤3.0
角焊缝余高 C	h_f≤6 时，C 为 0~1.5；h_f>6 时，C 为 0~3.0	

有疲劳验算对接焊缝与角焊缝的外观尺寸允许偏差（mm）　　表 11-7

项目	焊缝种类	外观尺寸允许偏差
焊脚尺寸	对接与角接组合焊缝 h_k	$0\sim+2.0$
	其他角焊缝 h_f	$-1.0\sim+2.0$
焊缝高低差	角焊缝	$\leqslant 2.0$（任意 25 长范围高低差）
余高	对接焊缝	$\leqslant 2.0$（焊缝宽 $b\leqslant 20$）
		$\leqslant 3.0$（$b>20$）
余高铲磨后表面	横向对接焊缝	表面不高于母材 0.5
		表面不低于母材 0.3
		粗糙度不大于 $50\mu m$

6　成品保护

6.0.1　焊接成形的成品应当自然冷却，负温焊接后应采取缓冷措施，冷却后要及时清除残留的金属和熔渣。

6.0.2　涂装成品应当禁止撞击和摩擦。

6.0.3　采取措施防止变形。

7　注意事项

7.1　应注意的质量问题

7.1.1　应严格控制焊接材料、母材和焊接工艺的质量。

7.1.2　应选择合理的焊接工艺参数及焊接顺序控制焊接变形。

7.1.3　多层施焊应将各层的熔渣清除干净。如发现有影响焊接质量缺陷时，应用碳弧气刨清除后重新施焊。

7.1.4　Ⅱ类及Ⅱ类以上钢材箱形柱角接头，当板厚大于等于 80mm 时，板边火焰切割面宜用机械方法去除淬硬层。

7.2　应注意的安全问题

7.2.1　高空作业前，应对操作人员应进行专项安全教育，并定期体检。作业时衣着要灵便，禁止穿硬底、带钉易滑的鞋。

7.2.2　施焊场地周围应清除易爆易燃品，氧气、乙炔气瓶应放在 10m 以外，需配备相应的消防器材。

7.2.3　焊机外壳应接零或接地，焊钳绝缘性能良好，焊工操作时应穿绝缘鞋、戴绝缘手套。

7.2.4　在封闭环境下操作时，应有通风措施。

7.3　应注意的绿色施工问题

7.3.1　作业区应控制噪声，合理安排作业时间，减少对周边环境的影响。

7.3.2　加工所用的机械在停班或班后按规定停机，关闭电源。

7.3.3　制作余料和废料及时分类回收，并对余料的炉批号、品种、规格、型号标识清楚，以便利用。

7.3.4　包装箱及时收集，统一回收处理，不得随意抛弃。

7.3.5　作业区内构件排放整体有序，作业面保持清洁、干净。

7.3.6　加工过程中烟气排放应符合现行国家标准《大气污染物综合排放标准》GB 16297 的规定。

8　质量记录

8.0.1　所用钢材、焊接材料的质量合格证明文件、中文标志及性能检测报告。

8.0.2　焊工合格证书及编号。

8.0.3　焊接预热、后热施工记录。

8.0.4　焊丝烘焙记录。

8.0.5　焊接工艺评定报告。

8.0.6　钢结构制作（安装）焊接工程检验批质量验收记。

8.0.7　钢结构制作（安装）焊接分项工程质量验收记录。

8.0.8　构件焊缝外观、尺寸检查记录。

8.0.9　焊缝探伤检测报告。

8.0.10　施工记录。

8.0.11　其他技术文件。

第12章 栓钉焊接

本工艺标准适用于建筑钢结构工程中抗剪件、预埋件及锚固件的栓钉的焊接。

1 引用标准

《钢结构设计标准》GB 50017—2017
《钢结构工程施工规范》GB 50755—2012
《钢结构焊接规范》GB 50661—2011
《钢结构工程施工质量验收规范》GB 50205—2001
《高层民用建筑钢结构技术规程》JGJ 99—2015
《电弧螺柱焊用圆柱头焊钉》GB/T 10433—2002

2 术语

2.0.1 栓钉：栓钉属于一种高强度刚度连接的紧固件，在在钢结构工程中起刚性组合连接作用。栓钉是电弧焊柱焊用圆柱头焊钉的简称。

2.0.2 拉弧式栓钉焊接：将夹持好的栓钉置于瓷环内部，通过焊枪或焊接机头的提升机构将栓钉提升起弧，经过一定时间的起弧燃烧，通过外力将栓钉顶送插入熔池实现焊钉焊接的方法。

3 施工准备

3.1 作业条件

3.1.1 应根据《钢结构焊接规范》GB 50661 的规定进行焊接工艺评定，根据工艺评定报告制定工艺文件（包括施工方案、焊接作业指导书或焊接工艺卡），施工前对作业班组进行安全技术交底。

3.1.2 钢构件制作或安装完毕，所用栓钉进行入场并验收合格。

3.1.3 相关作业人员必须持有有效的上岗证，焊工必须经过考试取得合格证书，并在其规定许可范围内施焊。

3.1.4 栓钉焊接前应将钢构件表面的水、锈、油及其他影响焊缝质量的污渍清除干净，并按规定烘焙瓷环，焊接环境空气相对湿度不大于85%。

3.2　材料及机具

3.2.1　梁、柱等钢构件符合栓钉焊接的作业条件。

3.2.2　栓钉

1　栓钉的品种、规格、性能应符现行合国家产品标准和设计要求。

2　栓钉焊瓷环尺寸应符合现行国家标准《电弧螺柱焊用圆柱头焊钉》GB/T 10433 的规定，并由制造厂提供栓钉性能检验及其焊接端的鉴定资料。

3　栓钉保存时应有防潮措施；栓钉及母材焊接区如有水、氧化皮、锈、漆、油污、水泥灰渣等杂质，应清除干净方可施焊。受潮的焊接瓷环使用前应在 120～150℃范围内烘焙 1～2h。

3.2.3　机具：栓钉焊机、角向磨光机、手锤、钢丝刷，烘干箱等。

4　操作工艺

4.1　工艺流程

画线定位 → 清理焊接区域 → 试验及检验 → 调整工艺参数 → 正式焊接 →

检查验收

4.2　画线定位

按施工图纸在构件上画线，放出十字线便于瓷环摆放。

4.3　清理焊接区域

所有焊接区域应清理干净，不应有油漆、水渍及油污等杂质。

4.4　试验及检验

4.4.1　栓钉施焊前，必须对不同材质、不同规格、不同厂家、不同批号生产的栓钉，采用不同型号的焊机及焊枪进行严格的与现场同条件的工艺参数。根据"标准工艺焊接参数"及增、减 10％电流值分别施焊 3 组，确定最佳参数，按最佳参数做 2 组正式试件，进行静力拉伸、反复弯曲及拉弯试验。

4.4.2　栓钉焊接工艺文件应包括下列内容：1）母材的材质、规格及其他相关信息；2）栓钉材质的牌号，栓钉规格；3）焊接磁环的牌号、规格；4）非穿透焊或穿透焊，穿透焊应注明楼承钢板的材质规格和镀层含量；5）焊接位置；6）焊接电流、提升高度、伸出长度、焊接时间、电源极性等焊接工艺参数；7）预热温度与预热方式；8）检验方法及合格标准；9）其他必要的规定。

4.5　调整工艺参数

经工艺试验合格的参数，方可在工程中使用。其焊接能量的大小与焊接的电压、电流及时间的乘积成正比。为保证栓钉焊电弧的稳定，要靠调整焊接电流和通电时间来控制和改变焊接能量。

4.6　正式焊接

4.6.1　正式施焊前检查放线位置、抽检栓钉及瓷环，烘干。潮湿时焊件也需烘干。

4.6.2　每天正式焊接前做三个试件，打弯 30°检查合格后，方可正式施焊。

4.6.3　采用拉弧式栓钉焊接，施焊时把栓钉放在焊枪的夹持装置中，在规定位置放上相应的保护瓷环，把栓钉插入瓷环内并与母材接触。按动电源开关，栓钉自动提升，激发电弧。焊接电流增大，使栓钉端部和母材局部表面熔化。设定的电弧燃烧时间达到后，将栓钉自动压入母材。切断电流，熔化金属凝固，并使焊枪保持不动。冷却后，栓钉端部表面形成均匀的环状焊缝余高，敲碎并清除保护环。

4.6.4　按规范规定进行返修的栓钉焊接，可采用电弧焊或气体保护焊的焊接方式。

4.6.5　穿透焊时采用穿透型（B_2 型）配套瓷环，施焊时非镀锌板可直接焊接；镀锌板用乙炔氧焰在栓钉位置烘烤，敲击双面除锌后焊接；也可采用先钻孔后施焊的方法。

4.6.6　应根据现场实际情况、不同季节、不同电缆线长，调整工艺参数。

4.6.7　栓钉焊接应由具备实践经验的焊工操作，以保证焊接质量。

4.7　检查验收

4.7.1　检查栓钉规格和排列尺寸位置、焊缝尺寸是否符合规定。

4.7.2　每天从焊接完的栓钉中每根构件上任选三个敲弯成 30°，检查是否合格。如果有焊缝不饱满的或修补过的栓钉，要弯曲 15°检验，敲击方向应从焊缝不饱满一侧进行。弯曲后的栓钉如果合格，可保留现有状态使用。在工程中栓焊的检验是通过打弯试验进行，即用锤敲击栓钉头部使其弯曲 30°后，观察其焊接部位有无裂纹，若无裂纹为合格。

5　质量标准

5.1　主控项目

5.1.1　焊接材料的品种、规格、性能等应符合现行国家标准和设计要求。进口焊接材料的产品质量应符合设计和合同规定标准的要求。

5.1.2　焊接材料应按现行《钢结构工程施工质量验收规范》GB 50205 规定的钢结构采用的焊接材料应进行抽样复验，复验结果应符合现行国家标准和设计要求。

5.1.3　施工单位对其采用的栓钉和钢材焊接应进行焊接工艺评定，其结果应符合设计要求和国家现行有关标准规定。栓钉焊瓷环保存时应有防潮措施，受潮的焊接瓷环使用前应在 120～150℃范围内烘焙 1～2h。

5.1.4　栓钉焊焊接接头在外观质量检验合格后，应进行打弯抽样检查。当栓钉弯曲至 30°时，焊缝和热影响区不得有肉眼可见的裂纹。

5.2 一般项目

5.2.1 施工单位应按照现行国家标准《电弧螺柱焊用圆柱头焊钉》GB/T 10433 的规定，对焊钉的机械性能和焊接性能进行复验，其复验结果应符合现行国家标准和设计要求。

5.2.2 栓钉及焊接瓷环的规格、尺寸及允许偏差应符合现行国家标准的规定。

5.2.3 栓钉焊接接头外观检验应符合表 12-1 的要求。当采用电弧焊方法进行栓钉焊接时，其焊缝最小焊脚尺寸应符合规范规定要求。

5.2.4 栓钉根部焊脚应均匀，焊脚立面的局部未熔合或不足 360°的焊脚应进行修补。

栓钉焊接接头外观检查要求　　　　　　　　　　表 12-1

外观检查项目	允许偏差	
焊缝外形尺寸	360°范围内焊缝饱满	
	拉弧式栓钉焊：焊缝高≥1mm；焊缝宽≥0.5mm	
	电弧焊的栓钉焊接接头最小焊脚尺寸	
	栓钉直径（mm）	角焊缝最小焊脚尺寸（mm）
	10，13	6
	16，19，22	8
	25	10
焊缝缺陷	无气孔、夹渣、裂纹等缺陷	
焊缝咬边	咬边深度≤0.5mm，且最大长度不得大于 1 倍的栓钉直径	
栓钉焊后倾斜角度	倾斜角度偏差≤5°	

6 成品保护

6.0.1 已施工完的成品应当避免其他构件或设备的碰撞和拖动。

6.0.2 清理全部残渣，表面保持干净。

7 注意事项

7.1 应注意的质量问题

7.1.1 焊接工艺评定应由国家检测单位检验，合格后应按工艺方案操作。

7.1.2 焊工应具有栓钉焊接专业知识，经过培训合格后，方可上岗作业。

7.1.3 应保证焊接部位的清洁和对瓷环的烘焙，当母材表面温度低于 0℃时停止作业。

7.1.4 焊接环境温度处于−10～0℃时，应采用加热或防护措施，应确保焊接处各方向不小于 2 倍钢板厚度且不小于 100mm 范围内的母材温度，不低于 20℃或规定的最低预热温度两者的较高值，且在焊接过程中不应低于这一温度。焊接环境温度低于－10℃时，必须进行相应焊接环境下的工艺评定试验，并应在评定合格后再进行焊接。

7.1.5　低温环境下焊接后应采取缓冷措施，冷却后方可清渣。

7.2　**应注意的安全问题**

7.2.1　高空作业前，应对操作人员进行专项安全教育，并定期体检。作业时衣着要灵便，禁止穿硬底、带钉易滑的鞋。

7.2.2　施焊场地周围应清除易爆易燃品，并配备相应的消防器材。

7.2.3　焊机外壳应接零或接地，焊钳绝缘性能良好，焊工操作时应穿绝缘鞋、戴绝缘手套。

7.2.4　在封闭环境下操作时，应有通风措施。

7.3　**应注意的绿色施工问题**

7.3.1　作业区应控制噪声，合理安排作业时间，减少对周边环境的影响。

7.3.2　加工所用的机械在停班或班后按规定停机，关闭电源。

7.3.3　清除的瓷环残渣应清扫到一起，定期清运，不准随意丢弃。

7.3.4　包装箱及时收集，统一回收处理，不得随意抛弃。

7.3.5　作业区内构件排放整体有序，作业面保持清洁、干净。

7.3.6　加工过程中烟气排放应符合现行国家标准《大气污染物综合排放标准》GB 16297 的规定。

8　质量记录

8.0.1　所用钢材、焊接材料的质量合格证明文件、中文标志及性能检测报告。

8.0.2　焊工合格证书及编号。

8.0.3　焊接预热施工记录。

8.0.4　磁环烘焙记录。

8.0.5　焊接工艺评定报告。

8.0.6　钢结构栓钉焊接工程检验批质量验收记录。

8.0.7　钢结构栓钉焊接分项工程质量验收记录。

8.0.8　栓钉焊接焊缝外观、尺寸检查记录。

8.0.9　栓钉检测记录。

8.0.10　施工记录。

8.0.11　其他技术文件。

第13章　高强度螺栓连接

本工艺标准适用于建筑钢结构中安装用高强度大六角螺栓和扭剪型高强度螺栓的连接。

1　引用标准

《钢结构设计标准》GB 50017—2017

《钢结构工程施工规范》GB 50755—2012

《钢结构工程施工质量验收规范》GB 50205—2001

《钢结构高强度螺栓连接技术规程》JGJ 82—2011

《钢结构用高强度大六角头螺栓》GB/T 1228—2006

《钢结构用高强度垫圈》GB/T 1230—2006

《钢结构用高强度大六角头螺栓、大六角螺母、垫圈技术条件》GB/T 1231—2006

《钢结构用扭剪型高强度螺栓连接副》GB/T 3632—2008

2　术语

2.0.1　抗滑移系数：高强度螺栓连接中，使连接件摩擦面产生滑动时的外力与垂直于摩擦面的高强度螺栓预拉力之和的比值。

2.0.2　扭矩系数：高强度螺栓连接中，施加于螺母上的紧固扭矩与其在螺栓导入的轴向预拉力（紧固轴力）之间的比例系数。

3　施工准备

3.1　作业条件

3.1.1　编制相应施工方案，施工前对作业班组进行安全技术交底。

3.1.2　钢结构安装的稳定单元内的构件已经吊装到位，校正合格后及时进行高强度螺栓的施工。

3.1.3　高空作业人员经培训合格取得相应上岗操作证，并按时进行体检。

3.1.4　对高强度螺栓的预拉力、扭矩系数、抗滑移系数进行复验，复验结果合格。相关技术参数达到有关规定要求。

3.2　材料及机具

3.2.1　高强度大六角头螺栓和扭剪型高强度螺栓的品种、规格、性能等应符合设计要求和国家现行有关标准的规定，有质量合格证明文件和检验报告。螺栓的预拉力、扭矩系数试验同批分别抽取 8 套，抗滑移系数试验以钢结构制作检验批为单位，由制作厂和安装单位分别进行，每一检验批为 3 组。

3.2.2　工具：电动扭矩扳手、手动扭矩扳手、手工扳手、钢丝刷、冲子、锤子等。

4　操作工艺

4.1　工艺流程

$$\boxed{选择螺栓} \rightarrow \boxed{接头组装} \rightarrow \boxed{安装高强度螺栓} \rightarrow \boxed{高强度螺栓紧固} \rightarrow \boxed{紧固质量检验}$$

4.2　选择螺栓

4.2.1　选用螺栓的长度应为紧固连接板厚度加一个螺母和一个垫圈（扭剪型高强度螺栓为 1 个，高强度大六角头螺栓为 2 个）的厚度，并且紧固后宜露出 2～3 扣螺纹的余长，螺栓长度可取＋5mm 的倍数，余数是 2 舍 3 进。然后根据要求在同批内配套使用。

4.2.2　扭剪型高强度螺栓的长度，应为螺栓头根部至螺栓梅花卡头切口处的长度。

4.3　接头组装

4.3.1　接头组装前，应将摩擦面表面的浮锈用钢丝刷除掉，油污、油漆应清理干净。

4.3.2　板叠接触面应平整，板边、孔边无毛刺；接头处的翘曲、变形应校正。当接触面有间隙时，小于 1.0mm 的间隙可不处理；1～3mm 的间隙应将高出的一侧磨成 1∶10 的斜面，打磨方向应与摩擦受力方向垂直；大于 3mm 的间隙应加垫板，垫板厚度不应小于 3mm，垫板最多不超过 3 层，垫板材质和摩擦面处理方法应与构件相同。

4.3.3　结构组装时，应采用临时螺栓和冲钉做临时连接，其螺栓个数应为螺栓总数的 1/3 以上，且每个接头不少于 2 个，冲钉穿入数量不宜多于临时螺栓的 30%。组装时先用冲钉打入定位，在适当位置穿入临时螺栓，用扳手拧紧。不准用高强度螺栓兼作临时螺栓。高强度螺栓连接副组装时，螺母带圆台面的一侧应朝向垫圈有倒角的一侧。大六角头高强度螺栓连接副组装时，螺栓头下垫圈有倒角的一侧应朝向螺栓头。

4.4　安装高强度螺栓

4.4.1　高强度螺栓应自由穿入孔内，严禁强行敲打，穿入方向宜一致，并便于操作；垫圈应安装在螺母一侧，垫圈有倒角的一侧应和螺栓接触，不得装反。

4.4.2　高强度螺栓连接处摩擦面如采用喷砂（丸）后生赤锈时，安装前应以细钢丝刷除去摩擦面上的浮锈。

4.4.3　高强度螺栓不能自由穿入时，严禁气割扩孔，应用铰刀修孔，修孔后最大直径不应大于 1.2 倍螺栓直径，且修孔数量不应超过该节点螺栓数量的 25％。修孔前应将四周螺栓全部拧紧，使板紧贴后再铰孔。

4.4.4　不得在雨、雪天气安装高强度螺栓，摩擦面应处于干燥状态。

4.5　高强度螺栓紧固

4.5.1　高强度螺栓紧固应分初拧和终拧两次进行。针对大型节点还应进行复拧，复拧应在板叠紧贴后方可进行。

4.5.2　初拧的扭矩值一般为终拧扭矩值的 50％。

4.5.3　高强度螺栓的施拧顺序应符合下列规定：

1　一般接头应从螺栓群中间向外侧进行；

2　从接头刚度大的地方向不受约束的自由端进行；

3　从螺栓群中心向四周扩散进行；

4　两个或多个接头栓群的拧紧顺序应先主要构件接头，后次要构件接头。

4.5.4　初拧完毕的螺栓应做好标记以供确认，当天安装的高强度螺栓应当天终拧完毕。

4.5.5　终拧应采用专用的电动扭矩扳手，扭矩扳手在班前必须校正，其扭矩相对偏差应为±5％，合格后方可使用。用电动扳手时，应将扭剪型高强度螺栓尾部梅花卡头拧掉，即表明终拧完毕。对个别作业有困难的位置，也可采用手动扭矩扳手。

4.6　紧固质量检验

4.6.1　大六角头高强度螺栓连接紧固质量检查常用扭矩法或转角法检查。紧固质量的检查应在终拧 1h 以后，24h 之前完成。如发现有不符合规定的，应再扩大 1 倍检查；如仍有不合格者，则每个节点的高强度螺栓都应重新施拧。

4.6.2　扭剪型高强度螺栓终拧检查，以目测尾部梅花头拧掉为合格。

5　质量标准

5.1　主控项目

5.1.1　钢结构连接用高强度大六角头螺栓连接副、扭剪型高强度螺栓连接副的品种、规格、性能等，应符合现行国家产品标准和设计要求。高强度大六角头螺栓连接副和扭剪型高强度螺栓连接副出厂时，应分别随箱带有扭矩系数和紧固轴力（预拉力）的检验报告。

5.1.2　高强度大六角头螺栓连接副按规范的规定检验扭矩系数，扭剪型高强度螺栓连接副按规范的规定检验预拉力，检验结果应符合现行国家标准《钢结构工程施工质量验收规范》GB 50205 的规定。

5.1.3　钢结构制作和安装单位应按现行《钢结构工程施工质量验收规范》GB 50205 规定，分别进行高强度螺栓连接摩擦面的抗滑移系数试验和复验，现场处理的构件摩擦面应单独进行摩擦面抗滑移系数试验，其结果应符合设计要求。当高强度连接节点按承压型连接或张拉型连接进行强度设计时，可不进行摩擦面抗滑移系数的试验和复验。

5.1.4　高强度大六角头螺栓连接副终拧完成 1h 后、24h 内应进行终拧扭矩检查，检查结果应符合现行《钢结构工程施工规范》GB 50755 的有关规定。

5.1.5　扭剪型高强度螺栓连接副终拧后，除因构造原因无法使用专用扳手终拧掉梅花头者外，未在终拧中拧掉梅花头的螺栓数不应大于该节点螺栓数的 5%。对所有梅花头未拧掉的扭剪型高强度螺栓连接副应采用扭矩法或转角法进行终拧并作标记，且按上述 5.1.4 条方法做终拧扭矩检查。

5.2　一般项目

5.2.1　高强度大六角头螺栓连接副，扭剪型高强度螺栓连接副应按包箱配套供货，包装箱上应标明批号、规格、数量及生产日期。螺栓、螺母、垫圈外对表面不应出现生锈和沾染脏物，螺纹不应损伤。

5.2.2　高强度螺栓连接副的施拧顺序和初拧、复拧、终拧扭矩应符合设计要求和现行《钢结构工程施工规范》GB 50755 的有关规定。

5.2.3　高强度螺栓连接副终拧后，螺栓丝扣外露应为 2~3 扣，其中允许有 10% 的螺栓丝扣外露 1 扣或 4 扣。

5.2.4　高强度螺栓连接摩擦面应保持干燥、整洁，不应有飞边、毛刺、焊接飞溅物、焊疤、氧化铁皮、污垢等，除设计要求外摩擦面不应涂漆。

5.2.5　高强度螺栓应自由穿入螺栓孔。当螺栓不能自由穿入时，应用铰刀修孔。扩孔数量不应超过该节点螺栓数量的 25%，扩孔后的孔径不应超过 $1.2d$（d 为螺栓直径）。

6　成品保护

6.0.1　高强度螺栓连接副在运输、保管过程中，应轻放轻卸，防止损伤螺纹。安装前严禁任意开箱。

6.0.2　经处理后的高强度螺栓连接处摩擦面应采取保护措施，防止沾染脏物和油污。

6.0.3 施工完毕的高强度螺栓连接副及周边结构，应按设计要求进行防锈和防腐处理。

6.0.4 对于露天使用或接触腐蚀性气体的钢结构，在高强度螺栓拧紧检查验收合格后，连接处板缝应及时用腻子封闭。

7　注意事项

7.1　应注意的质量问题

7.1.1 螺栓存放应防潮、防雨、防粉尘，并按规格分类存放。使用时轻拿轻放，防止撞击，不得损伤螺纹。

7.1.2 应将装配表面的浮锈、油污、螺栓孔毛刺、焊瘤等清理干净，防止连接板拼装不严。

7.1.3 若有连接板变形、板叠间隙等情况，应进行校正处理后再使用。

7.1.4 螺栓应自由穿入螺孔，不得强行打入，防止螺栓丝扣损伤。

7.1.5 高强度螺栓连接副应按批配套进场，并附有出厂质量证明书，且应在同批内配套使用。

7.2　应注意的安全问题

7.2.1 高空作业操作平台或（施工吊篮）的制作及架设应有经审批的施工方案。高空作业人员应符合高空作业体质要求，并取得高空上岗证。

7.2.2 上下多层立体交叉作业时应有安全可靠的防护措施，作业人员应佩戴工具袋，避免高空落物伤人。

7.2.3 断下的梅花卡头应放入工具箱内，防止从高空掉落伤人。

7.2.4 钢结构是良好的导体，施工过程中做好接地工作，雨天及钢构件表面有凝露时不宜作业。

7.3　应注意的绿色施工问题

7.3.1 施工过程中使用电动工具时应控制噪声，合理安排作业时间，减少对周边环境的影响。

7.3.2 制作余料、废料及包装箱及时分类放置，统一回收利用。

7.3.3 包装箱及时收集，统一回收处理，不得随意抛弃。

7.3.4 作业区内构件排放整体有序，作业面保持清洁、干净。

8　质量记录

8.0.1 所用钢材、连接用紧固件的质量合格证明文件、中文标志及性能检验报告。

8.0.2 扭剪型高强度螺栓连接副预拉力复验报告。

8.0.3　高强度螺栓连接副施工扭矩检验报告。

8.0.4　高强度大六角头螺栓连接副扭矩系数复验报告。

8.0.5　高强度螺栓连接摩擦面的抗滑移系数检验报告和复验报告。

8.0.6　扭矩扳手标定记录。

8.0.7　高强度螺栓施工检测记录。

8.0.8　施工记录。

8.0.9　高强度螺栓连接工程检验批质量验收记录。

8.0.10　紧固件连接分项工程质量验收记录。

8.0.11　其他技术文件。

第14章　普通紧固件连接

本工艺标准适用于建筑钢结构制作和安装中作为永久性连接的普通螺栓自攻钉、拉铆钉、射钉等连接施工。

1　引用标准

《钢结构设计标准》GB 50017—2017

《钢结构工程施工规范》GB 50755—2012

《钢结构工程施工质量验收规范》GB 50205—2001

《六角头螺栓 C 级》GB/T 5780—2016

《六角头螺栓全螺纹 C 级》GB/T 5781—2016

《六角头螺栓》GB/T 5782—2016

《六角头螺栓全螺纹》GB/T 5783—2016

《紧固件机械性能　螺栓、螺钉和螺柱》GB/T 3098.1—2010

《自攻螺钉用螺纹》GB 5280—2002

《开口型沉头抽芯铆钉 10、11 级》GB/T 12617.1—2006

《开口型沉头抽芯铆钉 30 级》GB/T 12617.2—2006

《开口型沉头抽芯铆钉 12 级》GB/T 12617.3—2006

《开口型沉头抽芯铆钉 51 级》GB/T 12617.4—2006

《开口型沉头抽芯铆钉 20、21、22 级》GB/T 12617.5—2006

《开口型平圆头抽芯铆钉 10、11 级》GB/T 12618.1—2006

《开口型平圆头抽芯铆钉 30 级》GB/T 12618.2—2006

《开口型平圆头抽芯铆钉 12 级》GB/T 12618.3—2006

《开口型平圆头抽芯铆钉 51 级》GB/T 12618.4—2006

《开口型平圆头抽芯铆钉 20、21、22 级》GB/T 12618.5—2006

《开口型平圆头抽芯铆钉 40、41 级》GB/T 12618.6—2006

2　术语

2.0.1　普通紧固件：本标准指结构连接施工中所用的普通螺栓、自攻钉、拉铆钉、射钉等的总称。

2.0.2　普通螺栓连接：将普通螺栓、螺母、垫圈和连接件连接在一起，形成的一种连接形式。

3　施工准备

3.1　作业条件

3.1.1　编制相应施工方案，施工前对作业班组进行安全技术交底。

3.1.2　钢结构安装的稳定单元内的构件已经吊装到位，校正合格后及时进行普通紧固件的施工。

3.1.3　高空作业人员经培训合格取得相应上岗操作证，并按时进行体检。

3.1.4　需要连接的零件或部件验收合格。

3.1.5　被连接件表面清洁干净，不得有油污、杂质。

3.2　材料及机具

3.2.1　钢结构所用连接螺栓除特殊注明外，一般为普通粗制 C 级螺栓，常用螺栓技术规格有大六角螺栓-C 级（GB 5780）和六角头螺栓-全螺丝-C 级（GB 5781）。A、B 级精制螺栓连接是一种紧配合连接，目前基本上被高强度螺栓连接所代替。普通螺栓作为永久性连接螺栓，当设计有要求时或对其质量有疑义时进行螺栓实物最小拉力载荷实验，试验方法检查数量为每一规格螺栓随机抽查 8 个，其质量应符合现行国家标准《紧固件机械性能螺栓、螺钉和螺柱》GB 3098 的规定。连接薄钢板采用的自攻钉、拉铆钉、射钉，其规格尺寸应与被连接钢板匹配。

3.2.2　机具：普通螺栓主要施工机具为普通扳手，根据螺栓不同规格，不同操作位置选用双头吊扳手、单头梅花扳手、套筒扳手、活扳手、电动扳手等；自攻钉施工根据不同种类（规格）可采用十字形螺钉旋具、电动螺钉旋具、套筒扳手等；拉铆钉施工机具有手电钻、拉铆枪等；射钉施工采用射钉枪。

4　操作工艺

4.1　工艺流程

$$\boxed{\text{紧固件准备}} \rightarrow \boxed{\text{最小拉力荷载复验}} \rightarrow \boxed{\text{施工}} \rightarrow \boxed{\text{检查验收}}$$

4.2　紧固件准备

普通螺栓作为永久性连接时应符合下列要求：

4.2.1　螺栓头和螺母下面应放置平垫圈，以增大承压面积，但不得垫两个或两个以上，更不得用大螺母替代。

4.2.2　每个螺栓拧紧后，外露丝不应少于 2 扣。

4.2.3　对于设有防松动的螺栓，锚固螺栓应采用有防松螺母或弹簧垫圈，必要时应破坏外露丝扣，以防松动。

4.2.4 对于承受动荷载或重要部位的螺栓连接，应按设计要求放置弹簧垫圈，弹簧垫圈必须设置在螺母一侧。对于工字钢、槽钢类型，应尽量使用斜垫圈，使螺母和螺栓头的支撑面垂直于螺杆。

4.3 最小拉力复验

设计有要求或对其质量有疑义时，按现行国家标准《钢结构工程施工质量验收规范》GB 50205 的相关方法和要求进行最小拉力载荷复验。

4.4 施工

4.4.1 检查结构安装的整体尺寸合格。

4.4.2 节点的螺栓孔应自由穿入螺栓，孔不合格时采用铰刀扩孔或补焊后重新打孔，不允许气割扩孔。

4.4.3 每个节点的螺栓应全部装齐。

4.4.4 螺栓的紧固次序从中间开始，对称向两边进行，大型接头宜采用复拧。

4.4.5 连接薄钢板采用的拉铆钉、自攻钉、射钉等，其间距、边距等应符合设计文件的要求，钢拉铆钉和自攻螺钉的钉头部分应靠在较薄板的板件一侧，自攻螺钉、拉铆钉、射钉与连接钢板应紧固密贴，外观应排列整齐。射钉施工时，穿透深度不应小于 10.0mm。

4.5 检查验收

4.5.1 自攻钉、拉铆钉、射钉等其规格尺寸应与被连接钢板相匹配，其间距、边距等应符合设计要求。

4.5.2 对于永久性普通螺栓连接，自攻钉、拉铆钉、射钉等与钢板的连接，用小锤敲击检查，要求无松动、颤动和偏移。声音干脆。

4.5.3 各节点紧固件排列位置和方向应保持一致，其外观尺寸应按规定进行检查。

5 质量标准

5.1 主控项目

5.1.1 普通螺栓作为永久性连接螺栓时，当设计有要求或对其质量有疑义时，应进行螺栓实物最小拉力载荷复验，试验方法见现行《钢结构工程施工质量验收规范》GB 50205 的规定，其结果应符合现行国家标准《紧固件机械性能螺栓，螺钉和螺柱》GB/T 3098.1 的规定。

5.1.2 连接薄钢板采用的自攻钉、拉铆钉、射钉等其规格尺寸应与被连接钢板相匹配，其间距、边距等应符合设计要求。

5.2　一般项目

5.2.1　普通螺栓、铆钉，自攻钉、拉铆钉、锚栓（机械型和化学试剂型）、地脚锚栓等紧固标准件及螺母，垫圈等标准配件，其品种、规格、性能等应符合现行国家产品标准和设计要求。

5.2.2　永久性普通螺栓紧固应牢固、可靠，外露丝扣不应少于2扣。

5.2.3　自攻螺钉、钢拉铆钉、射钉等与连接钢板应紧固密贴，外观排列整齐。

6　成品保护

6.0.1　螺栓应按规定装箱室内保管，不应露天存放。

6.0.2　安装完毕的结构应加以保护，不应进行有损其强度的操作。

7　注意事项

7.1　应注意的质量问题

7.1.1　结构应当整体调校符合安装尺寸。必要时可加装临时螺栓固定。

7.1.2　节点板孔应配钻或模钻，保证孔大小和间距，扩孔应用铰刀而不应气割。

7.1.3　螺栓应能自由放入而不应用外力或锤击放入，以免破坏螺纹。安装方向应大体一致。

7.1.4　螺栓安装应先主结构，后次结构；节点板安装应从中间向四周扩展，尽量避免应力集中。板件应贴实，安装后螺栓应基本留有两个扣距。

7.1.5　对安装好的螺栓或其他紧固件应进行复查，可以用小锤敲击检查。

7.1.6　螺栓过拧后应更换新螺栓，而不得重复使用。

7.1.7　在有倾斜面上安装时应加斜垫圈，斜垫圈的倾角应与原倾角相同，保证轴力与接触面垂直。

7.2　应注意的安全问题

7.2.1　高空作业操作平台或（施工吊篮）的制作及架设应有经审批的施工方案。高空作业人员应符合高空作业体质要求，并取得高空上岗证。

7.2.2　上下多层立体交叉作业时应有安全可靠的防护措施，作业人员应佩带工具袋，避免高空落物伤人。

7.2.3　钢结构是良好的导体，施工过程中做好接地工作，雨天及钢构件表面有凝露时不宜作业。

7.3　应注意的绿色施工问题

7.3.1　施工过程中使用电动工具时应控制噪声，合理安排作业时间，减少对周边环境的影响。

7.3.2 制作余料、废料及包装箱及时分类放置，统一回收利用。

7.3.3 包装箱及时收集，统一回收处理，不得随意抛弃。

7.3.4 作业区内构件排放整体有序，作业面保持清洁、干净。

8 质量记录

8.0.1 产品的质量证明文件。

8.0.2 螺栓拉力复验记录和检验报告。

8.0.3 安装检查记录、合格验收报告。

8.0.4 施工记录。

8.0.5 钢结构紧固件连接检验批工程质量验收记录。

8.0.6 钢结构紧固件连接分项工程质量验收记录。

8.0.7 其他技术文件。

第 15 章 钢吊车梁制作

本工艺标准适用于工业厂房焊接工字钢吊车梁制作。

1 引用标准

《钢结构设计标准》GB 50017—2017

《钢结构工程施工规范》GB 50755—2012

《钢结构焊接规范》GB 50661—2011

《钢结构工程施工质量验收规范》GB 50205—2001

《钢结构超声波检测及质量分级》JG/T 203—2007

《碳素结构钢和低合金结构钢热轧钢板和钢带》GB/T 3274—2017

《优质碳素结构钢》GB/T 699—2015

《低合金钢药芯焊丝》GB/T 17493—2008

《碳钢药芯焊丝》GB/T 10045—2001

《气体保护电弧焊用碳钢、低合金钢焊丝》GB/T 8110—2008

《埋弧焊用碳钢焊丝和焊剂》GB/T 5293—1999

《埋弧焊用低合金钢焊丝和焊剂》GB/T 12470—2003

《非合金钢及细晶粒钢焊条》GB/T 5117—2012

《热强钢焊条》GB/T 5118—2012

2 术语

2.0.1 无损检测：对材料或工件实施的一种不损害其使用性能或用途的检测方法。

2.0.2 超声检测：利用超声波在介质中遇到界面反射的性质与其在传播时产生的衰减规律，来检测缺陷的无损检测方法。

3 施工准备

3.1 作业条件

3.1.1 待安装构件及安装用的零部件进场并验收合格。

3.1.2 钢构件轴线、标高已经复测合格。

3.1.3　按规定编制安装方案，经审批后，向队组交底。

3.1.4　测量用钢尺应与钢结构制造用的钢尺校对，并取得计量法定单位检定证明。

3.2　材料及机具

3.2.1　钢构件：钢构件型号、制作质量应符合设计要求和有关国家标准的规定，应有出厂合格证并应附有技术文件。

3.2.2　连接材料：焊条、螺栓等连接材料应有质量证明书，并符合设计要求及有关国家标准的规定。

3.2.3　涂料：防腐涂料技术性能应符合设计要求和有关标准的规定，应有产品质量证明书。

3.2.4　其他材料：各种规格垫铁符合设计要求。

3.2.5　机具：直条数控切割机、组立机、钢板平整机、自动埋弧焊机、矫正机、抛丸除锈机、喷漆设备、吊装机械、吊装索具、电焊机、二保焊机、焊钳、焊把线、垫木、垫铁、扳手、撬根、手持电砂轮、电钻等。

4　操作工艺

4.1　工艺流程

制定工艺规程 → 核实材料 → 排板设计 → 下料接料、刨边开坡口 →

工字形组装焊接、校正 → 零件组装焊接 → 画线钻孔 → 除锈油漆 → 交验

4.2　制定工艺规程

4.2.1　吊车梁是承受动力荷载的重要构件，制作前制定详细的工艺规程指导作业，包括配料、下料、边缘加工、组对焊接、矫正成型、制孔、验收等作业规程。

4.2.2　吊车梁焊接要根据设计要求进行焊接工艺评定，制定焊接方法、焊接接头形式、坡口形式、焊接工艺参数、焊接顺序，预热或后热措施等。

4.2.3　所有焊缝均应进行外观及焊缝尺寸检查，其中一级焊缝要进行 100% 的无损探伤检查，二级焊缝要进行 20% 的抽样无损探伤检查。

4.3　核实材料

由现场相关人员对所用材料的材质、规格、型号、尺寸进行检查，与图纸规定相对照，以防不同材质或不同型号尺寸的材料发生错用。钢材混批，无法确认材质、板厚等于或大于 40mm、设计有 Z 向性能要求的厚板、对质量有疑义的钢材应按相关规定抽样复验后方可使用。

4.4　排板设计

4.4.1　根据图纸和加工工艺预留加工余量确定下料尺寸，并确定下料的规

格、型号、数量进行优化排板设计，以达到损耗最小。

4.4.2　吊车梁的上下翼缘板跨中 1/3 范围内，应尽量避免拼接，下翼缘、上翼缘、腹板的拼板焊缝间距不宜小于 200mm，且翼缘板接料长度不应小于 600mm，上下翼缘宽度方向一般不要接板；腹板拼接宽度不应小于 300mm，长度不应小于 600mm。

4.5　下料接料

4.5.1　下料切割采用气割法和剪板机剪切法，为减小切割变形：1）较长的翼缘板或腹板采用气割法，尽量采用多头割矩对称气割法。2）钢板上切割不同尺寸的工件应先割小件后割大件，割不同形状的工件时，先割较复杂的后割较简单的。3）窄长条板的切割，长度两端留出 50mm 不割，待割完长边后再割断。

4.5.2　不需要刨边的工件，先进行钢板校正平整后，一次切割成形，但必须根据焊缝形式装配间隙及焊接收缩量，割缝宽度确定合理尺寸。需要刨边的工件根据板厚和下料方法不同留置加工余量，最小余量一般为 2～4mm。

4.5.3　当翼缘板较厚时，拼接焊缝设计为双面坡口，全熔透时均采用反面清根。上翼缘板上表面焊缝余高用砂轮磨光机磨平，焊缝余高控制在 0～＋1mm。

4.5.4　对于大型吊车梁的对接焊缝且需要疲劳验算结构的焊缝用射线检测和超声检测两种方法进行无损检测，同一条焊缝达到各自的质量要求该焊缝方可判定为合格。

4.6　工字型组装焊接、校正

4.6.1　工字型钢组装采用自动组立机。翼缘板厚度不小于 20mm 时应避免减少材质厚度方向承受较大的焊接收缩应力。

4.6.2　焊接时在焊缝端头设置材质和坡口形状相同的引弧板和引出板，应使焊缝在提供的延长段上起弧和终止。

4.6.3　为防上下挠，焊接时先焊下翼缘后焊上翼缘，并同方向焊接。

4.6.4　全熔透焊接单侧面焊完后用碳弧气刨反面清根，合理设计清根坡口，以避免未焊透和焊接裂纹产生。

4.6.5　为防止焊接变形，焊接应力和焊接裂纹，尽可能避免采用刚性固定或强制焊接变形，采用平衡焊接热输入法控制焊接变形。焊接后进行校正。

4.6.6　校正采用校正机校正法或火焰校正法或综合校正法，变形较大时采用火焰校正法，因机械校正属于强制校正，易导致应力集中或焊缝处裂纹的产生。

4.6.7　火焰校正时，加热温度严格控制在 600～800℃，同一加热位置加热次数不应超过两次，否则容易造成材料的脆化。

4.6.8　焊接完成后，按规范要求对焊缝进行检验和探伤，Q235 钢在焊缝完全冷却后外观检查合格的基础再探伤，Q345 钢在焊接完成 24h 后探伤检测。

4.7 零件组装焊接

4.7.1 工字形截面梁焊缝完成校正合格后，将梁端头和肋板顶紧面刨平进行组装，焊接完成后，要进行再次检验校正，然后安装支座板。

4.7.2 中间肋板上端头均要刨平，组装时顶紧，焊接采用从下到上，先里后外的焊接顺序，支座肋板与腹板的连接焊缝采用先中间后两边，与翼缘板连接焊缝先里后外的焊接顺序，两侧肋板对称施焊或跳焊法施焊，防止焊接变形。肋板端头起弧和落弧位置距端头保持距离大于等于 10mm，端头连续围焊。

4.7.3 较厚板焊接时，焊前预热来提高塑性，降低残余应力。

4.8 画线钻孔

4.8.1 零部件安装焊接后进行二次校正，孔在画线定位时合理确定基准线基准面。为了便于安装，满足螺栓使用要求，提高加工精度。

4.8.2 采用小钻打定位孔，大钻开孔的方式。

4.8.3 A、B 级螺栓孔（Ⅰ类）孔，孔壁表面粗糙度 Ra 不大于 $12.5\mu m$，观察检查时，$12.5\mu m$ 以微见刀痕作参考。C 级螺栓孔（Ⅱ类孔）孔壁表面粗糙度，不应大于 $25\mu m$。观察检查时，$25\mu m$ 为可见刀痕，$50\mu m$ 为明显可见刀痕。

4.9 除锈油漆

4.9.1 设计没有明确除锈等级要求时，用机械除锈，除锈等级不低于 Sa2 级，当要求采用环氧类或聚酯类油漆时，除锈等级提高至不低于 Sa2.5 级，用喷砂或抛丸除锈。

4.9.2 无明确规定时，室内油漆涂层厚度不小于 $125\mu m$，室外不小于 $150\mu m$ 涂刷时根据不同的油漆种类控制层间涂刷间隔时间，以防"咬底"或大面积脱落和返锈现象。

4.10 交验

严格按照工序进行检验验收，验收结果均应符合现行国家标准《钢结构工程施工质量验收规范》GB 50205 的合格规定要求。

5 质量标准

5.1 主控项目

5.1.1 钢材等品种、规格、性能等应符合现行国家标准和设计要求，进口产品的质量应符合设计和合同规定的标准要求。钢材等应按照现行国家标准《钢结构工程施工质量验收规范》GB 50205 的规定进行抽样复验，其复验结果应符合现行国家标准和设计要求。

5.1.2 焊接材料的品种、规格、性能等应符合现行国家标准和设计要求，进口焊接材料产品的质量应符合设计和合同规定标准的要求。焊条、焊丝、焊剂等焊接材料与母材的匹配应符合设计文件的要求及国家现行相关标准的规定，焊接材料在使用前，按产品说明书及焊接工艺文件的规定烘焙、存放。钢结构所采用的焊接材料按现行《钢结构工程施工质量验收规范》规定要求进行抽样复验，复验结果应符合现行国家产品标准和设计要求。

5.1.3 涂料、稀释剂和固化剂等材料的品种、规格、性能等应符合现行国家产品标准和设计要求；钢结构防火涂料的品种和技术性能应符合设计要求，并应经过具有检测资质的检测机构检测符合国家现行有关标准规定。

5.1.4 钢材切割面或剪切面应无裂纹、夹渣、毛刺和分层和不大于 1mm 的缺棱。气割或机械剪切的零件需要边缘加工时，其刨削量不应小于 2.0mm。

5.1.5 碳素结构钢在环境温度低于 $-16℃$、低合金结构钢在环境温度低于 $-12℃$ 时，不应进行冷矫正和冷弯曲。热轧碳素结构钢和低合金结构钢在加热矫正时，加热温度严禁超过 900℃，最低温度不得低于 600℃。低合金结构钢在加热矫正后应自然冷却。当零件采用热加工成型时，可根据材料的含碳量选择不同的加热温度，加热温度控制在 900～1000℃，也可控制在 1100～1300℃；碳素结构钢和低合金结构钢在温度分别下降到 700℃ 和 800℃ 之前，应结束加工；低合金钢应自然冷却。

5.1.6 A、B 级螺栓孔（Ⅰ类孔）、C 级螺栓孔（Ⅱ类孔）允许偏差分别符合表 15-1 规定。

A、B 级螺栓孔径允许偏差；C 级螺栓孔允许偏差　　　　　　　　　　表 15-1

A、B 级螺柱孔（Ⅰ类孔）应具有 H12 的精度，孔壁表面粗糙度 Ra 不应大于 $12.5\mu m$，其孔径的允许偏差应符合规定		
螺栓公称直径螺栓孔直径	螺栓公称直径允许偏差（mm）	螺栓孔直径允许偏差（mm）
10～18	0.00 −0.18	+0.18 0.00
18～30	0.00 −0.21	+0.21 0.00
30～50	0.00 −0.25	+0.25 0.00
C 级螺柱孔（Ⅱ类孔），孔壁表面粗糙度 Ra 不应大于 $25\mu m$，允许偏差应符合规定		
项目	允许偏差（mm）	
直径	+1.0 0.0	
圆度	2.0	
垂直度	$0.03t$，且不应大于 2.0	

5.1.7　实腹梁两端最外侧安装孔距离允许偏差±1.0mm。

5.1.8　钢梁制作焊接时主控项目见本标准相应手工电弧焊、CO_2气体保护焊等工艺标准。

5.1.9　吊车梁组装不应下挠。

5.2　一般项目

5.2.1　切割允许偏差应符合本工艺标准钢结构制作工艺标准的相关规定。

5.2.2　钢材的校正、边缘加工、螺栓孔距应符合本工艺标准中钢结构制作工艺标准的相关规定。

5.2.3　设计要求顶紧的接触面应有 75％以上的面积密贴，并且边缘最大间隙不应大于 0.8mm。

5.2.4　焊接 H 型钢的翼缘板拼接缝和腹板拼接缝的间距不应小于 200mm。翼缘板拼接长度小于 2 倍翼缘板宽且不小于 600mm；腹板拼接宽度不应小于300mm，长度不应小于 600mm 。

5.2.5　钢结构组装后焊接材料、焊前预热和后热、焊缝的外观质量及焊缝的外观尺寸允许偏差应符合本工艺标准钢结构制作工艺标准的相关规定。

5.2.6　钢梁对接焊缝外观尺寸允许偏差应符合本工艺标准中钢结构制作工艺标准的相关规定。

5.2.7　焊接 H 型钢允许偏差应符合表 15-2 的规定。

焊接 H 型钢允许偏差　　　　　　　表 15-2

项目		允许偏差（mm）
截面高度 h	$h<500$	±2.0
	$500<h<1000$	±3.0
	$h>1000$	±4.0
截面宽度 b		±3.0
腹板中心偏移 e		2.0
翼缘板垂直度 Δ		$b/100$，且≤3.0
弯曲矢高（受压构件除外）		$l/1000$，且≤10.0
扭曲		$h/250$，且≤5.0
腹板局部平面度 f	$t≤6$	4.0
	$6<t<14$	3.0
	$t≥14$	2.0

5.2.8　焊接实腹钢梁外形尺寸允许偏差应符合表 15-3 的规定。

焊接实腹钢梁外形尺寸允许偏差　　　　　　表 15-3

项目		允许偏差（mm）
梁长度 l	端面有凸缘支座板	0；−5.0
	其他形式	±l/2500；±10.0
端面高度 h	h≤2000	±2.0
	h>2000	±3.0
拱度	设计要求起拱	±l/5000
	设计未要求起拱	+10.0；−5.0
侧弯矢高		l/2000，且≤10
扭曲		h/250，且≤10
腹板局部平面度	t≤6	5.0
	6<t≤14	4.0
	t>14	3.0
翼缘板对腹板的垂直度		b/100 且≤3.0
吊车梁上翼缘与轨道接触面平面度		1.0
箱型截面对角线差		5.0
箱型截面两腹板至翼缘板中心线距离 a	连接处	1.0
	其他处	1.5
梁端板的平面度（只允许凹进）		h/500 且≤2.0
梁端板与腹板的垂直度		h/500 且≤2.0

6　成品保护

6.0.1　钢构件严禁平放高叠，成品应立放，并用支撑固定，构件不得发生弯曲变形。

6.0.2　钢构件侧向刚度较小时，吊装前两侧面应用圆木临时加固，并选择合适的吊点。

6.0.3　构件在运行和安装过程中，钢丝绳绑扎处宜用柔性材料保护，如发生涂层破坏，应及时补涂。

6.0.4　钢构件在吊运过程中严禁碰撞。

7　注意事项

7.1　应注意的质量问题

7.1.1　钢结构所用的杆件在下料时应及时编号并分开堆放，以防混用。

7.1.2　焊接工作应按焊接工艺规定的焊接方法、焊接次序和技术措施进行。

7.1.3　组装零件时应用专用夹具加紧，以保证焊接时不发生歪扭与变形。

7.1.4　在负温环境下焊接，应经焊接试验合格后方可进行。

7.2　应注意的安全问题

7.2.1　各种机械在使用前应经过试运转，合格后方可操作。机械的电气部分应有接地接零保护装置，焊接绝缘性能良好。

7.2.2　焊工作业时应穿好工作服、绝缘鞋，戴电焊手套和鞋盖，防止发生意外。制作场地应通风良好并有良好的照明，以便操作。

7.2.3　现场材料应按品种分类堆放；施焊场地周围不应堆放易燃易爆材料，与氧气瓶、乙炔瓶等的距离不得小于 10m。

7.2.4　钢构件在施焊或堆放时，应保持钢构件稳定或支撑牢固，防止倾倒伤人。

7.3　应注意的绿色施工问题

7.3.1　作业区应控制噪声，合理安排作业时间，减少对周边环境的影响。

7.3.2　加工所用的机械在停班或班后按规定停机，关闭电源。

7.3.3　制作余料和废料及时分类回收，并对余料的炉批号、品种、规格、型号标识清楚，以便利用。

7.3.4　作业区内构件排放整体有序，作业面保持清洁、干净。

7.3.5　加工过程中烟气排放应符合现行国家标准《大气污染物综合排放标准》GB 16297 的规定。

8　质量记录

8.0.1　钢材、连接材料、涂装材料的质量合格证明文件、中文标志及性能检测报告。

8.0.2　焊工合格证书及编号。

8.0.3　焊接工艺评定报告。

8.0.4　焊接探伤检测记录。

8.0.5　制作工艺报告。

8.0.6　钢结构零件及部件加工工程检验批质量验收记录。

8.0.7　钢结构组装工程检验批质量验收记录。

8.0.8　钢结构制作焊接工程检验批质量验收记录。

8.0.9　钢结构防腐涂料涂装工程检验批质量验收记录。

8.0.10　钢结构零部件加工分项工程质量验收记录。

8.0.11　钢结构组装分项工程质量验收记录。

8.0.12　钢结构焊接分项工程质量验收记录。

8.0.13　钢结构防腐涂料涂装分项工程质量验收记录。

8.0.14　施工记录。

8.0.15　其他技术文件。

第16章 钢屋架制作

本工艺标准适用于建筑钢结构一般型钢钢屋架制作工程。

1 引用标准

《钢结构设计标准》GB 50017—2017

《钢结构工程施工规范》GB 50755—2012

《钢结构焊接规范》GB 50661—2011

《钢结构工程施工质量验收规范》GB 50205—2001

《钢结构超声波检测及质量分级》JG/T 203—2007

《碳素结构钢和低合金结构钢热轧钢板和钢带》GB/T 3274—2017

《优质碳素结构钢》GB/T 699—2015

《碳素结构钢》GB/T 700—2006

《低合金高强度结构钢》GB/T 1591—2008

《热轧型钢》GB/T 706—2016

《焊接H型钢》YB/T 3301—2005

《低合金钢药芯焊丝》GB/T 17493—2008

《碳钢药芯焊丝》GB/T 10045—2001

《气体保护电弧焊用碳钢、低合金钢焊丝》GB/T 8110—2008

《非合金钢及细晶粒钢焊条》GB/T 5117—2012

《热强钢焊条》GB/T 5118—2012

2 术语

2.0.1 设计施工图：由设计单位编制的作为工程施工依据的技术图纸。

2.0.2 施工详图：根据钢结构设计施工图和施工工艺技术要求，绘制的用于直接指导钢结构制作和安装的细化技术图纸。

3 施工准备

3.1 作业条件

3.1.1 完成施工详图设计，并经原设计人员签字认可。

3.1.2 施工组织设计（施工方案）、作业指导书等各种技术准备工作已就绪，并向作业班组进行安全技术交底。

3.1.3 所用材料已经进场并验收合格。

3.1.4 所有生产工人都进行了施工前培训，并取得相应资格的上岗证书。焊工必须考试合格，并取得相应的施焊合格证。

3.1.5 所用机械设备调试验收合格，制作、检查、验收所用量具的精度符合要求，并经计量检测部门检定合格。

3.2　材料及机具

3.2.1 钢材：其品种、规格、性能等应符合设计要求和国家现行有关标准的规定，有质量合格证明文件和检验报告。钢材应按现行国家《钢结构工程施工质量验收规范》GB 50205 的规定进行抽样复验。

3.2.2 连接材料：焊条、焊丝、螺栓等连接材料均应有质量证明书并符合设计要求。焊接材料应按现行国家《钢结构工程施工质量验收规范》GB 50205 的规定进行抽样复验。药皮脱落或焊芯生锈的焊条及锈蚀、碰伤或混批的高强度螺栓不得使用。

3.2.3 涂料：防腐油漆应符合设计要求和国家现行有关标准的规定，并应有产品质量证明书及使用说明。

3.2.4 机具：剪切机、型钢矫正机、钢板轧平机、钻床、电钻、扩孔钻；电焊机、气焊设备、电弧气刨设备；钢板平台；喷砂、喷漆设备等。

3.2.5 工具：钢尺、卡尺、角尺、墨线盒、划针、划规、撬杠、大锤、扳手、夹紧器、千斤顶等。

4　操作工艺

4.1　工艺流程

加工准备及下料 → 零件加工 → 小装配（小拼）→ 总装配（总拼）→ 屋架焊接 → 支撑连接板、檩条、支座角钢的装配、焊接 → 成品检验 → 除锈涂装

4.2　加工准备及下料

4.2.1 放样：按照施工图放样，放样和号料时应根据工艺预留焊接收缩量和加工余量，经检验人员复验后办理预检手续。

4.2.2 根据放样作样板或样杆。

4.2.3 钢材矫正：钢材下料前必须先进行矫正，矫正后的偏差值不应超过规范规定的允许偏差值，以保证下料的质量。

4.2.4 屋架上、下弦下料时不号孔，其余零件都应号孔；热加工的型钢先

129

热加工，待冷却后再号孔。

4.3　零件加工

4.3.1　切割：氧气切割前钢材切割区域内的铁锈、污物应清理干净。切割后断口边缘熔瘤、飞溅物应清除。机械剪切面不得有裂纹及大于 1mm 的缺棱，并应清除毛刺。

4.3.2　焊接：上、下弦型钢需接长时，先焊接头并矫直。采用型钢接头时，为使接头型钢与杆件型钢紧贴，应按设计要求铲去楞角。对接焊缝应在焊缝的两端焊上引弧板，其材质和坡口型式与焊件相同，焊后气割切除并磨平。

4.3.3　钻孔：屋架端部基座板的螺栓孔应用数控钻床或摇臂钻套模钻孔，以保证螺栓孔位置、尺寸准确。腹杆及连接板上的螺栓孔可采用一般划线法钻孔。

4.4　小装配（小拼）

屋架端部 T 形基座、天窗架支承板预先拼焊组成部件，经矫正后再拼装到屋架上。部件焊接时为防止变形，宜采用成对背靠背，用夹具夹紧再进行焊接。

4.5　总装配（总拼）

4.5.1　将实样放在装配台上，按照施工图及工艺要求起拱并预留焊接收缩量。装配平台应具有一定的刚度，不得发生变形，确保装配精度。

4.5.2　按照实样将上弦、下弦、腹杆等定位角钢搭焊在装配台上。

4.5.3　把上、下弦垫板及节点连接板放在实样上，对号入座，然后将上、下弦放在连接板上，使其紧靠定位角钢。半片屋架杆件全部摆好后，按照施工图核对无误，即可定位点焊。

4.5.4　点焊好的半片屋架翻转 180°，以这半片屋架作模胎复制装配屋架。

4.5.5　在半片屋架模胎上放垫板、连接板及基座板时，基座板及屋架天窗支座、中间竖杆应用带孔的定位板用螺栓固定，以保证构件尺寸的准确。

4.5.6　将上、下弦及腹杆放在连接板及垫板上，用夹具夹紧，进行定位点焊。

4.5.7　将模胎上已点焊好的半片屋架翻转 180°，即可将另一半屋架的上、下弦和腹杆放在连接板和垫板上，使型钢背对齐用夹具夹紧，进行定位点焊。点焊完毕，整榀屋架总装配即完成，其余屋架的装配均按上述顺序重复进行。

4.6　屋架焊接

4.6.1　焊接前应复查组装质量和焊缝区的处理情况，修整后方能施焊。

4.6.2　焊接顺序：先焊上、下弦连接板外侧焊缝，后焊上、下弦连接板内侧焊缝，再焊连接板与腹杆焊缝；最后焊腹杆、上弦、下弦之间的垫板。屋架一面全部焊完后翻转，进行另一面焊接，其焊接顺序相同。

4.7 支撑连接板、檩条支座角钢的装配、焊接

用样杆划出支撑连接板的位置，将支撑连接板对准位置装配并定位点焊。用样杆同样划出角钢位置，并将装配处的焊缝铲平，将檩条支座角钢放在装配位置上并定位点焊。全部装配完毕，即开始焊接檩条支座角钢、支撑连接板。焊完后，应清除熔渣及飞溅物。在工艺规定的焊缝及部位上，打上焊工钢印代号。

4.8 成品检验

4.8.1 焊接全部完成，焊缝冷却 24h 之后，全部做外观检查并做出记录。Ⅰ、Ⅱ级焊缝应作无损探伤检测。

4.8.2 用高强度螺栓连接时，须将构件摩擦面进行喷砂处理，并做六组试件，其中三组出厂时发至安装地点，供复验摩擦系数使用。

4.8.3 按照施工图要求和施工规范规定，对成品外形几何尺寸进行检查验收，逐榀屋架做好记录。

4.9 除锈涂装

4.9.1 成品经质量检验合格后进行除锈，按照设计文件要求的除锈等级，选择合理的除锈方式。

4.9.2 除锈后 4h 内及时进行防腐涂装，涂料及漆膜厚度应符合设计要求和施工规范的规定。

4.9.3 在构件指定的位置上标注构件编号。

5 质量标准

5.1 主控项目

5.1.1 钢材的品种、规格，性能等应符合现行国家标准和设计要求，进口钢材产品的质量应符合设计和合同规定标准的要求。钢材应按照现行国家标准《钢结构工程施工质量验收规范》GB 50205 的规定要求进行抽样复验，其复验结果应符合现行国家标准和设计要求。

5.1.2 焊接材料的品种、规格、性能等应符合现行国家标准和设计要求，进口焊接材料产品的质量应符合设计和合同规定标准的要求。焊条、焊丝等焊接材料与母材的匹配应符合设计文件的要求及国家现行相关标准的规定，焊接材料在使用前，按产品说明书及焊接工艺文件的规定烘焙、存放。钢结构所采用的焊接材料按现行国家标准《钢结构工程施工质量验收规范》GB 50205 规定要求进行抽样复验，复验结果应符合现行国家产品标准和设计要求。

5.1.3 涂料、稀释剂和固化剂等材料的品种、规格、性能等应符合现行国家产品标准和设计要求；钢结构防火涂料的品种和技术性能应符合设计要求，并应经过具有相应检测资质的检测机构检测，其结果符合国家现行有关

标准规定。

5.1.4　钢材切割面或剪切面应无裂纹、夹渣、毛刺和分层。气割或机械剪切的零件需要边缘加工时，其刨削量不应小于 2.0mm。

5.1.5　A、B 级螺栓孔（Ⅰ类孔）、C 级螺栓孔（Ⅱ类孔）允许偏差应符合表 16-1 规定。

A、B、C 级螺栓孔径允许偏差　　　　　　　　表 16-1

A、B 级螺栓孔（Ⅰ类孔）应具有 H12 的精度，孔壁表面粗糙度 Ra 不应大于 12.5μm，其孔径的允许偏差应符合下列规定		
螺栓公称直径螺栓孔直径	螺栓公称直径允许偏差（mm）	螺栓孔直径允许偏差（mm）
10～18	0.00 −0.21	＋0.18 0.00
18～30	0.00 −0.21	＋0.21 0.00
30～50	0.00 −0.25	＋0.25 0.00
C 级螺栓孔（Ⅱ类孔），孔壁表面粗糙度 Ra 不应大于 25μm，其允许偏差应符合下列规定		
项目	允许偏差（mm）	
直径	＋1.0 0.0	
圆度	2.0	
垂直度	0.03t，且≤2.0	

5.1.6　钢屋架制作焊接时主控项目见本标准相应手工电弧焊、CO_2 气体保护焊等工艺标准。

5.2　一般项目

5.2.1　切割允许偏差应符合本工艺标准钢结构零部件制作工艺标准的相关规定。

5.2.2　钢材的校正、边缘加工、螺栓孔距应符合本工艺标准中钢结构零部件制作工艺标准的相关规定。

5.2.3　设计要求顶紧的接触面应有 75％以上的面积密贴，且边缘最大间隙不应大于 0.8mm。

5.2.4　钢屋架结构组装时，杆件轴线交点偏移不应大于 4.0mm。

5.2.5　钢屋架对接焊缝外观尺寸允许偏差应符合本工艺标准中钢结构制作工艺标准的相关规定。

5.2.6　钢屋架制作的外形尺寸允许偏差应符合表 16-2 的规定。

钢屋架制作的外形尺寸允许偏差　　　　表 16-2

项目	允许偏差（mm）	
屋架最外端两个孔或两端支撑面最外侧距离 l	$l \leqslant 24m$	$+3.0$ -7.0
	$l > 24m$	$+5.0$ -10.0
屋架跨中高度	± 10.0	
屋架跨中拱度	设计要求起拱	$\pm l/5000$
	设计未要求起拱	$+10.0$ -5.0
相邻节间弦杆弯曲（受压除外）	$l_1/1000$	
支撑面到第一个安装孔距离 a	± 1.0	
檩条连接支座间距	± 5.0	

6　成品保护

6.0.1　堆放构件时，地面必须垫平，避免支点受力不均或下挠。屋架吊点、支点应合理；宜立放，以防止由于侧面刚度差而产生变形扭曲。

6.0.2　钢结构构件应涂防锈底漆，编号不得损坏。

7　注意事项

7.1　应注意的质量问题

7.1.1　构件运输、堆放变形：运输、堆放时，垫点不合理，上、下垫木不在一条垂直线上，或由于场地沉陷等原因造成变形。如发生变形，应根据情况采用千斤顶、氧-乙炔火焰加热或用其他工具矫正。

7.1.2　构件扭曲：拼装时节点处型钢不吻合，连接处型钢与节点板间缝隙大于 3mm，应予矫正。拼装时用夹具夹紧。长构件应拉通线，符合要求后再定位焊固定。长构件翻身时由于刚度不足有可能产生变形，这时应事先进行临时加固。

7.1.3　起拱不符合要求：钢屋架拼装时，应严格检查拼装点角度，采取措施消除焊接收缩量的影响并加以控制，避免产生累计误差。

7.1.4　焊接变形：应采用合理的焊接顺序及焊接工艺（包括焊接电流、速度、方向等），或采用夹具、胎具将构件固定；然后再进行焊接，以防止焊接后翘曲变形。

7.1.5　跨度不准：制作、吊装、检查应用统一精度的钢尺。严格检查构件制作尺寸，不允许超过允许偏差。

7.2　应注意的安全问题

7.2.1　各种机械在使用前应经过试运转，合格后方可操作。机械的电气部分应有接地接零保护装置，焊机绝缘性能良好。

7.2.2　焊工作业时应穿好工作服、绝缘鞋，戴电焊手套和鞋盖，防止发生意外。制作场地应通风良好，并有良好的照明以便操作。

7.2.3　现场材料应按品种分类堆放；施焊场地周围不应堆放易燃易爆材料，与氧气瓶、乙炔瓶等的距离不得小于 10m。

7.2.4　钢构件在施焊或堆放时，应保持钢构件稳定或支撑牢固，防止倾倒伤人。

7.3　应注意的绿色施工问题

7.3.1　作业区应控制噪声，合理安排作业时间，减少对周边环境的影响。

7.3.2　加工所用的机械在停班或班后按规定停机，关闭电源。

7.3.3　制作余料和废料及时分类回收，并对余料的炉批号、品种、规格、型号标识清楚，以便利用。

7.3.4　作业区内构件排放整齐、有序，作业面保持清洁、干净。

7.3.5　加工过程中，烟气排放应符合现行国家标准《大气污染物综合排放标准》GB 16297 的规定。

8　质量记录

8.0.1　所用钢材、焊接材料、连接材料、涂装材料的质量合格证明文件、中文标志及性能检测报告。

8.0.2　焊工合格证书及编号。

8.0.3　焊接工艺评定报告。

8.0.4　焊接超声波或射线探伤检测记录。

8.0.5　制作工艺报告。

8.0.6　钢结构零件及部件加工工程检验批质量验收记录。

8.0.7　钢结构组装工程检验批质量验收记录。

8.0.8　钢结构制作焊接工程检验批质量验收记录。

8.0.9　钢结构预拼装检验批质量验收记录。

8.0.10　钢结构防腐涂料涂装工程检验批质量验收记录。

8.0.11　钢结构零部件加工分项工程质量验收记录。

8.0.12　钢结构组装分项工程质量验收记录。

8.0.13 钢结构焊接分项工程质量验收记录。

8.0.14 钢结构防腐涂料涂装分项工程质量验收记录。

8.0.15 焊接材料烘焙记录。

8.0.16 施工记录。

8.0.17 其他技术文件。

第17章 焊接球节点钢网架制作拼装

本工艺标准适用于焊接球节点的钢网架制作拼装工程。

1 引用标准

《钢结构设计标准》GB 50017—2017

《钢结构工程施工规范》GB 50755—2012

《钢结构焊接规范》GB 50661—2011

《钢结构工程施工质量验收规范》GB 50205—2001

《空间网格结构技术规程》JGJ 7—2010

《钢结构超声波检测及质量分级》JG/T 203—2007

《碳素结构钢和低合金结构钢热轧钢板和钢带》GB/T 3274—2017

《结构用无缝钢管》GB/T 8162—2008

《直缝电焊钢管》GB/T 13793—2016

《优质碳素结构钢》GB/T 699—2015

《低合金钢药芯焊丝》GB/T 17493—2008

《碳钢药芯焊丝》GB/T 10045—2001

《气体保护电弧焊用碳钢、低合金钢焊丝》GB/T 8110—2008

《非合金钢及细晶粒钢焊条》GB/T 5117—2012

《热强钢焊条》GB/T 5118—2012

2 术语

2.0.1 焊接球网架：由两个冲压钢半球加肋或不加焊接成空心球的连接节点。

3 施工准备

3.1 作业条件

3.1.1 按设计要求和工程特点编制网架施工技术方案，熟悉图纸，做好安全技术交底。

3.1.2 所用材料已经进场并验收合格。

3.1.3 焊工必须经考试合格，并取得有相应焊接材质与焊接部位的资格证书。

3.1.4 拼装前应对拼装胎模进行检测，防止胎模移动和变形。

3.1.5 网架制作、检查、验收及所用的量具精度应一致，并经计量部门检定合格。

3.2 材料及机具

3.2.1 钢材：其品种、规格、性能应符合设计要求和现行国家有关标准的规定，钢材应按现行国家标准《钢结构工程施工质量验收规范》GB 50205 的规定进行抽样复验。有质量合格证明书和检验报告。

3.2.2 焊接材料：焊接材料应有质量证明书和检验报告，并按现行国家标准《钢结构工程施工质量验收规范》GB 50205 的要求进行抽样复验。按照现行国家标准《钢结构焊接规范》GB 50661 的相关规定选择与设计选用钢材匹配的焊接材料，其化学成分和力学性能均符合现行产品要求和设计要求。

3.2.3 涂装材料：涂料的品种、性能、色泽应符合设计要求，并有质量证明书。

3.2.4 机具：加热炉、焊接球压床、焊接设备、氧乙炔切割设备、砂轮锯、杆件切割车床、杆件切割动力头、钢卷尺、钢板尺、卡尺、水准仪、经纬仪、超声波探伤仪或磁粉探伤仪、倒链、铁锤、钢丝刷、烤箱、保温箱等。

4 操作工艺

4.1 工艺流程

作业准备 → 球加工及检验 → 杆件加工及检查 → 小拼单元 → 中拼单元 →
钢网架拼装焊接 → 质量检验

4.2 作业准备

4.2.1 焊接球加工时，应准备好加热炉、焊接球压床、工具、夹具等。

4.2.2 焊接球半圆胎架已制作并安装。

4.2.3 选择焊接设备，设定焊接参数。采用自动焊时，安装、调试自动焊设备或安装氧乙炔设备。

4.2.4 焊条或焊剂应烘烤、保温。

4.3 球加工及检验

4.3.1 控制球材下料尺寸，并应放出适当余量。

4.3.2 焊接空心球采用钢板热压成半圆形，加热应均匀，加热温度以 1000～1100℃为宜。

4.3.3　加热后的钢材放到半圆胎架内，逐步压制成半圆形球。压制过程中，应尽量减少压薄区的压薄量，压制时氧化铁皮应及时清理，半圆球在胎架内可变换位置。

4.3.4　半圆球脱胎冷却后，应用样板修正半圆球的弧度，然后按半径切割半圆球的平面，并留出拼圆余量。

4.3.5　半圆球修正、切割后，坡口角度与形式应符合设计要求。

4.3.6　加肋焊接球拼装前应加肋环焊接，肋环高度不应小于球壁厚度。

4.3.7　球拼装时应有定位胎具，保证球的直径和球的圆度一致。

4.3.8　拼好的球放在焊接支架上，两边各钻一小孔固定钢球，并能随时慢慢旋转，然后用半自动埋弧焊机（也可以用气体保护焊机）对钢球进行多层多道焊接，直至焊道焊平。

4.3.9　焊缝外观检查合格，在24h后对钢球焊缝进行焊缝探伤检验，并对各种规格的钢球做强度试验。

4.4　杆件加工及检查

4.4.1　钢管杆件的外观尺寸、品种、规格应符合设计要求，在下料时应考虑焊接收缩余量。

4.4.2　杆件下料后应检查是否弯曲，如有弯曲应校正。杆件下料后应开坡口，若焊接球杆件壁厚在5mm以下，可不开坡口。

4.4.3　杆件制作完毕后应涂刷防锈漆，焊接部位留出50mm不涂刷。杆件应及时编号，同一品种、规格的杆件应码放整齐。

4.5　小拼单元

4.5.1　钢网架小拼前，应对已拼装的焊接球分别做强度试验，符合规定后方能开始小拼。

4.5.2　清理小拼场地，按小拼单元的尺寸、形态、位置进行放样、画线。根据编制好的小拼方案制作定位胎具，应做到装配和脱胎方便。

4.5.3　拼装焊接时应防止变形，复验各部位的拼装尺寸。

4.5.4　焊接球网架有加衬管和不加衬管两种。需加衬管部位，应备好衬管，先在球上定位点固；如不加衬管，应采用单面焊接双面成型的工艺。

4.5.5　焊接球网架小拼后应焊接牢固，焊缝饱满、焊透，焊波均匀一致。焊缝经外观检查后，应进行超声波探伤检验。

4.6　中拼单元

4.6.1　在焊接球网架施工中，可以在地面采用条形中拼、块形中拼、立体单元中拼等形式。

4.6.2　控制中拼单元的尺寸和变形，中拼单元拼装后应有足够的刚度，并保证自身不变形，否则应采取临时加固措施。

4.6.3　为保证网架顺利拼装，在条与条、块与块合拢处，可采取安装螺栓等措施。

4.6.4　搭设中拼支架时，支架上的支撑位置应设在下弦节点处，支架应验算其承载力和稳定性。

4.7　钢网架拼装焊接

4.7.1　焊接球网架拼装前应编制好焊接工艺和焊接顺序，焊接工艺内容有电流、电压、运条方法、焊接层数和道数、焊缝坡口、间隙等。应按焊接顺序进行拼装各节点之间的焊接，以控制构件的变形量。

4.7.2　钢网架拼装焊接技术难度大、质量要求高，焊工必须有全位置焊工考试合格证方能上岗。

4.7.3　网架焊接时，一般先焊下弦，使下弦收缩而略上拱，然后接腹杆及上弦，即下弦→腹杆→上弦。

4.7.4　钢网架施焊操作应符合下列规定：

1　钢管与钢球焊接时，起弧应在钢管底部中心线左侧 20～30mm 处，引弧应在焊道内，以防烧伤母材。

2　引弧后右边运条焊接，采用斜锯齿形运条法，防止铁水流失和咬肉；当采用反向的斜锯齿形运条法时，应防止熔渣倒流。

3　当焊条焊至 1/4 圆处，可改为月牙形运条法；当接近上部时，应采用反向的斜锯齿形运条法，防止咬肉。

4　焊缝收弧应在焊缝超过中心线 20～30mm 处熄弧，不必完全填满弧坑。

5　接着焊接钢管另一半，从钢管底部中心线右侧 20～30mm 处引弧焊接，向左运条，采用锯齿形运条法逐步向左向上焊接，直到近 1/4 圆处改为月牙形运条法；当焊到上部时，再采用反向的锯齿形运条法，使焊缝成型美观、饱满。

6　当焊条逐步焊到上半部时，应继续焊过中心线 20～30mm，覆盖上一道焊缝，直到填满弧坑。

7　当采用多道焊或焊道坡口尚未填满时，应清理焊道熔渣，按上述顺序继续焊接，直至达到焊缝规定的尺寸。

8　钢网架拼装完应对焊缝外观质量进行检查，咬肉深度不得超过 0.5mm，焊缝焊完 24h 后用超声波探伤检验。

4.8　质量检验

网架拼接后，对单元尺寸偏差进行检查验收，拼接焊缝在外观检查合格的基础上进行无损探伤检查，检查结果均应符合现行国家标准《钢结构工程施工质量验收规范》GB 50205 的合格规定。

5　质量标准

5.1　主控项目

5.1.1　焊接球、杆件、支座、顶帽及所采用的原材料，其品种、规格、性能等应符合现行国家标准和设计要求。

5.1.2　焊接材料的品种、规格、性能应符合现行国家标准和设计要求。

5.1.3　焊接材料与母材匹配应符合设计文件要求及现行国家标准的规定。焊接材料在使用前，应按其产品说明书及焊接工艺文件的规定进行烘焙和存放。

5.1.4　持证焊工必须在其焊工合格证书规定的认可范围内施焊，严禁无证焊工施焊。

5.1.5　焊接球焊缝应进行无损检验，其质量应符合设计要求，当设计无要求的，应符合二级焊缝质量标准。焊缝无损检测应符合现行国家标准《钢结构工程施工质量验收规范》GB 50205 中的相关规定。

5.1.6　钢板压成半圆球后，表面不应有裂纹、褶皱；焊接球其对接坡口应采用机械加工，对接焊缝表面应打磨平整。

5.2　一般项目

5.2.1　钢板厚度及允许偏差应符合现行国家产品标准和设计的要求。

5.2.2　焊接球表面应无明显波纹、局部凹凸不平不大于 1.5mm。

5.2.3　焊接球加工允许偏差应符合表 17-1 的规定。

焊接球加工允许偏差　　　　　　　　　　表 17-1

项目		允许偏差（mm）
直径	$d \leqslant 300$mm	±1.5
	$300 < d \leqslant 500$mm	±2.5
	$500 < d \leqslant 800$mm	±3.5
	$d > 800$mm	±4.0
圆度	$d \leqslant 300$mm	±1.5
	$300 < d \leqslant 500$mm	±2.5
	$500 < d \leqslant 800$mm	±3.5
	$d > 800$mm	±4.0
壁厚减薄量	$t \leqslant 10$mm	$\leqslant 0.18t$，且$\leqslant 1.5$
	$10 < t \leqslant 16$mm	$\leqslant 0.15t$，且$\leqslant 2.0$
	$16 < t \leqslant 22$mm	$\leqslant 0.12t$，且$\leqslant 2.5$
	$22 < t \leqslant 45$mm	$\leqslant 0.11t$，且$\leqslant 3.5$
	$t > 45$mm	$\leqslant 0.08t$，且$\leqslant 4.0$

项目		允许偏差（mm）
对口错边量	$t \leqslant 20mm$	$\leqslant 0.1t$，且$\leqslant 1.0$
	$20 < t \leqslant 40mm$	2.0
	$d > 40mm$	3.0
焊缝余高		$0 \sim 1.5$

注：d 为焊接空心球的外径；t 为焊接空心球的壁厚。

5.2.4　钢网架用钢管杆件加工的允许偏差应符合表 17-2 的规定。

钢网架（桁架）用钢管杆件加工的允许偏差　　　　表 17-2

项目	允许偏差（mm）
长度	± 1.0
端面对管轴的垂直度	0.005r
管口曲线	1.0

5.2.5　制作拼装的焊缝外观质量及焊缝尺寸允许偏差应符合本工艺标准钢结构焊接工艺标准的相关规定。

6　成品保护

6.0.1　拼装好的小拼单元应整齐码放，不得乱堆、乱放，以防变形。

6.0.2　网架半成品球应码放在干净的地方，防止沾染油污。

6.0.3　网架中拼单元应避免运输，以防运输过程中网架受力不均而变形。

6.0.4　网架拼装结束后应及时涂装防锈漆，防止网架锈蚀。

7　注意事项

7.1　应注意的质量问题

7.1.1　钢网架拼装小单元的尺寸一般应控制在负公差内，因为正公差累积会使网架尺寸增大，造成轴线偏移。

7.1.2　钢网架拼装用胎体应经常检查，防止胎模走样，使小拼单元变形。

7.1.3　制作好的钢球和杆件应编号码、做好标志，防止混用。钢球还应有中心线标志，特别是带肋钢球的使用方向应有明显标志。

7.1.4　钢网架部件需要发运时，应对半成品进行包装。包装应在涂层干燥后进行，包装应保护构件涂层不受损伤，保证构件和零件不变形、不损坏、不散失，包装应符合运输的有关规定。

7.2　应注意的安全问题

7.2.1　焊工操作前应做好自我防护。

7.2.2 非电工人员不得自行接电。

7.3 应注意的绿色施工问题

7.3.1 作业区应控制噪声，合理安排作业时间，减少对周边环境的影响。

7.3.2 加工所用的机械在停班或班后按规定停机，关闭电源。

7.3.3 制作余料和废料及时分类回收，并对余料的炉批号、品种、规格、型号标识清楚，以便利用。

7.3.4 作业区内构件排放整体有序，作业面保持清洁、干净。

7.3.5 加工过程中，烟气排放应符合现行国家标准《大气污染物综合排放标准》GB 16297 的规定。

8 质量记录

8.0.1 钢材、焊接球、焊接材料的质量合格证明文件、中文标志及性能检验报告等。

8.0.2 焊条等的烘焙记录。

8.0.3 焊工合格证书。

8.0.4 焊接工艺评定报告。

8.0.5 焊接超声波或射线探伤检测记录。

8.0.6 网架吊点承载力试验报告。

8.0.7 钢网架安装过程测量记录。

8.0.8 施工记录。

8.0.9 隐蔽工程检查验收记录。

8.0.10 焊接球钢网架制作工程检验批质量验收记录。

8.0.11 钢结构制作分项工程质量验收记录。

8.0.12 其他技术文件。

第18章　螺栓球节点钢网架制作拼装

本工艺标准适用于螺栓球节点的钢网架制作拼装工程。

1　引用标准

《钢结构设计标准》GB 50017—2017

《钢结构工程施工规范》GB 50755—2012

《钢结构焊接规范》GB 50661—2011

《钢结构工程施工质量验收规范》GB 50205—2001

《空间网格结构技术规程》JGJ 7—2010

《钢结构超声波检测及质量分级》JG/T 203—2017

《碳素结构钢和低合金结构钢热轧钢板和钢带》GB/T 3274—2017

《结构用无缝钢管》GB/T 8162—2008

《直缝电焊钢管》GB/T 13793—201

《优质碳素结构钢》GB/T 699—2015

《非合金钢及细晶粒钢焊条》GB/T 5117—2012

《热强钢焊条》GB/T 5118—2012

《钢网架螺栓球节点用高强度螺栓》GB/T 16939—2016

《普通螺纹　基本尺寸》GB/T 196—2003

《普通螺纹　公差》GB/T 197—2003

2　术语

2.0.1　螺栓球节点：由螺栓球、高强度螺栓、套筒、紧固螺钉和锥头或封板等零、部件组成的机械装配式节点。

3　施工准备

3.1　作业条件

3.1.1　按设计要求和工程特点编制网架施工技术方案，熟悉图纸，做好安全技术交底。

3.1.2　所用材料已经进场并验收合格。

3.1.3　网架操作平台已搭设完毕，四周应设护栏，下部应挂安全网。

3.1.4　拼装前，应对拼装用的高强度螺栓逐个做硬度试验，达到标准值方能进行拼装。

3.1.5　网架制作、检查验收所用的量具精度应一致，并经计量检测部门检定合格。

3.2　材料及机具

3.2.1　钢材钢号和材质应符合设计要求，有质量合格证明书、机械性能和化学成分复验报告。钢材表面锈蚀深度不得大于钢材厚度负偏差值的1/2。

3.2.2　制造螺栓球的钢材应符合设计要求和国家现行有关标准的规定。

3.2.3　拼装用高强度螺栓的钢材应符合设计要求和国家现行有关标准的规定。

3.2.4　螺栓球、高强度螺栓、锥头、套筒、封板等半成品，以及钢管杆件的规格尺寸，应符合设计要求；螺栓球、高强度螺栓应有质量合格证明文件和复验报告。

3.2.5　机具：电焊机、氧乙炔切割设备、砂轮锯、杆件切割车床、杆件切割动力头、钢卷尺、钢板尺、卡尺、水准仪、经纬仪、超声波探伤仪或磁粉探伤仪、倒链、铁锤、钢丝刷、烤箱、保温箱等。

4　操作工艺

4.1　工艺流程

作业准备 → 球加工及检验 → 杆件加工及检查 → 钢网架拼装 → 质量检查

4.2　作业准备

4.2.1　螺栓球加工时，应做好机具、夹具调整及角度确定等准备。

4.2.2　拼装前高强度螺栓应逐条保护，防止焊接飞溅影响螺纹。

4.2.3　焊条或焊剂应进行烘烤与保温。

4.3　球加工及检验

4.3.1　螺栓球的劈面、钻孔、攻丝优先采用数控铣床、钻床和攻丝设备，以确保加工精度。

4.3.2　螺栓球严禁出现裂纹及过烧。

4.4　杆件加工及检查

4.4.1　钢管杆件的外观尺寸、品种、规格应符合设计要求，在下料时应考虑拼装后的长度变化。

4.4.2　杆件下料后应检查是否弯曲，如有弯曲应校正。杆件下料后，杆件必须开坡口。

4.4.3 杆件与锥头或封板拼装应有定位胎具，保证拼装杆件长度一致。杆件与锥头或封板定位后点固，检查焊道深度与宽度。杆件与锥头或封板双边应开30°坡口，并有 2～5mm 间隙，保证锥头或封板焊接质量。锥头或封板焊接应在旋转焊接支架上进行，焊缝应焊透、饱满、均匀一致、不咬肉。

4.4.4 杆件在小拼前应将相应的高强度螺栓埋入，埋入前对高强度螺栓逐条进行表面硬度试验和外观质量检查。

4.4.5 在杆件拼装和焊接前，应在埋入的高强度螺栓外加上包裹做好保护，防止通电起弧溅入丝扣。

4.4.6 杆件与封板（锥头）焊接完成后按要求除锈并涂刷防锈漆。

4.4.7 杆件应及时编号，同一品种、规格的钢杆件应码放整齐。

4.5 钢网架拼装

螺栓球拼装时，先校正下弦的标高和轴线，拧紧全部螺栓定位，然后连接腹杆螺栓（不宜拧紧）。进行上弦连接时，开始仍不宜拧紧。当安装好多排后应找平和调整中轴线，然后固定第一排锥体的两端支座，同时将第一排锥体的螺栓拧紧。如此逐条循环进行，直至拼装完成。

4.6 质量检验

在整个网架拼装完成后，应对螺栓的紧固质量和拼装单元尺寸偏差进行全面检查，检查结果均应符合现行国家标准《钢结构工程施工质量验收规范》GB 50205 的合格规定。

5 质量标准

5.1 主控项目

5.1.1 螺栓球、高强度螺栓、杆件、封板、锥头和套筒及制造所用原材料其品种、规格、性能应符合现行国家标准和设计要求。

5.1.2 焊接材料的品种、规格、性能应符合现行国家标准和设计要求。

5.1.3 焊接材料与母材匹配应符合设计文件要求及现行国家标准的规定。焊接材料在使用前，应按其产品说明书及焊接工艺文件的规定进行烘焙和存放。

5.1.4 持证焊工必须在其焊工合格证书规定的认可范围内施焊，严禁无证焊工施焊。

5.1.5 封板、锥头与杆件连接焊缝质量应符合设计要求。当设计无要求时，应符合二级焊缝质量标准。

5.1.6 螺栓球成型后，不得有裂纹、褶皱、过烧。

5.1.7 封板、锥头、套筒外观不得有裂纹，过烧及氧化皮。

5.1.8 小拼单元允许偏差应符合表 18-1 的规定。

小拼单元允许偏差   表 18-1

项目		允许偏差（mm）
节点中心偏移	$D \leqslant 500mm$	2.0
	$D > 500mm$	3.0
杆件中心与节点中心的偏移	$d(b) \leqslant 200mm$	2.0
	$d(b) > 200mm$	3.0
杆件轴线的弯曲矢高		$l_1/1000$，且$\leqslant 5$
网格尺寸	$l \leqslant 5000mm$	± 2.0
	$l > 5000mm$	± 3.0
锥体高度	$h \leqslant 5000mm$	± 2.0
	$h > 5000mm$	± 3.0
对角线尺寸	$A \leqslant 7000mm$	± 3.0
	$A > 7000mm$	± 4.0
平面桁架节点处杆件轴线错位	$d(b) \leqslant 200mm$	2.0
	$d(b) > 200mm$	3.0

5.1.9   分条、分块单元拼装长度允许偏差应符合表 18-2 的规定。

分条、分块单元拼装长度允许偏差   表 18-2

项目	允许偏差（mm）
分条、分块单元长度$\leqslant 20m$	± 10
分条、分块单元长度$> 20m$	± 20

5.2   一般项目

5.2.1   钢管、钢板的规格尺寸及允许偏差符合其产品标准的要求，钢材表面外观质量应符合国家有关标准的规定。

5.2.2   螺栓球螺纹尺寸应符合现行国家标准《普通螺纹 基本尺寸》GB 196 的规定，螺纹公差应符合国家标准《普通螺纹公差》GB 197 中 6H 级精度的规定。

5.2.3   螺栓球加工的允许偏差应符合规范规定应符合表 18-3 的规定。

螺栓球加工的允许偏差   表 18-3

项目		允许偏差（mm）
球直径	$d \leqslant 120mm$	$+2.0；-1.0$
	$d > 120mm$	$+3.0；-1.5$
球圆度	$d \leqslant 120mm$	1.5
	$120mm < d \leqslant 250mm$	2.5
	$d > 250mm$	3.0

项目		允许偏差（mm）
同一轴线上两铣平面平行度	$d \leqslant 120mm$	0.2
	$d > 120mm$	0.3
铣平面距球中心距离		±0.2
相邻两螺栓孔中心线夹角		±30′
两铣平面与螺栓孔轴线垂直度		0.005r

注：d 为螺栓球直径，r 为螺栓球半径。

5.2.4 钢网架用钢管杆件加工的允许偏差应符合表18-4的规定。

钢网架用钢管杆件加工的允许偏差　　　　　表18-4

项目	允许偏差（mm）
长度	±1.0
端面对管轴的垂直度	0.005r
管口曲线	1.0

5.2.5 对建筑结构安全等级为一级、跨度40m及以上的螺栓球节点钢网架结构的高强度螺栓，应进行表面硬度试验。

6 成品保护

6.0.1 钢网架拼装、拆卸操作平台时，应防止应力集中使网架产生局部变形。

6.0.2 钢网架拼装后，应防止在网架上方集中堆放物件或重物撞击，使网架产生局部变形。

6.0.3 网架拼装结束后应及时涂装防锈漆，防止网架锈蚀。

7 注意事项

7.1 应注意的质量问题

7.1.1 钢网架拼装单元的尺寸一般应控制在负公差内，因为正公差累积会使网架尺寸增大，造成轴线偏移。

7.1.2 高强度螺栓应逐条做硬度试验和外观质量检查；杆件焊接时，埋入的高强度螺栓应加以保护。

7.1.3 制作好的螺栓球和杆件应编号，做好标记，防止混用。

7.2 应注意的安全问题

7.2.1 机电设备应有漏电保护装置。

7.2.2 操作人员应戴好防护用品。

7.3 应注意的绿色施工问题

7.3.1 作业区应控制噪声，合理安排作业时间，减少对周边环境的影响。

7.3.2 加工所用的机械在停班或班后按规定停机，关闭电源。

7.3.3 制作余料和废料及时分类回收，并对余料的炉批号、品种、规格、型号标识清楚，以便利用。

7.3.4 包装箱及时收集，统一回收处理，不得随意抛弃。

7.3.5 作业区内构件排放整体有序，作业面保持清洁、干净。

7.3.6 加工过程中，烟气排放应符合现行国家标准《大气污染物综合排放标准》GB 16297 的规定。

8 质量记录

8.0.1 钢材、螺栓球、钢管、封板、锥头、套筒、连接用紧固件、焊接材料的质量合格证明文件、中文标志及性能检验报告等。

8.0.2 焊条等的烘焙记录。

8.0.3 焊工合格证书。

8.0.4 焊接工艺评定报告。

8.0.5 螺栓实物最小载荷检验报告。

8.0.6 焊接超声波或射线探伤检测记录。

8.0.7 网架吊点承载力试验报告。

8.0.8 施工记录。

8.0.9 隐蔽工程检查验收记录。

8.0.10 螺栓球钢网架制作工程检验批质量验收记录。

8.0.11 钢结构制作分项工程质量验收记录。

8.0.12 高强度螺栓连接工程检验批质量验收记录。

8.0.13 紧固件连接分项工程质量验收记录。

8.0.14 其他技术文件。

第19章 钢网架结构安装

本工艺标准适用于钢网架结构高空散装法，高空滑移法或地面拼装整体吊装（提升）等安装工艺。

1 引用标准

《钢结构设计标准》GB 50017—2017

《钢结构工程施工规范》GB 50755—2012

《钢结构焊接规范》GB 50661—2011

《钢结构工程施工质量验收规范》GB 50205—2001

《工程测量规范》GB 50026—2007

《空间网格结构技术规程》JGJ 7—2010

《钢网架螺栓球节点》JG/T 10—2009

《钢网架焊接空心球节点》JG/T 11—2009

《建筑施工模板安全技术规范》JGJ 162—2008

《建筑施工扣件式钢管脚手架安全技术规范》JGJ 130—2011

《钢结构超声波检测及质量分级》JG/T 203—2007

《碳素结构钢和低合金结构钢热轧钢板和钢带》GB/T 3274—2017

《优质碳素结构钢》GB/T 699—2015

《低合金钢药芯焊丝》GB/T 17493—2008

《非合金钢及细晶粒钢焊条》GB/T 5117—2012

《钢网架螺栓球节点用高强度螺栓》GB/T 16939—2016

2 术语

2.0.1 网架：按一定规律布置的杆件通过节点连接而形成的平面板形或微曲面形空间杆系结构，主要承受整体弯曲内力。

2.0.2 小拼单元：钢网架结构安装过程中，除散件之外的最小安装单元，一般分平面桁架和锥体两种类型。

149

3　施工准备

3.1　作业条件

3.1.1　编制施工组织设计，并按规定程序审核批准，跨度大于 60m 及以上的钢网架结构安装工程施工方案需经专家论证。

3.1.2　钢网架制作验收合格，具备钢网架安装条件。

3.1.3　根据钢网架的特点及工期、造价、安全、质量等要求，并结合安装单位的设备装备能力因素综合考虑，选择合理的安装方法，并做好安全技术交底。起重工、信号工、架子工、电焊工等特种作业人员持证上岗。

3.1.4　按选择的安装方法，已备齐相应的安装机械、设备、材料和工具器具。

3.1.5　钢网架制作、安装、验收所用的量具精度应一致，并经计量检测部门检定。

3.1.6　钢网架制作、安装的焊工必须经考核，并取得焊工合格证。

3.2　材料及机具

3.2.1　钢网架安装的钢材与连接材料、高强度螺栓、焊条、焊丝、焊剂等，应符合国家现行产品标准和设计要求，并应有出厂合格证。

3.2.2　钢网架安装用的焊接球、螺栓球、封板、锥头、套筒、杆件，以及橡胶支座等半成品，应符合设计要求及相应的国家标准规定。

3.2.3　机具

电焊机、氧-乙炔切割设备、砂轮锯、杆件切割车床、杆件切割动力头、钢卷尺、钢板尺、卡尺、水准仪、经纬仪、全站仪、超声波探伤仪、磁力探伤仪、提升设备、起重设备、铁锤、钢丝刷、液压千斤顶、倒链等工具。

4　操作工艺

4.1　工艺流程

验线、放线 → 零部件和构件检查复核 → 总拼与安装 → 支座焊接 →

检查验收

4.2　验线、放线

4.2.1　复核定位轴线和标高，检查预埋螺栓或预埋件的平面位置和标高，并在安装位置进行准确放线。

4.2.2　整体吊装位置放线允许偏差应不大于边长及对角线长度的 1/1000，单元体安装位置放线允许偏差不应大于 3mm。

4.2.3　搭设满堂红脚手架时，应注意安排好临时支点的位置和标高，并保证其强度、刚度和稳定性。临时支点宜采用千斤顶调整。

4.3　零部件和构件检查复核

4.3.1　采用高空散装法安装时，安装前安装单位应对网架支座、支座垫、焊接球或螺栓球、高强度螺栓、锥头、封板、套筒、杆件等零部件进行检查复核，分类放置在便于安装使用的场区，挂牌标识，特别是不同长度的杆件，以防混用。

4.3.2　对分块分片拼装完的单元构件，安装前安装单位应对拼装的质量、拼装尺寸偏差进行检查复核，对安装时的调整做到心中有数。

4.4　总拼与安装

空间网格结构的安装方法，应根据结构的类型、受力和构造特点，在确保质量、安全的前提下，结合进度、经济及施工现场技术条件综合确定。空间网格结构的安装可选用下列方法：

4.4.1　高空散装法适用于全支架拼装的各种类型的空间网格结构，尤其适用于螺栓连接、销轴连接等非焊接连接的结构。并可根据结构特点选用少支架的悬挑梁拼装施工方法：内扩法（由边支座向中央悬挑拼装）、外扩法（由中央向边支座悬挑拼装）。

1　采用小拼单元或杆件直接在高空拼装时，其顺序应能保证预拼精度，减少累计误差。悬挑法施工时，应先拼成可承受自重的几何不变结构体系，然后逐步扩拼。为减少扩拼时结构的竖向位移，可设置少量支撑。空间网格结构在拼装过程中，应对控制点空间坐标随时跟踪测量，并及时调整至设计要求值，不应使拼装偏差逐步积累；

2　当选用扣件式钢管架搭设拼装支架时，应在立杆柱网中纵横每相隔一定距离设置格构柱或格构框架，作为核心结构。格构柱或格构框架必须设置剪力撑，斜杆与立杆或水平杆交叉处节点必须用扣件连接牢固。具体要求应符合现行国家标准《建筑施工模板安全技术规范》JGJ 162 和《建筑施工扣件式钢管脚手架安全技术规范》JGJ 130 的有关规定；

3　格构柱应验算强度、整体稳定性和单根立杆稳定性；拼装支架处应验算单根立柱强度和稳定性外，尚应采取构造措施保证整体稳定性。

4.4.2　分条或分块安装法适用于分割后结构的刚度和受力状况改变较小的空间网格结构。分条或分块的大小，应根据起重设备的起重能力确定。

1　将空间网格结构分成若干条状单元或块状单元在高空连成整体时，分条或分块结构单元应具有足够刚度并保证自身的几何不变形；否则，应采取临时加固措施；

2　在分条或分块单元之间的合拢处，可采用安装螺栓或其他临时定位等措施。合拢时，可用千斤顶或其他方法将网格单元顶升至设计标高，然后连接；

3　网格单元宜减少中间运输。如需运输时，应采取措施防止变形。

4.4.3　高空滑移法适用于能设置平行滑轨的各种空间网格结构，尤其适用于必须跨越施工（待安装的屋盖结构下部不允许搭设支架或行走起重机）或场地狭窄、起重运输不便等情况。当空间网格结构大柱网或平面狭长时，可采用滑移法施工。

1　滑移可采用单条滑移法、逐条积累滑移法与滑架法；

2　空间网格结构在滑移时应至少设置两条滑轨，滑轨间必须平行。根据结构支撑情况，滑轨可以倾斜设置，结构可上坡或下坡牵引。当滑轨倾斜时，必须采取安全措施，使结构在滑移过程中不致因自重向下滑动。对曲面空间网格结构的条状单元可用辅助支架调整结构的高低；对非矩形平面空间网格结构，在滑轨两边可对称或非对称将结构悬挑；

3　滑轨可固定于梁顶面或专用支架上，轨面标高宜高于或等于空间网格结构支座设计标高。滑轨接头处应垫实，两端应做圆倒角，滑轨两侧应无障碍，滑轨表面应光滑、平整，并应涂润滑油；

4　对大跨度空间网格结构，宜在跨中增设中间滑轨。中间滑轨宜用滚动摩擦方式滑移，两边滑轨宜用滑动摩擦方式滑移。当滑移单元由于增设中间滑轨引起杆件内力变化时，应采取措施防止杆件失稳；

5　当设置水平导向轮时，宜设在滑轨内侧，导向轮与滑轨的间隙应在 10～20mm 之间；

6　空间网格结构滑移可用卷扬机或手拉葫芦牵引，根据牵引力大小及支座之间的杆件承载力，左右每边可采用一点或多点牵引。牵引速度不宜大于 0.5m/min，不同步值不应大于 50mm。

4.4.4　整体吊装法适用于中小型空间网格结构，吊装时可在高空平移或旋转就位。

1　空间网格结构整体吊装可采用单根或多根拔杆起吊，也可采用一台或多台起重机起吊就位，并应符合下列规定：

1）当采用单根拔杆整体吊装方案时，对矩形网架，可通过调整缆风绳使空间网格结构平移就位；对正多边形或圆形结构可通过旋转使结构转动就位；

2）当采用多根拔杆方案时，可利用每根拔杆两侧起重机滑轮组中产生水平力不等原理推动空间网格结构平移或转动就位。

2　在空间网格结构整体吊装时，应保证各吊点起升及下降的同步性。提升高差允许值可取吊点间距离的 1/400 且不宜大于 100mm，或通过验算确定。

3　当采用多根拔杆或多台起重机吊装空间网格结构时，宜将拔杆或起重机的额度负荷能力乘以折减系数 0.75。

4 在制定空间网格结构就位总拼方案时，应符合下列规定：

1）空间网格结构的任何部位与支承柱或拔杆的净距不应小于 100mm；

2）如支承柱上设有凸出构造，应防止空间网格结构在提升过程中被凸出物卡住；

3）由于空间网格结构错位需要，对个别杆件暂不组装时，应进行结构验算。

5 拔杆、缆风绳、索具、地锚、基础及起重滑轮组的穿法等，均应进行验算。必要时，可进行试验检验。

6 当采用多根拔杆吊装时，拔杆安装必须垂直，缆风绳的初始拉力值宜取吊装时缆风绳中拉力的 60%。

7 当采用单根拔杆吊装时，应采用球铰底座；当采用多根拔杆吊装时，在拔杆的起重平面内可采用单向铰接头。拔杆在最不利荷载组合作用下，其支承基础对地面的平均压力不应大于地基承载力特征值。

8 当空间网格结构承载能力允许时，在拆除拔杆时可采用在结构上设置滑轮组将拔杆悬挂于空间网格结构上逐段拆除的方法。

4.4.5 整体提升法适用于各种空间网格结构，结构在地面整体拼装完毕后提升至设计标高、就位。

1 空间网格结构整体提升可在结构柱上安装提升设备进行提升，也可在进行柱子滑模施工的同时提升。此时，空间网格结构可作为操作平台。

2 提升设备的使用负荷能力，应将额定负荷能力乘以折减系数，穿心式液压千斤顶可取 0.5～0.6；电动螺杆升板机可取 0.7～0.8；其他设备通过实验确定。

3 空间网格结构整体提升时应保证同步。相邻两提升点和最高与最低两个点的提升允许高差值应通过验算或试验确定。在通常情况下，相邻两个提升点允许高差值，当用升板机时，应为相邻点距离的 1/400，且不应大于 15mm；当用穿心式液压千斤顶时，应为相邻点距离的 1/250，且不应大于 25mm。最高点与最低点允许高差值，当采用升板机时应为 35mm，当采用穿心式液压千斤顶时应为 50mm。

4 提升设备的合力点与吊点的偏移值不应大于 10mm。

5 整体提升法的支承柱应进行稳定性验算。

4.4.6 整体顶升法适用于支点较少的各种空间网格结构。结构在地面整体拼装完毕后顶升至设计标高、就位。

1 当空间网格结构采用整体顶升法时，宜利用空间网格结构的支承柱作为顶升时的支承结构，也可在原支承柱处或其附近设置临时顶升支架。

2　顶升用的支承柱或临时支架上的缀板间距，应为千斤顶使用行程的整倍数，其标高偏差不得大于 5mm；否则，应用薄钢板垫平。

3　顶升千斤顶可采用螺旋千斤顶或液压千斤顶，其使用负荷能力应将额定负荷能力乘以折减系数，丝杠千斤顶取 0.6～0.8，液压千斤顶取 0.4～0.6。各千斤顶的行程和升起速度必须一致，千斤顶及其液压系统必须经过现场检验合格后方可使用。

4　顶升时各顶点的允许高差应符合下列规定：

1）不应大于相邻两个顶升支承结构间距的 1/1000，且不应大于 15mm；

2）当一个顶升点的支承结构上有两个或两个以上千斤顶时，不应大于千斤顶间距的 1/200 和 10mm。

5　千斤顶应保持垂直，千斤顶或千斤顶合力的中心与顶升点结构中心线偏移值不应大于 5mm。

6　顶升前及顶升过程中，空间网格结构支座中心对柱基轴线的水平偏移值不得大于柱截面短边尺寸的 1/50 及柱高的 1/500。

7　顶升用的支承结构应进行稳定性验算，验算时除应考虑空间网格结构和支承结构自重、与空间网格结构同时顶升的其他静载和施工荷载外，尚应考虑上述荷载偏心和风荷载所产生的影响。如稳定性不满足时，应采用措施予以解决。

4.4.7　折叠展开式整体提升法适用于柱面网壳结构等。在地面或接近地面的工作平台上折叠拼装，然后将折叠的机构用提升设备提升到设计标高，最后在高空补足原先掉下去的杆件，使机构变成结构。

1　将柱面网壳结构由结构变成机构，在地面拼装完成后用提升设备整体提升到设计标高，然后在高空补足杆件，使机构构成为结构。在作为机构的整个提升过程中应对网壳结构的杆件内力、节点位移及支座反力进行验算，必要时应采取临时加固措施。

2　提升用的工具宜采用液压设备，并宜采用计算机同步控制。提升点应根据设计计算确定，可采用四点或四点以上的提升点进行提升。提升速度不宜大于 0.2m/min，提升点的不同步值不应大于提升点间距的 1/500 和 40mm。

3　在提升过程中只允许机构在竖直方向作一维运动。

4　柱面网壳结构由若干条铰线分成多个区域，每条铰线包含多个活动铰，应保证同一铰线上的各个铰节点在一条直线上，各条铰线之间应相互平行。

5　对提升过程中可能出现瞬变的柱面网壳结构，应设置临时支撑或临时拉索。

4.4.8　安在装方法确定后，应分别对空间网格结构各吊点反力、竖向位移、杆件内力、提升或顶升时支承柱的稳定性和风载下空间网格结构的水平推力等进行验算，必要时应采取临时加固措施。当空间网格结构分割成条、块状或悬挑法安装时，应对各相应施工工况进行跟踪验算，对有影响的杆件和节点应进行调整。安装用支架或起重设备拆除前应对相应各阶段工况进行结构验算，以选择合理的拆除顺序。

4.4.9　安装阶段结构的动力系数宜按下列数值选取：液压千斤顶提升或顶升取 1.1；穿心式液压千斤顶钢绞线提升取 1.2；塔式起重机、拔杆吊装取 1.3；履带式、汽车式起重机吊装取 1.4。

4.4.10　空间网格结构正式安装前，宜进行局部或整体试拼装。

4.4.11　空间网格结构不得在六级及六级以上的风力下安装。

4.5　支座焊接

4.5.1　检查网架整体尺寸、支座位置、网架安装时支座偏移尺寸、网架标高、弯曲矢高、网架的挠度值，是否符合设计及规范。

4.5.2　各部件尺寸合格后，进行支座焊接。

4.6　检查验收

4.6.1　对支座的连接质量进行检查验收。

4.6.2　对安装后的尺寸偏差进行检查验收，对网架的挠度值进行测定，均应符合现行国家标准《钢结构工程施工质量验收规范》GB 50205 的合格规定要求。

5　质量标准

5.1　主控项目

5.1.1　钢网架支柱定位轴线的位置、地脚锚栓的规格应符合设计要求。

5.1.2　支柱支撑面顶板的位置、标高、水平度及地脚锚栓的位置的允许偏差，符合表 19-1 的规定。

支柱支撑面顶板、地脚锚栓位置允许偏差　　　　　　表 19-1

项目		允许偏差（mm）
支承面顶板	位置	15.0
	顶面标高	0，−3.0
	顶面水平度	$l/1000$
地脚锚栓	中心偏差	5.0

5.1.3　支承垫板（包括橡胶垫）的种类、规格、摆放位置和朝向，必须符合设计要求和国家现行有关标准的规定。

5.1.4　橡胶垫块与刚性垫块之间或不同类型的刚性垫之间，不得互换使用。

5.1.5　钢网架支柱锚栓的紧固应符合设计要求。

5.1.6　小拼单元允许偏差应符合表 19-2 的规定。

小拼单元允许偏差　　表 19-2

项目		允许偏差（mm）
节点中心偏移	$D \leqslant 500$	2.0
	$D > 500$	3.0
杆件中心与节点中心的偏移	d（b）$\leqslant 200$	2.0
	d（b）> 200	3.0
杆件轴线的弯曲矢高		$l_1/1000$，且$\leqslant 5$
网格尺寸	$l \leqslant 5000mm$	± 2.0
	$l > 5000mm$	± 3.0
锥体（桁架）高度	$h \leqslant 5000mm$	± 2.0
	$h > 5000mm$	± 3.0
对角线尺寸	$A \leqslant 7000mm$	± 3.0
	$A > 7000mm$	± 4.0
平面桁架节点处杆件轴线错位	d（b）$\leqslant 200mm$	2.0
	d（b）$> 200mm$	3.0

5.1.7　分条、分块单元拼装长度允许偏差应符合表 19-3 的规定。

分条、分块单元拼装长度允许偏差　　表 19-3

项目	允许偏差（mm）
分条、分块单元长度$\leqslant 20m$	± 10
分条、分块单元长度$> 20m$	± 20

5.1.8　钢网架结构总拼完成后及屋面工程完成后应分别测量其挠度值，且所测的挠度值不应超过相应荷载条件下挠度计算值的 1.15 倍。

5.2　一般项目

5.2.1　地脚螺栓（锚栓）尺寸允许偏差应符合表 19-4 的规定，地脚锚栓的螺纹应受到保护。

地脚螺栓（锚栓）的允许偏差　　表 19-4

项目	允许偏差
螺栓露出长度	$+30$ 0
螺纹露出长度	$+30$ 0

5.2.2　钢网架结构安装完成后允许偏差应符合表 19-5 的规定。

钢网架结构安装完成后允许偏差　　　　　　表 19-5

项目	允许偏差（mm）
纵向、横向长度	$l/2000$ 且 $\leqslant 30$
支座中心偏移	$l/3000$ 且 $\leqslant 30$
周边支承网架、网壳相邻支座高差	$l_1/400$ 且 $\leqslant 15$
多点支承网架、网壳相邻支座高差	$l_1/800$ 且 $\leqslant 30$
支座最大高差	30

注：l——纵向、横向长度，l_1——相邻支座间距。

5.2.3　钢网架结构安装完成后，其节点及杆件表面应干净，不应有明显的疤痕、泥砂和污垢。螺栓球节点应将所有接缝用油腻子填嵌严密，并应将多余螺孔密封。

5.2.4　螺栓球节点网架总拼完成后，高强度螺栓与球节点应紧固连接，连接处不应出现有间隙、松动等未拧紧现象。

6　成品保护

6.0.1　钢网架安装后，在拆卸架子时应注意同步，逐步地拆卸。防止应力集中，使网架产生局部变形或局部网格变形。

6.0.2　钢网架安装结束后，应及时涂刷防锈漆。螺栓球网架安装后，应检查螺栓球上的孔洞是否封闭，应用腻子将孔洞和筒套的间隙填平后刷漆，防止水分渗入，使球、杆的丝扣锈蚀。

6.0.3　钢网架安装完毕后，应对成品网架进行保护，勿在网架上方集中堆放物件。若有屋面板、檩条需要安装时，应在不超载情况下分散码放。

6.0.4　钢网架安装后，如需用吊车吊装檩条或屋面板时，应该轻拿轻放，严禁撞击网架使网架变形。

7　注意事项

7.1　应注意的质量问题

7.1.1　钢网架在安装时，对临时支点的设置应经过验算确定。应在安装前，合理设定支点和支点标高。临时支点既要使网架受力均匀，还应保证临时支点的基础（脚手架）的稳定性，一定要防止支点下沉。

7.1.2　临时支点的支承物最好采用千斤顶，以便于在安装过程中逐步调整。临时支点的调整不应该是某个点的调整，还要考虑到四周网架的受力均匀，防止局部调整造成个别杆件变形、弯曲。

7.1.3 临时支点拆卸时应注意多支点同步下降，在下降过程中，下降的幅度不应过大，应该逐步分区分阶段按比例下降，或者用每步不大于 100mm 的等步下降法拆除支撑点。

7.1.4 焊接球钢网架安装焊接时，应考虑到焊接收缩的变形问题，尤其是整体吊装网架和条块网架，在地面安装后，焊接前要掌握好焊接变形量和收缩值。因为钢网架焊接时，焊接点（受热面）均在平面网架的上侧，因此极易使结构由于单向受热而变形。一般变形规律为网架焊接后，四周边支座会逐步自由翘起，如果变形量大时，会将原有计划的起拱度抵消。如原来不考虑起拱时，会使焊接产生很大的下挠值，影响验收的质量要求。因此在施工焊接球网架时应考虑到单向受热的变形因素。

7.1.5 钢网架安装后应注意支座的受力情况，有的支座允许焊死、有的支座应该是自由端、有的支座需要限位等等，所以网架支座的施工应严格按照设计要求进行。支座垫板、限位板等，应按规定的顺序、方法安装。

7.2 应注意的安全问题

7.2.1 吊装区域应设置安全警戒线，非作业人员严禁入内。

7.2.2 对作业人员应进行安全生产教育和培训。

7.2.3 登高作业应有各项安全措施。

7.2.4 当天吊至楼面上的构件未安装完毕，应采取临时固定措施。

7.2.5 施工用电应符合现行有关安全用电规定。

7.3 应注意的绿色施工问题

7.3.1 作业区应控制噪声，合理安排作业时间，减少对周边环境的影响。

7.3.2 施工所用的机械在停班或班后按规定停机，关闭电源。

7.3.3 作业区内构件排放整体有序，作业面保持清洁、干净。

7.3.4 施工过程中烟气排放应符合现行国家标准《大气污染物综合排放标准》GB 16297 的规定。

7.3.5 施工现场必须做到道路畅通、排水畅通、无积水，现场整洁、干净、现场材料、机具堆放整齐有序。

8 质量记录

8.0.1 螺栓球、焊接球、高强度螺栓的材质证明、出厂合格证、各种规格的承载抗拉试验报告。

8.0.2 钢材的材质证明和复试报告。

8.0.3 焊接材料与涂装材料的材质证明、出厂合格证。

8.0.4　套筒、锥头、封板的材质报告与出厂合格证，如采用钢材时，应有可焊性试验报告。

8.0.5　钢管与封板、锥头组成的杆件承载试验报告。

8.0.6　钢网架用活动（或滑动）支座，应有出厂合格证明与试验报告。

8.0.7　焊工合格证。

8.0.8　钢网架安装工程检验批质量验收记录。

8.0.9　钢结构安装分项工程质量验收记录。

8.0.10　钢结构焊接工程检验批质量验收记录。

8.0.11　钢结构焊接分项工程质量验收记录。

8.0.12　钢网架挠度检测记录。

8.0.13　探伤报告。

8.0.14　施工记录。

8.0.15　其他技术文件。

第20章 钢屋架安装

本工艺标准适用于建筑钢结构一般型钢钢屋架安装工程。

1 引用标准

《钢结构设计标准》GB 50017—2017
《钢结构工程施工规范》GB 50755—2012
《钢结构焊接规范》GB 50661—2011
《钢结构工程施工质量验收规范》GB 50205—2001
《钢结构超声波检测及质量分级》JG/T 203—2007
《低合金钢药芯焊丝》GB/T 17493—2008
《碳钢药芯焊丝》GB/T 10045—2001
《气体保护电弧焊用碳钢、低合金钢焊丝》GB/T 8110—2008
《非合金钢及细晶粒钢焊条》GB/T 5117—2012
《热强钢焊条》GB/T 5118—2012

2 术语

2.0.1 稳定单元：由构件组成的基本稳定体系。

3 施工准备

3.1 作业条件

3.1.1 编制安装方案，并按规定程序审核批准，跨度大于 36m 及以上的钢结构安装工程安装方案需经专家论证。

3.1.2 屋架基础支撑面或连接构件的标高、轴线已经复测合格，待安装钢屋架及安装用的零部件已进场并验收合格。

3.1.3 作业人员均必须进行培训，取得相应资格的上岗证书。起重工、信号工、架子工、电焊工等特种作业人员应持证上岗。

3.1.4 钢屋架在现场组拼时应准备拼装工作台。

3.1.5 安装测量用钢尺应与钢屋架制作用的钢尺校对，并取得计量法定单位检定证明。

3.2 材料及机具

3.2.1 钢构件：钢构件型号、制作质量应符合设计要求和有关施工规范的规定，应有出厂合格证并附有技术文件。

3.2.2 连接材料：焊条、螺栓等连接材料应有质量证明书，并符合设计要求及有关国家标准的规定。

3.2.3 涂料：防锈涂料技术性能应符合设计要求和有关标准的规定，应有产品质量证明书。

3.2.4 其他材料：各种规格垫铁等。

3.2.5 机具：吊装机械、吊装索具、电焊机、焊钳、焊把线、垫木、垫铁、扳手、撬棍、扭矩扳手、手持电砂轮、电钻、千斤顶、倒链、经纬仪、水准仪、全站仪、磁力线坠、钢尺等。

4 操作工艺

4.1 工艺流程

安装准备 → 屋架组拼 → 屋架安装 → 连接与固定 → 检查验收

4.2 安装准备

4.2.1 放出标高控制线和屋架轴线的吊装辅助线。

4.2.2 复验屋架支座及支撑系统的预埋件，其轴线、标高、水平度、预埋螺栓位置及露出长度和螺纹长度等，超出允许偏差时，应做好技术处理。

4.2.3 检查吊装机械及吊具，按照施工组织设计的要求搭设脚手架或操作平台。

4.2.4 屋架腹杆设计为拉杆，但吊装时由于吊点位置使其受力改变为压杆时，为防止构件变形、失稳，必要时应采取加固措施，在平行于屋架上、下弦方向采用钢管、方木或其他临时加固措施。

4.3 屋架组拼

屋架分片运至现场组装时，拼装平台应平整。组拼时应保证屋架总长及起拱尺寸符合要求。焊接时焊完一面检查合格后，再翻身焊另一面，并做好施工记录，经验收合格后方准吊装。屋架及天窗架也可以在地面上组装好一次吊装，但要临时加固，以保证吊装时有足够的刚度。

4.4 屋架安装

4.4.1 吊点必须设在屋架三汇交节点上。屋架起吊时离地 500mm 时暂停，检查无误后再继续起吊。

4.4.2 安装第一榀屋架时，在松开吊钩前初步校正；对准屋架支座中心线或定位轴线就位，调整屋架垂直度，并检查屋架侧向弯曲，将屋架临时固定。

4.4.3 第二榀屋架按同样方法吊装就位好后，不要松钩，用杉竿或方木临时与第一榀屋架固定，跟着安装支撑系统及部分檩条，最后校正固定，务使第一榀屋架与第二榀屋架形成稳定单元。

4.4.4 从第三榀屋架开始，在屋脊点及上弦中点装上檩条即可将屋架固定，同时将屋架校正好。

4.5 连接与固定

4.5.1 构件安装采用焊接或螺栓连接的节点，需检查连接节点，合格后方能进行焊接或紧固。

4.5.2 安装螺栓孔不允许用气割扩孔，永久性螺栓不得垫两个以上垫圈，螺栓外露丝扣不少于2~3扣。

4.5.3 安装定位焊缝不需承受荷载时，焊缝厚度不少于设计焊缝厚度的2/3，且不大于8mm，焊缝长度不宜小于25mm，位置应在焊道内。安装焊缝全数外观检查，主要的焊缝应按设计要求用超声波探伤检查内在质量。上述检查均需做出记录。

4.5.4 焊接及高强度螺栓连接操作工艺见本工艺标准相关内容。

4.5.5 屋架支座、支撑系统的构造做法需认真检查，必须符合设计要求，零配件不得遗漏。

4.6 检查验收

4.6.1 屋架安装后首先检查现场连接部位的质量。

4.6.2 屋架安装质量主要检查屋架跨中对两支座中心竖向面的不垂直度；屋架受压弦杆对屋架竖向面的侧面弯曲，必须保证上述偏差不超过允许偏差，以保证屋架符合设计受力状态及整体稳定要求。

4.6.3 屋架支座的标高、轴线位移、跨中挠度，经测量做出记录。

5 质量标准

5.1 主控项目

5.1.1 钢构件几何尺寸偏差和变形应符合设计要求及规范规定；弯扭、不规则构件连接节点也应符合设计要求及规范规定。钢构件的变形及涂层脱落应进行矫正和修补。

5.1.2 设计要求顶紧的构件或节点、现场拼接接头，接触面不应少于70%紧贴，且边缘最大间隙≤0.8mm。

5.1.3 钢屋架安装允许偏差应符合表20-1的规定

钢屋架安装允许偏差（mm）　　　　　　　　表 20-1

项目	允许偏差	
跨中的垂直度	$h/250$，且≤15	
侧向弯曲矢高	l≤30m	$l/1000$，且≤10
	30m<l≤60m	$l/1000$，且≤30
	l>60m	$l/1000$，且≤50

注：h 为屋架高度；l 为屋架长度。

5.2 一般项目

5.2.1 钢桁架的安装偏差应符合表 20-2 规定。

钢桁架安装允许偏差（mm）　　　　　　　　表 20-2

项目	允许偏差
安装在混凝土柱上时，支座中心偏差	≤10
采用大型混凝土屋面板时，钢桁架间距偏差	≤10
同一根梁两端顶面高差	$l/1000$，且≤10
主梁与次梁上表面高差	±2.0

5.2.2 檩条等次要构件安装允许偏差应符合表 20-3 的规定。

檩条等次要构件安装允许偏差（mm）　　　　　　表 20-3

项目	允许偏差
檩条、墙梁的间距	±5.0
檩条的弯曲矢高	$l/750$，≤12
檩条两端相对高差或与设计标高偏差	≤5
檩条直线度偏差	$l/250$，≤10

5.2.3 钢构件表面应干净，无焊疤、油污和泥沙。

6 成品保护

6.0.1 安装屋面板时，应缓慢下落，不得碰撞已安装好的钢屋架，天窗架等钢构件。

6.0.2 吊装损坏的涂层应补涂，以保证漆膜完整性符合有关规定。

7 注意事项

7.1 应注意的质量问题

7.1.1 螺栓孔不对时，不得任意扩孔或改为焊接，安装时发现上述问题，

163

应报告项目技术负责人，经与设计单位洽商后，按要求进行处理。

7.1.2　现场焊接质量应符合设计及规范要求。焊工必须有合格证，并应编号，焊接部位按编号做检查记录，全部焊缝经外观检查，凡达不到要求的部位，补焊后应复验。

7.1.3　安装时必须按规范要求先使用安装螺栓临时固定，调整紧固后，再安装高度强螺栓并替换。

7.2　应注意的安全问题

7.2.1　钢结构吊装作业必须在起重设备的额定起重范围内进行。

7.2.2　施工前要对吊装用的机械设备和索具、工具等进行检查，并在其额定荷载内使用。

7.2.3　起重机的行驶道路必须坚实可靠。严禁超载吊装、歪拉斜吊，要避免满负荷行驶，构件摆动越大，超负荷就越多，就越可能发生事故。双机抬吊各起重机荷载，不得超过两台设备起重量总和的 75%。

7.2.4　吊装作业时必须统一号令，明确指挥，密切配合。

7.3　应注意的绿色施工问题

7.3.1　居民区施工时要避免夜间施工，以免扰民。

7.3.2　施工所用的机械在停班或班后按规定停机，关闭电源。

7.3.3　施工现场的螺栓、电焊条等包装箱、包装纸、包装袋及时分类回收，避免环境污染。

7.3.4　作业区内构件排放整体有序，作业面保持清洁、干净。

7.3.5　施工过程中烟气排放应符合现行国家标准《大气污染物综合排放标准》GB 16297 的规定。

7.3.6　施工现场必须做到道路畅通、排水畅通无积水，现场整洁干净，现场材料、机具堆放整齐有序。

8　质量记录

8.0.1　所用钢构件进场合格证，连接材料的质量合格证明文件、中文标志及性能检测报告。

8.0.2　焊工合格证书及编号。

8.0.3　焊接工艺评定报告。

8.0.4　焊接超声波或射线探伤检测记录。

8.0.5　钢屋架吊装方案。

8.0.6　钢结构（单层钢结构）安装工程检验批质量验收记录。

8.0.7　钢结构（单层钢结构）安装分项工程质量验收记录。

8.0.8　钢结构焊接工程检验批质量验收记录。

8.0.9　钢结构焊接分项工程质量验收记录。

8.0.10　钢结构高强度螺栓连接工程检验批质量验收记录。

8.0.11　钢结构普通紧固件连接工程检验批质量验收记录。

8.0.12　钢结构紧固件连接分项工程质量验收记录。

8.0.13　施工记录。

8.0.14　其他技术文件。

第 21 章　单层钢结构安装

本工艺标准适用于单层钢结构（钢柱、吊车梁、钢屋架或门式钢架及支撑系统等）单项或综合安装工程。

1　引用标准

《钢结构设计标准》GB 50017—2017

《钢结构工程施工规范》GB 50755—2012

《钢结构焊接规范》GB 50661—2011

《建筑工程施工质量验收统一标准》GB 50300—2013

《钢结构工程施工质量验收规范》GB 50205—2001

《工程测量规范》GB 50026—2007

《钢直梯》GB 4053.1—2009

《钢直梯》GB 4053.2—2009

《工业防护栏杆及钢平台》GB 4053.3—2009

《低合金钢药芯焊丝》GB/T 17493—2008

《碳钢药芯焊丝》GB/T 10045—2001

《气体保护电弧焊用碳钢、低合金钢焊丝》GB/T 8110—2008

《非合金钢及细晶粒钢焊条》GB/T 5117—2012

《热强钢焊条》GB/T 5118—2012

2　术语（略）

3　施工准备

3.1　作业条件

3.1.1　编制安装方案，并经审核和审批。跨度大于 36m 及以上的钢结构安装方案且需经专家论证，安装前做好安全技术交底。

3.1.2　基础混凝土强度达到安装要求，基础的轴线、标高已经复测合格，待安装构件及安装用的零部件已进场并验收合格。

3.1.3　起重工、信号工、架子工、电焊工等特种作业人员持证上岗。

3.1.4　钢构件在现场组拼时应准备拼装工作台。

3.1.5　安装测量用钢尺应与钢结构制作用的钢尺校对，并取得计量法定单位检定证明。

3.2　材料及机具

3.2.1　钢构件：钢构件型号、制作质量应符合设计要求和有关施工规范的规定，应有出厂合格证并附有技术文件。

3.2.2　连接材料：焊条、螺栓等连接材料应有质量证明书，并符合设计要求及有关国家标准的规定。

3.2.3　涂料：防锈涂料技术性能应符合设计要求和有关标准的规定，应有产品质量证明书。

3.2.4　其他材料：各种规格垫铁等。

3.2.5　机具：吊装机械、吊装索具、电焊机、焊钳、焊把线、垫木、垫铁、扳手、撬棍、扭矩扳手、手持电砂轮、电钻、千斤顶、倒链、经纬仪、水准仪、全站仪、磁力线坠、钢卷尺等。

4　操作工艺

4.1　工艺流程

轴线复测 → 基础复测 → 构件中心及标高检查 → 钢柱及柱间支撑安装 →

吊车梁安装 → 屋面结构安装 → 连接固定 → 检查验收

4.2　轴线复测

基础和支承面，钢结构安装前，土建部分已做完基础，为确保钢结构安装质量，进场后首先要求土建施工方提供建筑物轴线、标高及其轴线基准点、标高水准点，依次进行复测轴线及标高。

4.3　基础复测

4.3.1　根据测量控制网对基础轴线、标高进行技术复核，如预埋的地脚螺栓一般是土建完成的。对其轴线、标高等进行检查，对超标的必须采取补救措施。如加大柱底板尺寸，在柱底板按实际螺栓位置重新钻孔（或采取设计认可的其他措施）。

4.3.2　检查地脚螺栓外露部分的情况，若有弯曲变形、螺牙损坏的，应修复。

4.4　构件中心及标高检查

4.4.1　将柱子的就位轴线弹测在柱基表面。

4.4.2　对柱基标高进行找平。

4.4.3　混凝土柱基标高浇筑一般预留 50～60mm（与钢柱底设计标高相比），在安装时用钢板或提前采用坐浆承板找平。

4.4.4　当采用钢垫板做支承板时，钢垫板的面积应根据基础混凝土的抗压强度、柱脚底板下二次灌浆前柱底承受的荷载和地脚螺栓的紧固拉力计算确定。垫板与基础面和柱底面的接触应平整、紧密。

4.4.5　采用坐浆承板时应采用无收缩砂浆，柱子吊装前砂浆垫块的强度应高于基础混凝土强度一个等级，且砂浆垫块应有足够的面积以满足承载的要求。

4.4.6　垫板应设置在靠近地脚螺栓（锚栓）的柱脚底板加劲板或柱肢下，每根地脚螺栓（锚栓）侧应设在 1～2 组垫板，每组垫板不得多于 5 块。垫板与基础面和柱底面的接触应平整、紧密。当采用成对斜垫板时，其叠合长度不应小于垫板长度的 2/3，二次浇灌混凝土前垫板间应焊接固定。

4.5　安装钢柱及柱间支撑

4.5.1　单层钢结构安装工程施工时对于柱子、柱间支撑一般采用单件流水法吊装。可一次性将柱子安装并校正后再安装柱间支撑等构件。对于采用汽车式起重机时，考虑到移动不便，可以以 2～3 个轴线为一个单元进行作业。屋盖系统吊装通常采用"节间综合法"，即将一个节间全部安装完，形成稳定单元，以此为基准，再展开其他单元的安装。

4.5.2　因钢柱的刚性较好，吊装时为了便于校正最好采用一点吊装法。对大型钢柱，根据起重机配备和现场实际确定，可单机、双机、三机吊装等。

4.5.3　钢柱安装时根据工程具体情况采用以下方法：

1　旋转法：钢柱摆放时，柱脚在基础边，起重机边起钩边回转使柱子绕柱脚旋转立起。

2　滑行法：单机或双机抬吊钢柱时起重机只起钩，使钢柱脚滑行而将其吊起。为减少柱脚与地面的摩阻力，需要在柱脚下铺设滑行道。

3　递送法：双机或三机抬吊，其中一台为副机吊在钢柱下面，起吊时配合主机起钩，随着主机的起吊，副机要行走或回转，在递送过程中，副机承担了一部分荷重，将钢柱脚递送到柱基础上面。

4.5.4　钢柱校正

1　柱基标高调整：根据钢柱实长、柱底平整度、钢牛腿顶部与柱底的距离，重点要保证钢牛腿顶部标高值，来确定基础标高的调整数值。

2　纵横十字线：钢柱底部制作时在柱底板侧面打上通过安装中心的互相垂直的四个点，用三个点与基础面十字线对准即可。

3　柱身垂偏校正，采用缆风校正，用两台呈 90° 的经纬仪校正，拧紧螺栓。缆风松开后再校正并适当调整。

4.5.5 柱间支撑安装应满足下列要求：

1 柱间系杆和支撑安装应在钢柱安装校正固定后及时进行；

2 交叉支撑宜按照从上到下的顺序组装吊装；

4.6 吊车梁安装

4.6.1 钢吊车梁的安装：钢吊车梁安装一般采用工具式吊耳或捆绑法进行吊装。再进行安装以前应将吊车梁的分中标记引至吊车梁的端头，以利于吊装时按柱牛腿的定位轴线临时定位。

4.6.2 吊车梁的校正：钢吊车梁的校正包括标高调整、纵横轴线和垂直度的调整。注意钢吊车梁的校正必须在结构形成刚度单元以后才能进行。

1 用经纬仪将柱子轴线投到吊车梁牛腿面等高处，据图纸计算出吊车梁中心线到该轴线的理论长度 $L_{理}$。

2 每根吊车梁测出两点用钢尺和弹簧秤校核这两点到柱子轴线的距离 $L_{实}$，看 $L_{实}$ 是否等于 $L_{理}$ 以此对吊车梁纵轴进行校正。

3 吊车梁纵横轴线误差符合要求后，复查吊车梁跨度。

4 吊车梁的标高和垂直度的校正可通过对钢垫板的调整来实现。注意吊车梁的垂直度的校正应和吊车梁轴线的校正同时进行

4.7 屋面结构安装

4.7.1 门式钢架梁安装

1 梁地面拼装

分节制作的梁，在地面拼装时采取卧拼或立拼的方式，拼装场地应坚实、平整，应在拼装平台或拼装胎架上进行拼装，为保证现场安装的顺利进行，在工厂进行计算机模拟预拼装或实体预拼装，拼装工艺如下：

$$\boxed{钢梁吊装拼装} \rightarrow \boxed{安装普通螺栓定位} \rightarrow \boxed{安装高强度螺栓} \rightarrow \boxed{初拧} \rightarrow \boxed{终拧} \rightarrow$$

$$\boxed{复核尺寸}。$$

2 吊点设置

钢梁吊装时宜采用两点起吊，当单根钢梁长度大于 21m，采用两点吊装不能满足构件强度和变形要求时，宜设置 3～4 个吊装点吊装或采用平衡梁吊装，吊点位置应经过计算确定。吊装就位后应立即临时固定。

3 屋面结构安装

钢梁起吊前用溜绳拴住钢梁两端，两根溜绳均应有人牵引，防止摆动，柱顶应有人扶住，梁起吊后，下部有专人指挥，就位时应缓慢起钩、落钩。先将钢架梁一头对准钢架柱上的螺栓孔，水平穿入高强度螺栓后，初拧；然后，将钢架梁另一头对准螺孔，水平穿入高强螺栓，初紧，用力矩扳手检查是否满足初拧要

求，检查满足后，在钢架梁的吊点处设置四根揽风绳，下边固定牢固后，吊车才能慢慢落钩。安装完第二榀钢架梁的同时还要及时安装系杆，形成稳定的固定单元后，方可松开第一榀梁上的揽风。每吊装一榀钢架梁，必须及时安装系杆或檩条。

4　连接

高强度螺栓初拧、终拧（或按设计要求焊接），见高强度螺栓连接施工工艺标准，或相关工艺标准。

4.7.2　平面钢桁架的安装

1　平面钢桁架的安装方法有单榀吊装法、组合吊装法、整体吊装法、顶升法。一般钢桁架侧面稳定性较差，在条件允许的情况下最好经扩大拼装后进行组合吊装，即在地面上将两榀桁架及其相关的天窗架、檩条、支撑等拼装成整体，一次进行吊装，这样不但可提高工作效率，也有利于提高吊装稳定性。

2　桁架临时固定如需用临时螺栓和冲钉，则每个节点应穿入的数量必须经过计算确定，并应符合下列规定：

1）不得少于安装孔总数的 1/3；

2）至少应穿两个临时螺栓；

3）冲钉穿入数量不宜多于临时螺栓的 30%；

4）扩钻后的螺栓孔不得使用冲钉；

5）钢桁架的校正方式与钢屋架校正方式相同。

4.7.3　预应力钢桁架的安装

1　预应力钢桁架的安装分为下列几个步骤：

1）钢桁架现场拼装；

2）在钢桁架下弦安装张拉锚固点；

3）对钢桁架进行张拉；

4）对钢桁架进行吊装。

2　在预应力钢桁架安装时应注意的事项：

1）受施工限制，预应力索不可能紧贴桁架下弦，但应尽量靠近；

2）张拉时为防止桁架下弦失稳，应经过计算后按实际情况在桁架下弦加设固定隔板；

3）在吊装时应注意不得碰撞张拉索。

4.7.4　大跨度预应力立体拱桁架安装

1　拱桁架现场组装

拱桁架整体组装时，一榀拱桁架可分为几段，应以最重的拱桁架为主，分别在工厂拼装好，待验收合格后运至现场，进行立式整体组装。

1）胎架作用于钢路基上，用钢垫板找平。

2）为确保胎架有足够的支撑强度，拱架按最大单段重量计，由几根立柱支撑。每个支点按静荷载吨位，安全系数取 3，计算出每根立柱承载力。

3）胎架由测量人员测量定位，确认无误后，电焊固定。对每个支点进行水准测量，若发现支承座不在同一平面上时，用钢板垫片垫平，并点焊固定。

4）采用立式拼装法，便于拱架吊装，也可提高安装的速度。

5）采用卧式拼装法，便于拱架拼装。但安装时必须采取多点吊装，空中要翻身 90°。

6）吊车起升高度应满足拱架吊高要求，吊索与水平线夹角不宜太小，一般为 60°左右。

2　拱桁架安装工艺

1）支座就位控制，为解决大型拱架就位后对钢柱产生水平推力，及支座处产生位移，应采取垫设 3mm 的聚四氟板的方法，其摩擦系数为 0.04，可保证支座自由滑移，对钢柱的推力引起的顶端侧向变形很小。

2）拱架就位，为解决拱架就位产生位移，先就位高支座后就位低支座。在高支座处改为长圆孔。

3）拱架校正，在拱架每侧设置 2 根缆风绳，用经纬仪平移法校正固定。

4）檩架安装，先吊两端及中部檩架，固定后再吊装其他。

4.8　连接固定

4.8.1　各类构件的连接接头应经检查合格后，方可紧固和焊接。

4.8.2　钢结构组装时，应采用临时螺栓冲钉做临时连接，其螺栓个数应为螺栓总数的 1/3 以上，且每个接头不少于 2 个，冲钉穿入数量不宜多于临时螺栓的 30％。组装时先用冲钉打入定位，在适当位置穿入临时螺栓，用扳手拧紧。不准用高强度螺栓兼作临时螺栓。高强度螺栓连接副组装时，螺母带圆台的一侧应朝向垫圈有倒角的一侧。大六角头高强度螺栓连接副组装时，螺栓头下垫圈有倒角的一侧应朝向螺栓头。

4.8.3　永久性普通螺栓连接时，每个螺栓不得垫两个以上垫圈或用螺母代替垫圈。螺栓拧紧后，外露丝扣应不少于 2~3 扣，并应防止螺母松动。

4.8.4　任何安装孔均不得随意用气割扩孔。

4.8.5　安装焊缝的质量应符合设计要求。

4.8.6　采用高强度螺栓连接时，抗滑移系数值应符合设计要求。安装时，构件的摩擦面应保持干净。

4.9　检查验收

除对基础及支座（柱脚）定位检查外，按施工工序分别进行检查验收，安装完成后对结构变形和整体安装精度、安装后的立面偏差、平面弯曲进行验收，钢结构安装均应符合现行国家标准《钢结构工程施工质量验收规范》GB 50205 的合格规定。

5 质量标准

5.1 主控项目

5.1.1 建筑物的定位轴线、基础轴线和标高、地脚螺栓锚栓的规格及其紧固应符合设计要求和规范规定。

5.1.2 基础顶面直接作为柱的支承面和基础顶面预埋钢板或支座作为柱的支承面时，其位置允许偏差应符合表 21-1 的规定。

支撑面、地脚螺栓（锚栓）位置允许偏差 表 21-1

项目		允许偏差（mm）
支承面	标高	±3.0
	水平度	$l/1000$
地脚螺栓（锚栓）	中心偏移	5.0
预留孔中心偏移		10.0

5.1.3 采用坐浆垫板的允许偏差应符合表 21-2 的规定

采用坐浆垫板时的允许偏差应 表 21-2

项目	允许偏差（mm）
顶面标高	0.0；−3.0
水平度	$l/1000$
位置	20.0

5.1.4 采用插入式或埋入式柱脚时，杯口尺寸的允许偏差应符合表 21-3 的规定。

杯口尺寸的允许偏差 表 21-3

项目	允许偏差（mm）
底面标高	0.0；−5.0
杯口深度 H	±5.0
杯口垂直度	$H/100$，且≤10.0
位置	10.0
柱脚轴线对柱定位轴线的偏差	5.0

5.1.5 钢构件几何尺寸偏差、变形及弯扭、不规则构件连接节点应符合设计要求及规范规定。钢构件的变形及涂层脱落应进行矫正和修补。

5.1.6 消能减震钢支撑的性能指标应符合设计要求。

5.1.7 钢平台、钢梯、防护栏杆安装应符合现行国家标准《固定式钢梯及平台安全要求 第 1 部分：钢直梯》GB 4053.1、《固定式钢梯及平台安全要求 第 2 部分：钢斜梯》GB 4053.2 和《固定式钢梯及平台安全要求 第 3 部分：工业防护栏杆及钢平台》GB 4053.3 及《钢结构工程施工质量验收规范》GB 50205 的规定。

5.1.8 设计要求顶紧的构件或节点、现场拼接接头，接触面不应少于 70% 紧贴，且边缘最大间隙不应大于 0.8mm。

5.1.9 钢屋（托）架、钢桁架、钢梁、次梁允许偏差应符合表 21-4 的规定。

钢屋（托）架、钢桁架、钢梁、次梁允许偏差 表 21-4

项目	允许偏差（mm）	
跨中的垂直度	$h/250$，且≤15	
侧向弯曲矢高	l≤30m	$l/1000$，且≤10
	30m＜l≤60m	$l/1000$，且≤30
	l＞60m	$l/1000$，且≤50

5.1.10 构件与节点对接处的允许偏差应符合表 21-5 的规定。

构件与节点对接处允许偏差 表 21-5

项目	允许偏差（mm）
箱型（四边型、多边型）截面、异形截面对接	对角线≤3.0
异形锥管、椭圆管截面对接处	对口错边≤3.0

5.1.11 单层钢结构主体结构的整体垂直度、整体平面弯曲允许偏差应符合表 21-6 的规定。

主体结构的整体垂直度、整体平面弯曲允许偏差 表 21-6

项目	允许偏差（mm）
整体立面偏移	$H/1000$，且≤25
整体平面弯曲	$l/1500$，且≤25

173

5.1.12 同一结构层或同一设计标高异型构件标高允许偏差不大于 5mm。

5.2 一般项目

5.2.1 地脚螺栓（锚栓）尺寸的允许偏差应符合表 21-7 的规定。

地脚螺栓（锚栓）尺寸的允许偏差 　　　　　　表 21-7

项目	直径（mm）	允许偏差（mm）
螺栓（锚栓）露出长度	$d \leqslant 30$	$+1.2d$；0
	$d > 30$	$+1.0d$；0
螺栓（锚栓）螺纹长度	$d \leqslant 30$	$+1.2d$；0
	$d > 30$	$+1.0d$；0

5.2.2 钢柱等主要构件中心线及标高基准点的标记应齐全。

5.2.3 钢桁架（梁）安装的允许偏差应符合表 21-8 的规定。

钢桁架（梁）安装允许偏差 　　　　　　表 21-8

项目	允许偏差（mm）
安装在混凝土柱上时，支座中心偏移	$\leqslant 10$
采用大型混凝土屋面板时，桁架（梁）间距偏差	$\leqslant 10$
同一根梁两端顶面高差	$l/1000$，且$\leqslant 10$
主梁与次梁上表面高差	± 2.0

5.2.4 钢柱安装的允许偏差应符合表 21-9 的规定。

钢柱安装允许偏差 　　　　　　表 21-9

项目		允许偏差（mm）
柱脚底座中心线对定位轴线的偏移		5.0
柱子定位轴线		1.0
柱基准点标高	有吊车梁的柱	$+3.0$；-5.0
	无吊车梁的柱	$+5.0$；-8.0
弯曲矢高		$H/1200$，且$\leqslant 15$
柱轴线垂直度		$H/1000$，且$\leqslant 25$
上下节柱连接处的错口		3.0
同一层柱的各柱顶高度差		5.0

5.2.5 钢吊车梁或直接承受动力荷载的类似构件安装允许偏差应符合表 21-10 的规定。

钢吊车梁安装允许偏差 表 21-10

项目		允许偏差（mm）
梁的跨中垂直度 △		$h/500$
侧向弯曲矢高		$l/1500$，且≤10.0
垂直上拱矢高		10.0
两端支座中心位移 △	安装在钢柱上时，对牛腿中心的偏移	5.0
	安装在混凝土柱上时，对定位轴线的偏移	5.0
吊车梁支座加劲中心与柱子承压加劲板中心的偏移 △₁		$t/2$
同跨间内同一横截面吊车梁顶面高差	支座处	10.0
	其他处	15.0
同跨间内同一横截面下挂式吊车梁底面高差 △		10.0
同列相邻两柱间吊车梁顶面高差 △		$l/1500$，且≤10.0
相邻两吊车梁接头部位 △	中心错位	3.0
	上承式顶面高差	1.0
	下承式底面高差	1.0
同跨间任一截面的吊车梁中心跨距 △		±10.0
轨道中心对吊车梁腹板轴线的偏移 △		$t/2$

5.2.6 檩条、墙架等次要构件安装允许偏差应符合表 21-11 的规定。

檩条、墙架等次要构件安装允许偏差 表 21-11

项目		允许偏差（mm）
墙架立柱	中心线对定位轴线的偏移	10.0
	垂直度	$h/1000$，且≤10
	弯曲矢高	$h/1000$，且≤15
抗风柱、桁架的垂直度		$h/250$，且≤15
檩条、墙架的间距		±5.0
檩条的弯曲矢高		$l/750$，且≤12
檩条两端相对高差或与设计标高偏差		≤5
檩条直线度偏差		不大于$l/250$，且≤10
墙梁的弯曲矢高		$l/750$，且≤10

5.2.7 墙面檩条外侧平面任一点对墙轴线距离与设计偏差不大于 5mm。

5.2.8 钢平台、钢梯、防护栏杆安装允许偏差应符合表 21-12 的规定。

钢平台、钢梯、防护栏杆安装允许偏差 表 21-12

项目	允许偏差（mm）
平台高度	±15
平台梁水平度	$l/1000$，且≤20
平台支柱垂直度	$l/1000$，且≤15

续表

项目	允许偏差（mm）
承重平台梁侧向弯曲	$l/1000$，且$\leqslant$10
承重平台梁垂直度	$l/250$，且$\leqslant$15
直梯垂直度	$l/1000$，且$\leqslant$15
栏杆高度	$\pm$15
栏杆立柱间距	$\pm$15

5.2.9 相邻楼梯踏步的高度不大于 5mm，且每级踏步高度与设计偏差不大于 3mm。

5.2.10 栏杆直线度偏差不大于 5mm。

5.2.11 楼梯两侧栏杆间距与设计偏差$\leqslant$10mm。

5.2.12 现场组对精度允许偏差应符合表 21-13 的规定。

现场组对精度允许偏差　　　　　　　　表 21-13

项目		允许偏差（mm）
柱的工地拼接接头焊缝间隙	无垫板间隙	＋3.0；0
	有垫板间隙	＋3.0；－2.0
构件轴线空间位置偏差$\leqslant$10，节点中心空间位置偏差$\leqslant$15		
构件对接处截面的平面度偏差：截面边长 $l\leqslant$3m 时，偏差$\leqslant$2；截面边长 $l>$3m 时，偏差不大于 $l/1500$		

5.2.13 钢构件表面应干净，结构主要表面不应有疤痕、泥砂等污垢。

5.2.14 钢结构主体总高度的允许偏差：用相对标高控制安装$\pm\Sigma\cdots$（$\Delta h+\Delta z+\Delta w$）；用设计标高控制安装为 $H/1000$，且$\leqslant$30，$-H/1000$，且$\geqslant-30$。

6　成品保护

6.0.1 吊装钢结构就位时，应缓慢下落，不得碰撞已安装好的钢构件。

6.0.2 吊装损坏的涂层应补涂，以保证漆膜完整性符合规定的要求。

6.0.3 钢构件半成品的装卸、运输、堆放，均不得造成构件损坏和变形。堆放应放置在垫木上。

7　注意事项

7.1　应注意的质量问题

7.1.1 螺栓孔不对时，不得任意扩孔或改为焊接，安装时发现上述问题，应报告项目技术负责人，经与设计单位洽商后，按要求进行处理。

7.1.2 现场焊接质量应符合设计及规范要求。焊工必须有合格证，并应编号，焊接部位按编号做检查记录，全部焊缝经外观检查，凡达不到要求的部位，补焊后应复验。

7.1.3　安装时必须按规范要求先使用安装螺栓临时固定，调整紧固后，再安装高强度螺栓并替换。

7.1.4　需去除吊耳时，可采用气割或碳弧气刨方式在离母材 3～5mm 位置切除，严禁采用锤击方法去除。

7.2　应注意的安全问题

7.2.1　根据工程特点，在施工前要对吊装用的机械设备和索具、工具进行检查，如不符合安全规定不得使用。

7.2.2　起重机的行驶道路必须坚实可靠。严禁超载吊装、歪拉斜吊，要避免满负荷行驶，构件摆动越大，超负荷就越多，就可能发生事故。双机抬吊各起重机荷载，不得大于额定起重能力的 75%。

7.2.3　吊装作业时必须统一号令，明确指挥，密切配合。

7.2.4　单层钢结构在安装过程中，应及时安装临时柱间支撑或稳定揽风，应在形成空间结构稳定体系后再扩展安装，安装过程中形成的临时空间结构稳定体系应能承受结构自重、风荷载、雪荷载、施工荷载及吊装过程中冲击荷载的作用。

7.3　应注意的绿色施工问题

7.3.1　居民区施工时要避免夜间施工，以免扰民。

7.3.2　施工所用的机具在停班或班后按规定停机，关闭电源。

7.3.3　施工现场的螺栓、电焊条等包装箱、包装纸、包装袋及时分类回收，避免环境污染。

7.3.4　作业区内构件排放整体有序，作业面保持清洁、干净。

7.3.5　施工过程中烟气排放应符合现行国家标准《大气污染物综合排放标准》GB 16297 的规定。

7.3.6　施工现场必须做到道路畅通、排水畅通无积水，现场整洁干净，现场材料、机具堆放整齐有序。

8　质量记录

8.0.1　所用钢构件进场合格证，连接材料的质量合格证明文件、中文标志及性能检测报告。

8.0.2　焊工合格证书及编号。

8.0.3　焊接工艺评定报告。

8.0.4　焊接超声波或射线探伤检测记录。

8.0.5　钢结构吊装专项方案。

8.0.6　单层钢结构安装工程检验批质量验收记录。

8.0.7　单层钢结构安装分项工程质量验收记录。

8.0.8　钢结构焊接工程检验批质量验收记录。

8.0.9　钢结构焊接分项工程质量验收记录。

8.0.10　钢结构高强度螺栓连接工程检验批质量验收记录。

8.0.11　钢结构普通紧固件连接工程检验批质量验收记录。

8.0.12　钢结构紧固件连接分项工程质量验收记录。

8.0.13　施工记录。

8.0.14　其他技术文件。

第22章 多层及高层钢结构安装

本工艺标准适用于多层及高层钢结构的主体结构、地下钢结构、檩条及墙架等次要构件、钢平台、钢梯、防护栏杆等的安装工程。

1 引用标准

《钢结构设计标准》GB 50017—2017

《钢结构工程施工规范》GB 50755—2012

《钢结构焊接规范》GB 50661—2011

《建筑工程施工质量验收统一标准》GB 50300—2013

《钢结构工程施工质量验收规范》GB 50205—2001

《工程测量规范》GB 50026—2007

《建筑机械使用安全技术规程》JGJ 33—2012

《钢板剪力墙技术规程》JGJ/T 380—2015

《碳素结构钢和低合金结构钢热轧钢板和钢带》GB/T 3274—2017

《优质碳素结构钢》GB/T 699—2015

《低合金钢药芯焊丝》GB/T 17493—2008

《碳钢药芯焊丝》GB/T 10045—2001

《气体保护电弧焊用碳钢、低合金钢焊丝》GB/T 8110—2008

《非合金钢及细晶粒钢焊条》GB/T 5117—2012

《热强钢焊条》GB/T 5118—2012

2 术语

2.0.1 钢板剪力墙：承受水平剪力为主的钢板墙体

3 施工准备

3.1 作业条件

3.1.1 编制安装方案，按相关规定审核、审批和论证，并做好安装前的安全技术交底。

3.1.2 基础混凝土强度达到安装要求，基础的轴线、标高已经复测合格，

179

待安装构件及安装用的零部件进场并验收合格。

3.1.3　起重工、信号工、架子工、电焊工等特种作业人员持证上岗。

3.1.4　钢构件在现场组拼时应准备拼装工作台。

3.1.5　安装测量用钢尺应与钢结构制作用的钢尺校对，并取得计量法定单位检定证明。

3.2　材料及机具

3.2.1　钢构件：钢构件型号、制作质量应符合设计要求和有关施工规范的规定，应有出厂合格证并附有技术文件。

3.2.2　连接材料：焊条、螺栓等连接材料应有质量证明书，并符合设计要求及有关国家标准的规定。

3.2.3　涂料：防锈涂料技术性能应符合设计要求和有关标准的规定，应有产品质量证明书。

3.2.4　其他材料：各种规格垫铁等。

3.2.5　机具：吊装机械、吊装索具、电焊机、焊钳、焊把线、垫木、垫铁、扳手、撬棍、扭矩扳手、手持电砂轮、电钻、千斤顶、倒链、经纬仪、水准仪、全站仪、磁力线坠、钢卷尺等。

4　操作工艺

4.1　工艺流程

准备工作 → 安装柱、梁核心框架 → 高强度螺栓连接固定 →

梁、柱节点焊接 → 零星构件（隔撑）安装 → 安装压型钢板 →

焊接、栓钉、螺栓 → 下一循环

4.2　准备工作

4.2.1　吊装机具的选择根据多层或高层钢结构的特点、平面布置及钢构件重量、安装难度等情况进行选择。以塔吊为主，地下部分配合履带式或汽车式起重机完成。

4.2.2　放线、验线

1　多层及高层钢结构安装阶段的测量放线工作包括控制网的建立，平面轴线控制点的竖向投递、柱顶平面放线、悬吊钢尺传递标高、平面形状复杂钢结构坐标测量及钢结构安装变形监控等，编制测量方案并经审核批准后严格实施。

2　建筑物测量验线

1）钢结构安装前，土建部分已做完基础，为保证钢结构安装质量，进场后首先要求土建施工方提供建筑物轴线、标高及轴线基准点、标高基准点，依此进行复测轴线及标高。

2）轴线复测，复测方法应根据建筑物平面形状针对采取不同的方法，宜选用全站仪进行。

4.2.3 柱基的轴线、标高必须与施工图纸相符，螺栓预埋应准确。标高偏差控制在＋5mm 以内，定位轴线的偏差控制在±2mm 以内，应会同设计、监理、总包单位共同验收。

4.3 安装柱、梁核心框架

4.3.1 多层及高层钢结构吊装按平面布置图划分作业区域，采用多种吊装法顺序进行。

4.3.2 一般是从中间或某一对称节间开始，以一个节间的柱网为吊装单元，按钢柱、钢梁、支撑顺序吊装，并向四周扩展，垂直方向由下至上组成稳定结构后，分层安装次要结构，当第一个区间完成后，即进行测量、校正、高强度螺栓的初拧工作。然后进行四周几个区间钢构件安装，再进行测量和校正、高强度螺栓的终拧、焊接。采用对称固定的工艺，减小安装误差积累和节点焊接变形。

4.3.3 钢柱安装

柱长度应根据工厂加工、运输堆放、现场吊装等因素确定，宜取 2～4 个楼层高度，分节位置宜在梁顶标高以上 1.0～1.3m。

1 第一节钢柱吊装

1）因钢柱刚度较好，吊点采用一点正吊。吊点装在柱顶处，柱身竖直，吊点通过柱重心位置，易于起吊、就位、校正。

2）一般采用单机起吊，对于特殊或超重的构件，也可采用双机起吊。但应注意尽量采用同类型起重机，各机荷载不得超过额定起重能力 75%，起吊时互相配合，如采用铁扁担起吊，应使铁扁担保持平衡，避免一台失重而造成另一台超载造成安全事故。不能多人指挥，指挥要正确。

3）起吊时钢柱保持垂直，柱根部不拖。回转就位时，防止与其他构架相碰撞，吊索应有一定的有效高度。

4）钢柱安装前应将挂篮和登高爬梯固定在钢柱预定位置。就位后临时固定地脚螺栓，校正垂直度。钢柱两侧装有临时固定用的连接板，上节钢柱对准下节钢柱顶中心线后，即用螺栓固定连接板做临时固定。

5）钢柱安装到位，对准轴线，必须等地脚螺栓固定后方能松开吊索。

2 钢柱校正

1）每一节柱的定位轴线决不允许使用下一节钢柱的定位轴线，应从地面控制线引至高空，以保证每节钢柱安装正确无误，避免产生过大的积累误差。

2）第二节柱垂直度校正的重点是对钢柱有关尺寸的预检，即对影响钢柱垂

181

直度因素的预先控制。通过经验值测定，梁与柱焊接收缩值一般小于 2mm，柱与柱焊接收缩值一般在 3.5mm。

3）为保证钢结构整体安装的质量精度，在每一层应选择一个标准框架结构体（或剪力筒），依次向外扩展安装。

4.3.4 钢框架梁安装采用两点吊的具体要求：

1 钢梁吊装宜采用专用卡具，而且必须保证梁在起吊后为水平状态；

2 一节柱一般有 2 层、3 层或 4 层梁，原则上横向构件由上向下逐件安装，由于上部和周边都处于自由状态，易于安装且保证质量。一般在钢结构安装实际操作中，同一列柱的钢梁从中间跨开始对称向两端扩展安装，同一跨钢梁应先安装上层梁再安装中下层梁；

3 在安装柱与柱之间的主梁时，会把柱与柱之间的开档撑开或缩小。测量必须跟踪校正，并预留偏差值和节点焊接收缩量；

4 柱与柱节点和梁与柱节点的焊接，应互相协调。一般可以先焊接一节柱的顶层梁，再从下向上焊接各层梁与柱的节点。柱与柱的节点可以先焊，也可以后焊；

5 次梁根据实际施工情况逐层安装完成；

6 在第一节柱与柱间梁安装完成后，即可进行柱底灌浆；

7 补漆为人工涂刷，在钢结构按设计要求安装就位后进行。补漆前应清渣、除锈、去油污，自然风干，并经检查合格。

4.4　高强度螺栓连接固定

4.4.1　高强度螺栓应自由穿入孔内，不得强行敲打，穿入方向宜一致，并便于操作；垫圈应安装在螺母一侧，垫圈有倒角的一侧应和螺栓接触，不得装反。

4.4.2　高强度螺栓不能自由穿入时，不得用气割扩孔，应用铰刀修孔，修孔后最大直径不应大于 1.2 倍螺栓直径，且修孔数量不应超过该节点螺栓数量的 25%。修孔前应将四周螺栓全部拧紧，使板紧贴后再进行铰孔。

4.4.3　不得在雨、雪天气安装高强度螺栓，摩擦面应处于干燥状态。

4.4.4　高强度螺栓紧固

1 高强度螺栓紧固应分初拧和终拧两次进行。大型节点还应进行复拧，复拧应在板叠紧贴后方可进行。

2 初拧扭矩可取施工终拧扭矩值的 50%。

3 高强度螺栓的施拧顺序应符合下列规定：

1）一般接头应从螺栓群中间向外侧进行；

2）从接头刚度大的地方向不受约束的自由端进行；

3）从螺栓群中心向四周扩散进行；

4）两个或多个接头栓群的拧紧顺序应先主要构件接头，后次要构件接头；

5）初拧完毕的螺栓应做好标记以供确认，当天安装的高强度螺栓应当天终拧完毕；

6）终拧应采用专用的电动扭矩扳手，扭矩扳手在班前必须校正，其扭矩相对偏差应为±5％，合格后方可使用。用电动扳手时，应将扭剪型高强度螺栓尾部梅花卡头拧掉，即表明终拧完毕。对个别作业有困难的位置，也可采用手动扭矩扳手。

4.5　梁、柱节点焊接

安装焊缝的质量应符合设计要求。安装定位焊缝承受荷载时，其焊点数量、高度和长度应由计算确定；不承受荷载时，其点焊长度不得少于设计焊缝长度的10％，并不小于50mm。

4.6　零星构件（隔撑）安装

零星构件在柱、梁框架形成稳定结构且梁、柱节点紧固焊接验收合格后进行安装。

4.7　安装压型钢板

见压型金属板制作安装施工工艺标准。

4.8　焊接、栓钉、螺栓

见钢结构栓钉焊接施工工艺标准。

5　质量标准

5.1　主控项目

5.1.1　多层及高层钢结构建筑物的定位轴线、基础上柱的定位轴线和标高、地脚螺栓（锚栓）的规格及其紧固应符合设计要求。当设计无要求时，应符合表22-1规定。

建筑物的定位轴线、标高允许偏差　　　　　　　表22-1

项目	允许偏差（mm）
建筑物定位轴线	$l/20000$，且≤3.0
基础上柱的定位轴线	1.0
基础上柱底标高	±2.0
地脚螺栓（锚栓）位移	2.0

5.1.2　基础顶面直接作为柱的支承面和基础顶面预埋钢板或支座作为柱的支承面时，其位置允许偏差应符合表22-2的规定。

支承面、地脚螺栓（锚栓）位置允许偏差　　　　　表 22-2

项目		允许偏差（mm）
支承面	标高	±3.0
	水平度	$l/1000$
地脚螺栓（锚栓）	中心偏移	5.0
预留孔中心偏移		10.0

5.1.3 采用坐浆垫板的允许偏差应符合表 22-3 的规定。

坐浆垫板允许偏差　　　　　表 22-3

项目	允许偏差（mm）
顶面标高	0.0；−3.0
水平度	$l/1000$
位置	20.0

5.1.4 采用插入式或埋入式柱脚时，杯口尺寸的允许偏差应符合表 22-4 的规定。

杯口尺寸允许偏差　　　　　表 22-4

项目	允许偏差（mm）
底面标高	0.0；−5.0
杯口深度 H	±5.0
杯口垂直度	$H/100$，且≤10.0
位置	10.0

5.1.5 钢构件几何尺寸偏差、变形及弯扭、不规则构件连接节点应符合设计要求及规范规定。钢构件的变形及涂层脱落应进行矫正和修补。

5.1.6 消能减震钢构件的性能指标应符合设计要求。

5.1.7 钢平台、钢梯、防护栏杆安装应符合现行国家标准《固定式钢梯及平台安全要求　第 1 部分：钢直梯》GB 4053.1、《固定式钢梯及平台安全要求　第 2 部分：钢斜梯》GB 4053.2 和《固定式钢梯及平台安全要求　第 3 部分：工业防护栏杆及钢平台》GB 4053.3 及《钢结构工程施工质量验收规范》GB 50205 的规定。

5.1.8 钢柱安装允许偏差应符合表 22-5 的规定。

钢柱安装允许偏差　　　　　表 22-5

项目	允许偏差（mm）
底层柱柱底轴线对定位轴线的偏移	3.0
柱子定位轴线	1.0
柱底标高	±2.0

续表

项目	允许偏差（mm）
弯曲矢高	$H/1200$，且≤15
单节柱柱的垂直度	$H/1000$，且≤10
上下柱连接处的错口	3.0
同一层柱的各柱顶高度差	5.0
同一根梁两端顶面的高差	$H/1000$，且≤10
主梁与次梁表面高差	±2.0

5.1.9 设计要求顶紧的构件或节点、现场拼接接头，接触面不应少于70％紧贴，且边缘最大间隙不应大于0.8mm。

5.1.10 钢托架、钢桁架、钢梁、次梁允许偏差应符合表22-6的规定。

钢托架、钢桁架、钢梁、次梁允许偏差　　表22-6

项目	允许偏差（mm）	
跨中的垂直度	$h/250$，且≤15	
侧向弯曲矢高	$l≤30m$	$l/1000$，且≤10
	$30m<l≤60m$	$l/1000$，且≤30
	$l>60m$	$l/1000$，且≤50

5.1.11 构件与节点对接处的允许偏差应符合表22-7的规定。

构件与节点对接处允许偏差　　表22-7

项目	允许偏差（mm）
箱型（四边型、多边型）截面、异形截面对接	对角线差≤3.0
异形锥管、椭圆管截面对接处	对口错边≤3.0

5.1.12 钢板剪力墙安装允许偏差应符合表22-8的规定。

钢板剪力墙安装允许偏差　　表22-8

项目	允许偏差（mm）
定位轴线	1.0
单层垂直度	$h/250$，且不应大于15.0
单层上端水平度	$(l/1000)+3$，且不应大于10.0
平面弯曲	$l(h)/1000$，且不应大于10.0

注：平面弯曲水平方向取钢板剪力墙的的宽度 l，竖直方向取钢板剪力墙的垂直高度 h。

5.1.13 多层及高层钢结构主体结构尺寸允许偏差应符合表22-9的规定。

185

主体结构尺寸允许偏差　　　　　　　　表 22-9

项目	允许偏差（mm）
整体垂直度	$H/2500+10$，且$\leqslant 50$
整体平面弯曲	$l/1500$，且$\leqslant 50$

5.2　一般项目

5.2.1　地脚螺栓（锚栓）尺寸的允许偏差应符合表 22-10 的规定。

地脚螺栓（锚栓）尺寸允许偏差　　　　　　　　表 22-10

项目	直径（mm）	允许偏差（mm）
螺栓（锚栓）露出长度	$d\leqslant 30$	$+1.2d$；0
	$d>30$	$+1.0d$；0
螺栓（锚栓）螺纹长度	$d\leqslant 30$	$+1.2d$；0
	$d>30$	$+1.0d$；0

5.2.2　钢柱等主要构件中心线及标高基准点的标记应齐全。

5.2.3　钢构件表面应干净，结构主要表面不应有疤痕、泥砂等污垢。

5.2.4　钢桁架（梁）安装的允许偏差应符合表 22-11 的规定。

钢桁架（梁）安装的允许偏差　　　　　　　　表 22-11

项目	$\leqslant 10$
安装在混凝土柱上的支座中心偏差	$\leqslant 10$
采用大型混凝土屋面板的桁架（梁）间距偏差	$\leqslant 10$
同一根梁两端顶面高差	$l/1000$，且$\leqslant 10$
主梁与次梁上表面高差	± 2.0

5.2.5　檩条、墙架等次要构件安装允许偏差应符合表 22-12 的规定。

檩条、墙架等次要构件安装允许偏差　　　　　　　　表 22-12

项目		允许偏差（mm）
墙架立柱	中心线对定位轴线的偏移	10.0
	垂直度	$H/1000$，且$\leqslant 10$
	弯曲矢高	$H/1000$，且$\leqslant 15$
抗风柱、桁架的垂直度		$h/250$，且$\leqslant 15$
檩条、墙架的间距		± 5.0
檩条的弯曲矢高		$l/750$，且$\leqslant 12$
檩条两端相对高差或与设计标高偏差		$\leqslant 5$
檩条直线度偏差		$l/250$，且$\leqslant 10$
墙梁的弯曲矢高		$l/750$，且$\leqslant 10$

5.2.6 墙面檩条外侧平面任一点对墙轴线距离与设计偏差不大于 5mm。

5.2.7 钢平台、钢梯、防护栏杆安装允许偏差应符合表 22-13 的规定。

钢平台、钢梯、防护栏杆安装允许偏差　　　　表 22-13

项目	允许偏差（mm）
平台高度	±15
平台梁水平度	$l/1000$ 且≤20
平台支柱垂直度	$H/1000$ 且≤15
承重平台梁侧向弯曲	$l/1000$ 且≤15
承重平台梁垂直度	$h/250$ 且≤15
直梯垂直度	$H'/1000$ 且≤15
栏杆高度	±15.0
栏杆立柱间距	±15.0

5.2.8 相邻楼梯踏步的高度不大于 5mm，且每级踏步高度与设计偏差不大于 3mm。

5.2.9 栏杆直线度偏差不大于 5mm。

5.2.10 楼梯两侧栏杆间距与设计偏差不大于 10mm。

5.2.11 现场组对精度允许偏差应符合表 22-14 的规定。

现场组对精度允许偏差　　　　表 22-14

项目		允许偏差（mm）
柱的工地拼接接头焊缝间隙	无垫板间隙	+3.0 0
	有垫板间隙	+3.0 −2.0
构件轴线空间位置偏差≤10，节点中心空间位置偏差≤15		
构件对接处截面的平面度偏差：截面边长 l≤3m 时，偏差≤2；截面边长 l>3m 时，偏差不大于 $l/1500$		

5.2.12 多层及高层主体钢结构总高度的允许偏差：用相对标高控制安装为 ±Σ($\Delta h + \Delta z + \Delta w$)；用设计标高控制安装为 $H/1000$，且≤30，$-H/1000$，且 ≥−30。

6 成品保护

6.0.1 高强度螺栓、栓钉、焊条、焊丝等材料；其成品应放在库房的货架上，最多不超过四层。

6.0.2 施工场地应平整、牢固、干净、干燥；钢构件要分类堆放整齐，下垫枕木,叠层堆放也要加垫枕木;并做到防止变形、牢固、防锈蚀。

6.0.3　不得对已完工构件任意焊割、空中堆物,对施工完毕并已验收合格的焊缝、节点板处马上进行清理。并按要求进行封闭。

7　注意事项

7.1　应注意的质量问题

7.1.1　在多层及高层钢结构工程现场施工中,应做好关键位吊装方案、测量监控方案、焊接方案的确定及吊装机具的选择。

7.1.2　对焊接节点处必须严格按无损检测方案进行检测,必须做好高强度螺栓连接副和高强度螺栓连接件抗滑移系数的试验报告。对钢结构每一步安装都应做好测量监控。

7.1.3　混凝土核心筒与钢框架连接节点应符合设计要求,如核心筒预埋件有偏差应与设计洽商处理。

7.1.4　柱、梁、支撑等构件的长度尺寸应包括焊接收缩余量等变形值。

7.1.5　安装柱时,每节柱的定位轴线应从地面控制轴线直接引上,不得从下柱层的轴线引上。

7.1.6　钢结构的楼层标高可按相对标高或设计标高进行控制。

7.1.7　钢结构安装工程检验批应在进场验收和焊接连接、紧固件连接、制作等分项工程验收合格的基础上进行验收。

7.1.8　安装的测量校正、高强度螺栓安装、负温度下施工及焊接工艺等,应在安装前进行工艺试验或评定,并应在此基础上制定相应的施工工艺或方案。

7.1.9　安装偏差的检测,应在结构形成空间刚度单元并连接固定后进行。

7.1.10　安装时,必须严格控制屋面、楼面、平台等的施工荷载。

7.1.11　高层钢结构安装时,应分析竖向压缩变形对结构的影响,并应根据结构特点和影响程度采取预调安装标高、设置后连接构件等相应措施。

7.2　应注意的安全问题

7.2.1　施工时,应为作业人员提供符合国家现行有关标准规定的合格劳动保护用品,并应培训和监督作业人员正确使用。

7.2.2　高空作业的各项安全措施经检查不合格时,严禁高空作业。

7.2.3　钢结构安装使用的机械要符合现行行业标准《建筑机械使用安全技术规程》JGJ 33 的有关规定。

7.2.4　吊装时,单柱不得长时间处于悬臂状态。

7.3　应注意的绿色施工问题

7.3.1　居民区施工时要避免夜间施工,以免扰民。

7.3.2　施工所用的机械在停班或班后按规定停机，关闭电源。

7.3.3　施工现场的螺栓、电焊条等包装箱、包装纸、包装袋及时分类回收，避免环境污染。

7.3.4　作业区内构件排放整体有序，作业面保持清洁、干净。

7.3.5　施工过程中烟气排放应符合现行国家标准《大气污染物综合排放标准》GB 16297 的规定。

7.3.6　施工现场必须做到道路畅通、排水畅通无积水，现场整洁干净，现场材料、机具堆放整齐有序。

8　质量记录

8.0.1　所用钢构件进场合格证，连接材料的质量合格证明文件、中文标志及性能检测报告。

8.0.2　焊工合格证书及编号。

8.0.3　焊接工艺评定报告。

8.0.4　焊接超声波或射线探伤检测记录。

8.0.5　钢结构吊装专项方案。

8.0.6　多层及高层钢结构安装工程检验批质量验收记录。

8.0.7　多层及高层钢结构安装分项工程质量验收记录。

8.0.8　钢结构焊接工程检验批质量验收记录。

8.0.9　钢结构焊接分项工程质量验收记录。

8.0.10　钢结构高强度螺栓连接工程检验批质量验收记录。

8.0.11　钢结构普通紧固件连接工程检验批质量验收记录。

8.0.12　钢结构紧固件连接分项工程质量验收记录。

8.0.13　施工记录。

8.0.14　其他技术文件。

第23章 预应力钢结构施工

本工艺标准适用于用人工方法引入预应力以提高结构强度、刚度、稳定性的各类钢结构工程。

1 引用标准

《钢结构设计标准》GB 50017—2017

《钢结构工程施工规范》GB 50755—2012

《钢结构焊接规范》GB 50661—2011

《建筑工程施工质量统一验收标准》GB 50300—2013

《钢结构工程施工质量验收规范》GB 50205—2001

《索结构技术规程》JGJ 257—2012

《预应力筋用锚具、夹具和连接器应用技术规程》JGJ 85—2010

《预应力钢结构技术规程》CECS 212：2006

《碳素结构钢和低合金结构钢热轧钢板和钢带》GB/T 3274—2017

《优质碳素结构钢》GB/T 699—2015

《碳钢焊条》GB/T 5117—2012

《一般用途钢丝绳》GB/T 20118—2006

《预应力筋用锚具、夹具和连接器》GB/T 14370—2015

《桥梁缆索用高密度聚乙烯护套料》CJ/T 297—2016

2 术语

2.0.1 预应力钢结构：在设计、制造、安装、施工和使用过程中，采用人为方法引入预应力以提高结构强度、刚度、稳定性的各类钢结构。

2.0.2 预应力筋锚具组装件：单根或成熟状态的预应力筋和安装在端部的锚具组合装配而成的受力单元。

3 施工准备

3.1 作业条件

3.1.1 钢结构制作完成，进场验收合格。

3.1.2 预应力钢结构安装，应符合有关结构施工质量规范及施工图设计要求，并应编制安装工程施工组织设计文件。

3.1.3 现场安装用的焊接材料、高强度螺栓、普通螺栓和涂料等，应具有产品质量证明书和符合相应现行国家标准。

3.1.4 构件安装前应进行检验和校正，不合格构件不得安装使用。

3.1.5 试验及张拉等设备仪器应进行计量和标定，对索力和其他预应力的施加必须采用专用设备，其负荷标定值应大于施工值的两倍，预应力误差为±5%。

3.1.6 施工方应会同设计方对索结构施工各个阶段的索力及结构形状参数进行计算，并作为施工监测和质量控制的依据。

3.2 材料及机具

3.2.1 拉索、锚具、拉杆及其他连接件的品种、规格、性能符合国家产品标准和设计要求。

3.2.2 机具：吊装设备、张拉设备、焊机、焊条或焊丝烘干箱、紧固件、抓手、轴力计、水准仪、全站仪、卡尺、钢卷尺、焊缝尺、内力计、焊缝探伤仪。

4 操作工艺

4.1 工艺流程

张拉施工方案制定 → 钢索制作 → 钢构件安装 → 拉索与锚具的初装 →
张拉设备安装与调试 → 一次张拉 → 二次张拉或多次张拉及防护 → 检查验收

4.2 张拉施工方案制定

4.2.1 应根据拉索受力的结构特点、空间状态以及方式技术条件，在满足工程质量的前提下综合确定拉索安装方法，制定拉索施工方案。

4.2.2 方案确定后，施工单位应会同设计单位及相关单位依据施工方案对支撑结构在拉索张拉时的内力和位移进行验算，必要时采取加固措施。

4.3 钢索制作

预应力钢索按设计要求的长度和锚固形式进行下料和组装。设计下料长度时应考虑张拉伸长值、冷挤压锚的冷挤压伸长值和锚固张拉要求的构造长度等因素。

4.4 钢构件安装

4.4.1 应根据定位轴线和标高基准点复核土建和钢结构施工单位的预埋件和连接点的空间位置和相关配合尺寸。

4.4.2　为确保拼装精度和满足反力可能变化，支座处的台架在设计、制作和结构吊装时要采取特殊措施。

4.4.3　钢结构安装时可根据方案要求将拉索一端连接安装。

4.5　拉索与锚具的初装

4.5.1　拉索露天存放时，应置于遮篷中且防潮防雨，成圈产品只能水平堆放，重叠堆放时逐层间应加垫木，并避免锚具压伤拉索护层，应特别注意保护拉索护层和锚具连接部位的可靠性，防止雨水浸蚀，当除拉索外的其他金属材料需要焊接和切削时，则要求这些施工点与拉索保持一定距离和采取保护措施。

4.5.2　在允许的范围内，拉索与锚具进行初装并用专用夹具利用丝杆或液压调节绷直。

4.6　张拉设备安装与调试

4.6.1　张拉设备由张拉千斤顶、电动油泵及压力表组成，应配套标定，以确定张拉力与压力表读数的对应关系。

4.6.2　张拉千斤顶常用的有：100～250t 群锚千斤顶（YCQ、YDW 型），60t 穿心千斤顶（YC 型）、18～25t 前卡千斤顶（YCN、YDC 型）等。前二者可用于钢绞线与钢丝束张拉，后者仅用于单根钢绞线张拉。

4.6.3　对索力和其他预应力的施加必须采用专用设备，其精度应当满足施工要求。

4.7　一次张拉

4.7.1　规定的顺序进行预应力张拉，宜设计预应力调节装置，张拉预应力一般采用油压千斤顶，张拉前首先建立支承结构，将索就位，调整到规定的初始位置，并安上锚具初步固定，然后按设计中要随时监测索系的位置变化。

4.7.2　预应力索的张拉顺序必须严格按照设计规定的步骤进行，设计无规定时，应考虑结构受力特点、施工方便、操作安全等因素确定，以对称张拉力为基本原则。

4.7.3　对直线索，可采取一段张拉，对折线索应采取两端张拉，采用千斤顶同时工作时，应同步加载。

4.7.4　拉索张拉一般不能一步到位，应按相关标准分级张拉，张拉过程中应复核张拉力。

4.7.5　风力大于三级，气温低于 4℃时不宜进行拉索的安装，拉索安装过程中应注意保护已经做好防锈、防火涂层的构件，避免涂层的损坏，如构件涂层和拉索护层出现损坏，必须及时修补或采取措施。

4.7.6　检测，每次张拉必须观察张拉效果和承载后结构相对点的位置，做好张拉记录。

4.7.7　张弦梁、张弦拱、张弦桁架的拉索张拉应满足下列要求：

1　在钢结构拼装完成、拉索安装到位后，进行拉索预紧，预紧力宜取预应力状态索力的 10%～15%；

2　张拉过程中应保证结构的平面外稳定。

4.7.8　张弦网壳结构的拉索张拉，应考虑多索分批张拉间的影响，单层网壳和厚度较小的双层网壳的拉索张拉时，应注意防止结构的局部或整体失稳。

4.8　二次及多次张拉及防护

按设计要求将预应力索张拉到位，即液压值达到与其换算出的对应拉力值为止。并做好记录。

成品钢绞线在工厂进行单根钢绞线注油或蜡—单根钢绞线热挤聚乙烯（PE）防护套—按照要求成盘—运输（另含锚具和防护套管），张拉完成后要在锚固处做防腐处理，并安装保护套管。

4.9　检查验收

4.9.1　由专业人员复核检测结果，并记录。

4.9.2　应根据定位轴线和标高基准点复核土建和钢结构施工单位的预埋件和连接点的空间位置和相关配合尺寸。

4.9.3　由施工方与验收方共同检查验收。

5　质量标准

5.1　主控项目

5.1.1　拉索、拉杆、锚具及其他连接件的品种、规格、性能应符合国家产品标准和设计要求。

5.1.2　拉索、拉杆、锚具按现行国家标准《钢结构工程施工质量验收规范》GB 50205 的规范规定进行抽查复验，其复验结果应符合国家产品标准和设计要求。

5.1.3　索杆的拉索、拉杆、索头长度、销轴直径、锚头开口深度等尺寸和偏差应符合其产品标准的规定和设计要求。

5.1.4　采用铸钢件制作的锚具，应采用超声波探伤进行内部缺陷的检查，其内部缺陷分级及探伤方法应符合现行国家标准《铸钢件超声波检测》GB/T 7233.2 的规定，检查结果应符合设计要求。

5.1.5　成品拉索应进行超张拉检验，超张拉载荷应为拉索标称破断力的 55% 和设计拉力值两者的最大值，且超张拉持续时间不应小于 1h。检验后，拉索应完好无损。

5.1.6　索杆预应力施加方案，包括预应力施加顺序、分阶段张拉次数、各阶段张拉力和位移值应符合设计要求；对承重索杆应进行内力和位移双控制，各阶段张拉力值或位移变形值允许偏差为±10%。

5.1.7 内力和位移测量调整后，索杆端锚具连接固定及保护措施应符合设计要求；索杆锚固长度、锚固螺纹旋合丝扣、螺母外侧露出丝扣等应满足设计要求，当设计无要求时，应符合表 23-1 的规定。

索杆端锚固连接构造要求 表 23-1

项目	连接构造要求
锚固螺纹旋合丝扣	旋合长度≥1.5d（d 为索杆直径）
螺母外侧露出丝扣	宜露出 2～3 扣

5.2 一般项目

5.2.1 拉索、拉杆、锚具及其连接件尺寸允许偏差符合其产品标准和设计要求；表面应光滑，不应有裂纹和目视可见的折叠、分层、结疤和锈蚀等缺陷。锚具与有保护层的拉索、拉杆防水密封处不应有损伤。

5.2.2 锚具表面不应有裂纹、未熔合、气孔、缩孔、夹砂及明显凹坑等外部缺陷。锚具表面的防腐处理和保护措施应符合表 23-2 的规定和设计要求。

拉索尺寸允许偏差 表 23-2

项目		允许偏差（mm）
拉索、拉杆直径 d		$+0.015d$；$-0.010d$
带外包层索体直径		$+2$；-1
索杆长度 l	$l{\leqslant}50\mathrm{m}$	±15
	$50{<}l{<}100\mathrm{m}$	±20
	$l{\geqslant}100\mathrm{m}$	$\pm0.0002l$

5.2.3 预应力施加完毕，拉索、拉杆（含保护层）、锚具、销轴及其他连接件应无损伤。

5.2.4 拉索张拉完成后，索体、锚具及其他连接件的永久性防护工程应满足设计要求。

6 成品保护

6.0.1 风力大于三级，气温低于 4℃时不宜进行拉索与膜单元的安装，拉索安装过程中应注意保护已经做好防锈、防火涂层的构件，避免涂层损坏，如构件涂层和拉索层出现损坏，必须及时修补或采取措施。

6.0.2 拉索露天存放时，应置于遮篷中且防潮防雨，成圈产品只能水平堆放，重叠堆放时层间应加垫木，并避免锚具压伤拉索护层，应特别注意保护拉索护层和锚具连接部位的可靠性，防止雨水浸蚀，当除拉索外其他金属材料需要焊接和切削时，则要求这些施工点与拉索保持一定距离或采取保护措施。

6.0.3 施工完成后应采取保护措施，防止拉索被损坏。在拉索的周边不得进行焊接、切割作业。

7 注意事项

7.1 应注意的质量问题

7.1.1 拉索安装前，应根据定位轴线和标高基准点复核土建和钢结构施工单位的预埋件和连接点的空间位置和相关配合尺寸。应根据拉索受力的结构特点、空间状态以及施工技术条件，在满足工程质量的前提下综合确定拉索安装方法，安装方法确定后，施工单位会同设计单位及相关单位依据施工方案对支撑结构在拉索张拉时的内力和位移进行验算，必要时采取加固措施。

7.1.2 为确保拼装精度和满足拼装质量要求，安装台架必须具有足够的支撑刚度，特别是当预应力钢结构张拉后，结构支座反力可能变化，支座处的台架在设计、制作和结构吊装时要采取特殊措施。

7.1.3 张拉过程中应做好结构的内力和变形监测。

7.2 应注意的安全问题

7.2.1 高空作业时，操作人员应进行专项安全教育，并定期体检。作业时衣着要灵便，禁止穿硬底、带钉易滑的鞋。高空作业使用的小型手持工具和小型零部件应采取防坠落措施。

7.2.2 施焊场地周围应清除易爆易燃品，配备相应的消防器材。

7.2.3 焊机应接零接地，焊钳绝缘性能良好，焊工操作时应穿绝缘鞋戴绝缘手套。

7.2.4 起重吊装作业区域应设置安全警戒线，非作业人员严禁入内，起重臂下严禁站人。

7.3 应注意的绿色施工问题

7.3.1 居民区施工时要避免夜间施工，以免扰民。

7.3.2 施工所用的机械在停班或班后按规定停机，关闭电源。

7.3.3 施工现场的螺栓、电焊条等包装箱、包装纸、包装袋及时分类回收，避免环境污染。

7.3.4 作业区内构件排放整体有序，作业面保持清洁、干净。

7.3.5 施工过程中烟气排放应符合现行国家标准《大气污染物综合排放标准》GB 16297 的规定。

7.3.6 施工现场必须做到道路畅通、排水畅通无积水，现场整洁干净，现场材料、机具堆放整齐有序。

8　质量记录

8.0.1 原材料、索体、锚具和连接件材料出厂质量证明文件和检验报告。

8.0.2 设计文件、安装图、竣工图等相关文件。

8.0.3 施工组织设计，技术交底记录。

8.0.4 施工检验记录。

8.0.5 隐蔽工程验收记录。

8.0.6 加工、安装自检记录。

8.0.7 千斤顶标定记录。

8.0.8 张拉及结构变位记录。

8.0.9 张拉行程记录。

8.0.10 锚具无损探伤报告。

8.0.11 钢结构（张拉施工）分项工程检验批质量验收记录。

8.0.12 索张拉分项工程检验批质量验收记录。

8.0.13 其他技术文件。

第24章 钢管桁架结构施工

本工艺适用于建筑钢结构中钢管桁架的加工制作和安装施工。

1 引用标准

《钢结构设计标准》GB 50017—2017

《钢结构工程施工规范》GB 50755—2012

《钢结构焊接规范》GB 50661—2011

《钢结构工程施工质量验收规范》GB 50205—2001

《民用高层钢结构技术规程》JGJ 99—2015

《优质碳素结构钢》GB/T 699—2015

《普通碳素结构钢》GB/T 700—2006

《低合金高强度钢结构》GB/T 1591—2008

《焊接结构用碳素钢铸件》GB 7659—2010

《通用耐蚀钢铸件》GB/T 2100—2017

《结构用无缝钢管》GB/T 8162—2008

《直缝电焊钢管》GB/T 13793—2016

2 术语

2.0.1 钢管桁架结构：由管与管或管与节点组成的结构构件，一般有平面钢管桁架和立体钢管桁架，立体钢管桁架分为三角形钢管桁架和梯形钢管桁架及其他钢管结构形式的钢管桁架。

2.0.2 立体桁架：由上杆弦、腹杆与下弦杆构成的横截面为三角形或四边形的格构式桁架。

3 施工准备

3.1 作业条件

3.1.1 编制施工组织设计（施工方案），按规定要求审批或论证，作业前做好安全技术交底。

3.1.2 组织好施工设备的材料供应，具备施工条件。

197

3.1.3 施工相关人员经过专业培训，并考试合格，特殊作业人员必须持证上岗。

3.1.4 施工制作和安装所用的检测工具、仪器经计量检查标定。

3.1.5 安装时，现场场地和气候均符合施工要求。

3.2　材料及机具

3.2.1 材料：管材、板材、铸钢节点、焊接材料、涂装材料、紧固件等必须符合设计要求和现行标准的规定。按《钢结构工程施工质量验收规范》GB 50205 的要求进行复验，复验结果符合规范要求。

3.2.2 机具：型钢切割机、压力机、数控相贯线切割机、等离子切割机、气割设备、碳弧气刨、电焊设备、钻床、洗床或刨床、磁力电钻、砂轮机、角磨机、喷砂或抛丸设备，喷涂设备等。

4　操作工艺

4.1　工艺流程

作业准备 → 接管或弯管 → 放样、号料 → 相贯线切割 →

球节点、板或铸钢节点加工验收 → 管桁架拼装、焊接 → 管桁架安装 →

涂装、标识 → 检查验收

4.2　作业准备

4.3　接管或弯管

4.3.1 接管

1 管材对接焊缝，通常采用加内管衬加隔板焊的等强全熔透焊接以及加外套筒和插入式的等强度角焊缝焊接，焊缝的质量等级必须达到设计图纸具体要求。

2 不同直径管材对接时，应采取措施达到管材之间的平缓过渡。

3 焊缝的坡口形式在管壁厚度不大于 6mm 时，可用Ⅰ型坡口，其坡口宽度控制在 3～6mm；管壁厚度大于 6mm 时，可用 V 形坡口，间隙控制在 2～5mm 内，坡口角度应根据管壁厚度和使用焊条或焊丝直径选择，一般在 55°～80°内。

4 管材焊接可以采用手工电弧焊和 CO_2 气体保护焊，接管焊缝冷却到环境温度后进行外观检查，所有承受静荷载结构焊缝质量的检验应冷却到环境温度后进行外观检查，Ⅲ、Ⅳ类钢材及焊接难度等级为 C、D 级时，应以焊接完成 24h 后检查结果作为验收依据；钢材标称屈服强度不小于 690MPa 或供货状态为调质状态时，应以焊后 48h 的检查结果作为验收依据。

4.3.2 弯管

对于拱式管桁架需要弯管时，可采用冷弯和热弯的方法，但对于管径较大半径较小的管件用中频热弯工艺。

弯管弧形处控制点设置应多于节点、控制点，制作模型靠板进行检查控制。

4.4　放样、号料

4.4.1　根据部件加工图放样，放样时检查样板是否符合图纸要求，核对样板数量，在放样人员自检合格的基础上报专职检查人员检验。

4.4.2　对于结构杆件、空间关系复杂、连接节点呈空间定位，杆件之间或杆件与相邻建筑结构干涉较多的管桁架，宜采用三维实体放样。

4.4.3　不具备三维实体仿真模型或数控相贯线切割条件时，必须进行相贯线绘制，放样号料。

4.5　相贯线切割

4.5.1　采用相贯线切割机切割或数控相贯线切割机进行，管件在切割前，必须用墨线弹出基准线，作为切割的起止和管件拼装时的定位线，并保证相交管件的中心轴线交汇于一点，相贯线的切割，应先大管后小管，先主管后支管，先厚壁后薄壁。管件切割时应根据不同的节点形式，预留焊接收缩余量。

4.5.2　采用火焰或等离子切割，切割后必须将相贯线周围残留熔渣清除干净，防止焊接缺陷产生。

4.6　球节点、板或铸钢节点加工验收

球节点、板节点、铸钢节点一般在加工厂制作，对成品的外观质量和内在质量符合设计要求和相关规范规定。

4.7　管桁架拼装、焊接

4.7.1　一般桁架尽可能在地面胎架上进行单榀桁架的组拼，然后吊至柱顶就位后再焊接各桁架间的横向杆件，如桁架跨度和总重超出吊装机械能力时，采用在地面按重量分段组焊，各段之间设置临时固定连接接头，分段组焊完成后经焊缝及各部件尺寸检验合格，再拆开分段处的临时固定螺栓，逐段吊运至安装位置的胎架上进行合拢焊缝的焊接。

4.7.2　无论地面胎架或高空安装台架上，单元体拼装先平面后空间，均按照先焊中间节点，再向桁架两端节点扩展，焊接顺序采用从下至上的顺序，在同一节点上先大管后小管、先主管后支管，尽量减少焊接变形和焊接应力，以避免由于焊缝收缩向一端累积而引起桁架各节点间尺寸误差，并且不在同一支管的两端同时施焊。

4.7.3　单元体拼装焊接完成，检验合格后画出安装定位线，标上编号，等候安装。

4.7.4　焊缝尺寸应符合设计要求的计算厚度值或焊脚尺寸，但也要避免过多地堆焊，而产生较大的焊接残余应力。

4.7.5　焊缝坡口根部间隙大于标准规定值（1.5mm）时，可按超标间隙值增加焊脚尺寸，但间隙大于 5mm 时，应先堆焊和打磨方法修整支管端头或在接口处主管表面堆焊焊道，以减小焊缝间隙。

4.7.6　管桁架管-管焊缝 Y、K 形，各节点各焊缝一般由 1 名焊工选用 3～4 点定位焊后，再采用对称焊接法完成焊缝，焊接工艺参见本工艺标准中《手工电弧焊焊接工艺标准》和《二氧化碳气体保护焊焊接工艺标准》的内容。见表 24-1。

T、Y、K 形管节点手工焊工艺参数　　　　表 24-1

焊条直径（mm）	焊接电流（A）			
	平焊	横焊	立焊	仰焊
φ3.2	120～140	100～130	85～120	90～120
φ4	160～180	150～170	140～170	140～170
φ5	190～240	170～220	—	—

4.8　管桁架安装

4.8.1　管桁架安装前应根据桁架的结构形式、刚度、外形特点、支撑形式、支座构造与分布等情况，在满足质量、安全、进度、效益的要求下，结合实际施工技术条件，设备装备状况选择合理的安装方法。常采用的方法有：高空散装法、分条分块安装法、高空滑移法、整体吊装法、整体提升法、整体顶升法。

4.8.2　管桁架安装要在高空搭设拼装胎架时，胎架支撑点的位置要设在节点处，胎架应对承载力和稳定性进行验算，必要时进行试压。

4.8.3　当天完成的安装段应形成稳定体系，胎架支撑点卸载时，根据结构自重扰度采取分阶段按比例下降或同步下降卸载法。

4.9　涂装、标识

4.9.1　涂装可采用人工除锈、酸洗除锈、喷砂除锈，处理后的管材表面不应有焊渣、焊瘤、灰点、油污、水和毛刺等。当设计无要求时，应符合《钢结构工程施工质量验收规范》GB 50205 的有关规定。

4.9.2　涂料的涂装遍数和涂装厚度应符合设计要求，安装焊缝处应留 50mm 暂不涂装。

4.9.3　涂装时的环境温度和相对湿度应符合涂装产品说明书的要求。当产品说明书无要求时，环境温度宜为 5～38℃，相对湿度不应大于 85%，涂装时构件表面不应有结霜。

4.9.4　构件涂装完后，应在构件的显著位置标出构件的编号。

4.10　检查验收

对原材料检查验收合格的基础上，对各工序的加工尺寸及质量进行验收，最后按规范进行整体验收。

5 质量标准

5.1 主控项目

5.1.1 型材、球节点、板节点、铸钢节点的品种、规格、性能应符合现行国家标准和设计要求。进口型材、管材产品的质量应符合设计和合同规定标准的要求。

5.1.2 型材、管材应按照现行国家标准《钢结构工程施工质量验收规定》GB 50205 的规定进行抽样复验，其复验结果应符合现行国家标准和设计要求。

5.1.3 钢管（闭口截面）构件应有预防管内进水、存水的构造措施，严禁钢管内存水。

5.1.4 钢管桁架结构相贯节点焊缝的坡口角度、间隙、钝边尺寸及焊脚尺寸应符合设计要求，当设计无要求时，应符合现行国家标准《钢结构焊接规范》GB 50661 的要求。

5.1.5 相贯节点方矩管端部表面不得有裂纹缺陷。

5.1.6 钢管对接焊缝的质量等级应符合设计要求。当设计无要求时，应符合《钢结构焊接规范》GB 50661 的规定。

5.1.7 钢材、钢部件拼接或对接时所采用的焊缝质量等级应符合设计要求。当设计无要求时，应采用质量等级不低于二级的熔透焊缝，对直接承受拉力的焊缝，应采用一级熔透焊缝。

5.1.8 钢吊车梁和吊车桁架组装、焊接完成后在自重荷载下不允许有下挠。

5.1.9 钢构件外形尺寸允许偏差符合表 24-2 的规定。

钢结构构件外形尺寸允许偏差 表 24-2

桁架受力支托（支承面）表面至第一安装孔距离	±1.0
石腹梁两端最外侧安装孔距离	±3.0
构件连接处的截面几何尺寸	±3.0
梁连接处的腹板中心线偏移	2.0
受压构件（杆件）弯曲矢高	$l/1000$ 且≤10

5.1.10 钢桁架的几何尺寸偏差和变形应符合设计要求和现行国家标准《钢结构工程施工质量验收规范》GB 50205 的相关规定。运输、堆放和吊装等造成的钢构件变形计涂层脱落，应进行矫正和修补。

5.1.11 钢桁架垂直度和侧向弯曲矢高允许偏差符合表 24-3 的规定。

钢桁架垂直度和侧向弯曲矢高允许偏差 表 24-3

跨中的垂直度	$h/250$ 且≤15	
侧向弯曲矢高 f	$l≤30m$	$l/1000$ 且≤10
	$30<l≤60m$	$l/1000$ 且≤30
	$l>60m$	$l/1000$ 且≤50

5.2 一般项目

5.2.1 型材、球节点、板节点、铸钢节点、管材尺寸、厚度允许偏差应符合其产品标准的要求。

5.2.2 型材、管材的表面外观质量应符合现行国家标准《钢结构工程施工质量验收规范》GB 50205 的有关规定。

钢材的表面外观质量除应符合现行国家标准的规定外，应符合下列规定：

1 当钢材的表面有锈蚀、麻点或划痕等缺陷时，其深度不得大于该钢材厚度允许负偏差值的 $1/2$，且不应大于 0.5mm；

2 钢材表面的锈蚀等级应符合现行国家标准《涂覆涂料前钢材表面处理 表面清洁度的目视评定 第1部分：未涂覆过的钢材表面和全面清除原有涂层后的钢材表面的锈蚀等级和处理等级》GB/T 8923.1 规定的 C 级及 C 级以上等级；

3 钢材端部或端口处不应有分层、夹渣等缺陷。

5.2.3 钢管杆件加工允许偏差符合表 24-4 的规定。

钢管杆件加工允许偏差 表 24-4

长度	±1.0
端面对管轴的垂直度	0.005r
管口曲线	1.0

5.2.4 管材冷矫正的最小曲率和最大弯曲矢高应符合现行国家标准《钢结构工程施工质量验收规范》GB 50205 中的相关规定。

5.2.5 管材的冷弯曲成型最小曲率半径应符合现行国家标准《钢结构工程施工质量验收规范》GB 50205 中的相关规定。

5.2.6 钢管弯曲成型和矫正后允许偏差符合表 24-5 的规定。

钢管弯曲成型和矫正后允许偏差 表 24-5

直径	$d/200$ 且≤3
钢管、箱形杆件测弯	$l<4000$，$\Delta≤2$
	$4000≤l<16000$，$\Delta≤3$
	$l≥16000$，$\Delta≤5$
椭圆度	$f≤d/200$，且≤3
曲率（弧长>1500mm）	$\Delta≤2$

5.2.7 卷制钢管时，卷之后应采用样板检查其弧度，样板与管内壁的间隙应符合表 24-6 规定。

样板与管内壁间隙允许偏差　　　　　　　　　　　　　表 **24-6**

钢管直径 d（mm）	样板弦长（mm）	样板与壁允许间隙（mm）
d≤1000	d/2 且≥500	1.0
1000＜d≤2000	d/4 且≤1500	1.5
卷制后对口错边 t/10 且不应大于 3mm，t 为壁厚		
卷制时，不得采用锤击方法矫正管材		
除采用卷制方式加工成型钢管外，钢管接长时每个节间宜为一个接头，最短接长长度应符合规范规定：		
钢管直径 d≤800mm	不小于 600mm	
钢管直径 d＞800mm	不小于 1000mm	
钢管接长时，相邻管节或管段的纵向焊缝应错开，错开的最小距离（沿弧长方向）应不小于 5 倍的钢管壁厚。主管拼接焊缝与相贯的支管焊缝间的距离应不小于 80mm		
钢管对接焊缝或沿截面围焊焊缝构造应符合设计要求。当设计无要求时，对于壁厚小于等于 6mm 钢管，宜用 I 形坡口全周长加垫板单面全焊透焊缝；对于壁厚大于 6mm 钢管，宜用 V 形坡口全周长加垫板单面全焊透焊缝。		

5.2.8 钢管结构中相互搭接支管的焊接顺序和隐蔽焊缝的焊接方法应符合设计要求。

5.2.9 桁架结构组装时，杆件轴线交点偏移不宜大于 4mm。

5.2.10 钢桁架外形尺寸允许偏差符合表 24-7 的规定。

钢桁架外形尺寸允许偏差　　　　　　　　　　　　　表 **24-7**

桁架最外端两个孔或两端支承面最外侧距离 l	l≤24m	+3.0
		−7.0
	l＞24m	+5.0
		−10.0
桁架跨中高度		±10.0
桁架跨中拱度	设计要求起拱	l/5000
	设计无要求起拱	+10.0
		−5.0
相邻节间弦杆弯曲		l/1000
支承面到第一个安装孔距离 a		±1.0
檩条连接支座间距		±3.0

5.2.11 钢管构件外形尺寸允许偏差符合表 24-8 的规定。

钢管构件外形尺寸允许偏差　　　　　　　　　　表 24-8

项目	允许偏差（mm）
直径 d	$d/250$ 且$\leqslant 5$
构件长度 l	± 3.0
管口圆度	$d/250$ 且$\leqslant 5$
管端面管轴线垂直度	$d/500$ 且$\leqslant 3$
弯曲矢高	$l/1500$ 且$\leqslant 5$
对口错边	$t/10$ 且$\leqslant 3$

5.2.12　钢构件预拼装允许偏差符合表 24-9 的规定。

钢构件预拼装允许偏差　　　　　　　　　　表 24-9

项目			允许偏差（mm）
梁、桁架	跨度最外两端安装孔或两端支承面最外侧距离		$+5.0$ -10.0
	接口截面错位		2.0
	拱度	设计有要求起拱	$l/5000$
		设计无要求起拱	$l/2000$；0
	节点处杆件轴线错位		4.0
管构件	预拼装单元总长		± 5.0
	预拼装单元弯曲矢高		$l/1500$ 且$\leqslant 10$
	对口错边		$t/10$ 且$\leqslant 3$
	坡口间隙		$+2.0$；-1.0

5.2.13　钢桁架垂直度和侧向矢高允许偏差符合表 24-10 的规定。

钢桁架垂直度和侧向矢高允许偏差　　　　　　　　表 24-10

项目		允许偏差（mm）
跨中垂直度		$h/250$ 且$\leqslant 15$
侧向弯曲矢高 f	$l\leqslant 30\text{m}$	$l/1000$ 且$\leqslant 10$
	$30<l\leqslant 60\text{m}$	$l/1000$ 且$\leqslant 30$
	$l>60\text{m}$	$l/1000$ 且$\leqslant 50$

5.2.14　抗风柱、桁架垂直度的允许偏差为 $h/250$ 且不大于 15.0。

6　成品保护

6.0.1　钢构件严禁平放高叠，成品应立放，并用支撑固定，构件不得发生弯曲变形。

6.0.2 钢构件侧向刚度较小时，吊装前两侧面应用圆木临时加固，并选择合适的吊点。

6.0.3 构件在转运过程中，钢丝绳绑扎处宜用柔性材料保护，如发生涂层破坏应及时补涂。

6.0.4 钢构件在吊运过程中严禁碰撞。

7　注意事项

7.1　应注意的质量问题

7.1.1 钢结构所用的杆件、零部件在下料时应及时编号，并分开堆放，以防混用。

7.1.2 放样和号料时要预留焊接收缩量和加工余量，经验收合格后办理预检手续。

7.1.3 制作时编制严格的焊接工艺，防止焊接变形，减小焊接残余应力。

7.1.4 零部件在搬运或存放过程中，要有防止发现变形的措施。

7.2　应注意的安全问题

7.2.1 各种机械在使用前应经过试运转，合格后方可操作。机械的电气部分应有接地接零保护装置，绝缘部位绝缘性能良好。

7.2.2 现场材料应按品种分类堆放；作业场地周围不应堆放易燃易爆材料，与氧气瓶、乙炔瓶等的距离不得小于 10m。

7.2.3 零部件堆放时，应保持零部件稳定或支撑牢固，防止倾倒伤人。

7.2.4 桁架制作时所用的支撑架、胎膜、安装平台须经过承载力和稳定性的验算，以确保安全。

7.3　应注意的绿色施工问题

7.3.1 居民区施工时要避免夜间施工，以免扰民。

7.3.2 施工所用的机械在停班或班后按规定停机，关闭电源。

7.3.3 施工现场的螺栓、电焊条等包装箱、包装纸、包装袋及时分类回收，避免环境污染。

7.3.4 作业区内构件排放整体有序，作业面保持清洁、干净。

7.3.5 施工过程中烟气排放应符合现行国家标准《大气污染物综合排放标准》GB 16297 的规定。

7.3.6 施工现场必须做到道路畅通、排水畅通无积水，现场整洁干净，现场材料、机具堆放整齐有序。

8 质量记录

8.0.1 所用钢材的质量合格证明文件、中文标志及性能检测报告。

8.0.2 制作工艺文件。

8.0.3 焊接工艺评定报告。

8.0.4 焊工合格证书及编号。

8.0.4 焊接预热施工记录。

8.0.5 焊条烘焙记录。

8.0.6 钢结构制作（安装）焊接工程检验批质量验收记录。

8.0.7 钢结构制作（安装）焊接分项工程质量验收记录。

8.0.8 钢管桁架结构工程检验批质量验收记录。

8.0.9 施工记录（交接检验记录、各工序施工记录）。

8.0.10 构件焊缝外观、尺寸检查记录。

8.0.11 焊缝探伤检测记录。

8.0.12 其他技术文件。

第 25 章　钢索和膜结构施工工艺标准

本工艺适用于张拉式索膜结构的制作和安装工作施工。

1　引用标准

《钢结构设计标准》GB 50017—2017

《钢结构工程施工规范》GB 50755—2012

《钢结构工程施工质量验收规范》GB 50205—2001

《膜结构技术规程》CECS 158：2015

《重要用途钢丝绳》GB/T 8918—2006

《一般工程用铸造碳钢件》GB/T 11352—2009

《预应力筋用锚具、夹具和连接器》GB/T 14370—2015

《预应力筋用锚具、夹具和连接器应用技术规程》JGJ 85—2010

《桥梁缆索用高密度聚乙烯护套料》CJ/T 297—2016

《镀锌钢绞线》YB/T 5004—2012

2　术语

2.0.1　膜片：经裁剪后形成的单片平面膜材。

2.0.1　膜单元：将数块膜片经热合后形成的能适应一定支撑结构边界的膜材单元。

2.0.3　热合：通过专业设备，在高温下将膜片熔合连接的过程。

3　施工准备

3.1　作业条件

3.1.1　应有相应的施工组织设计、施工方案等技术文件并经审查批准。

3.1.2　膜单元的支撑结构已制作安装完毕，验收合格。支撑结构可为钢结构、混凝土结构等多种承重结构体系。

3.1.3　作业人员经过专业培训，特种作业人员应持证上岗。

3.1.4　施工制作和安装所用的检测工具、仪器经计量检查标定。

3.1.5　膜单元安装时，现场风力不宜超过 4 级。

3.1.6　施工前应对膜片尺寸，膜材与支承骨架、钢索、边缘构件的连接节点等进行深化设计。

3.2　材料及机具

3.2.1　膜材料结构

1　拉索和锚具：采用热挤聚乙烯高强钢丝拉索，钢丝绳式钢拉索，其化学成分和力学性能应符合设计要求和现行国家标准拉索的锚接可采用浇铸式（冷铸锚、热铸锚）、压接式或机械式锚具。锚具表面应做镀锌、镀铬等防腐处理。

2　膜材：一般为复合材料，一般由中间的纤维纺织布基层和外层涂料组成，称为涂层织物。膜结构以膜材、钢索及支柱结构构成，利用钢索与支柱在膜材中导入张力以达稳定的形式。

3　夹具：应采用不锈钢、铝合金或镀锌钢材制作，材料的化学成分和质量应符合设计要求和现行国家标准，型材尺寸允许偏差应达到相应产品标准要求。

4　紧固件：膜结构连接用紧固件及螺母、垫圈等标准配件，其材质、品准、规格、性能等应符合现行国家标准和设计要求。

3.2.2　施工机具：裁剪设备、热熔焊设备、吊装设备、张拉设备、锚具锚固设备。

4　操作工艺

4.1　工艺流程：

膜单元制作 → 支撑钢结构安装 → 钢索及锚具安装 → 膜单元吊装、安装 →

预应力张拉 → 检查验收

4.2　膜单元制作

4.2.1　索膜结构体形通常都较为复杂，各种角度变化较多，且加工精度要求非常高。在膜结构制作前，需要对工程所用膜材及配件按设计和规范要求进行材质和力学性能检验，如膜材的双向拉伸试验。膜材加工制作要严格按设计图纸在专业车间由专业人员制作。

4.2.2　由于索膜结构通常均为空间曲面，裁剪就是用平面膜材表示空间曲面。这种用平面膜材拟合空间曲面的方法必然存在误差，所以裁剪人员在膜材裁剪加工过程中加入一些补救措施是相当必要的。对已裁剪的膜片要分别进行尺寸复测和编号，并详细记录实测偏差值。裁剪作业过程中应尽量避免膜体折叠和弯曲，以免膜体产生弯曲和折叠损伤而使膜面褶皱，影响建筑美观。

4.2.3　膜材连接缝的布置，应根据建筑体型、支承结构位置、膜材主要受力方向以及美观效果等因素综合确定。膜材之间的主要受力缝宜采用热合连接，其他连接缝也可采用粘结或缝合连接，在正式热合加工前，要进行焊接试验，确保焊接处强度不低于母材强度。

热合连接的对接缝宽度，应根据膜材类别、厚度和边接强度的要求确定。对 P 类膜材不宜小于 40mm，对 G 类膜材不宜小于 75mm。对小跨度建筑、临时性建筑以及建筑小品，膜材的搭接缝宽度不宜小于 25mm，对 G 类膜材不宜小于 50mm。

4.2.4　膜材加工制作工艺流程为：膜裁剪出图→审图→膜加工技术交底→检验→放样→裁剪→膜材预拼装→膜材热熔合→边缘加工→成型尺寸复核→清洗→包装→出厂。

4.2.5　经检验合格的成品膜体，在包装前，应根据膜体特性、施工方案等确定完善的包装方案。如聚四氟乙烯为涂层的是玻璃纤维为基层的膜材料可以以卷的方式包装，其中卷芯直径不得小于 100mm，对于无法卷成筒的膜体可以在膜体内衬填软质填充物，然后折叠包装。包装完成后，在膜体外包装上标记包装内容、使用部位及膜体折叠与展开方向。在膜材运输过程中要尽量避免重压、弯折和损坏。同时在运输时也要充分考虑安装次序，尽量将膜体一次运送到位，避免膜体在场内的二次运输，减少膜体受损的机会。

4.3　支撑钢结构安装

张拉索膜结构的支承可分为刚性边界和柔性边界。支承结构安装误差的大小，不仅直接影响建筑的外观，还影响结构内预应力的分布，严重者将影响结构的安全性。在安装支承钢结构前，应按规范和设计要求对钢结构基础的顶面标高、轴线尺寸做严格的复测，并做好复测记录。支承结构安装工艺流程为：钢结构预埋交底→钢结构预埋→钢结构制作→基础预埋复核→构件防腐涂装→构件防火涂装→构件吊装。

4.4　拉索及锚具安装

4.4.1　成品拉索出厂前应经超张拉检测，超张拉荷载为索标称破断荷载的 45%～60%。

4.4.2　钢丝绳拉索下料前必须进行预张拉，预张拉值为索体标称破断荷载的 0.55 倍，荷载持续时间不小于 1h，强拉次数不少于 2 次。

4.4.3　检查锚具无损伤，防腐处理符合产品标准和设计要求。

4.4.4　拉索安装施工应编制专项施工方案。放索前需清理现场，以防索体被划伤。拉索牵引过程中，必须用专用吊装夹具及牵引工具，避免拉索被损伤及破坏保护层，有较大转角时应设置转向架。

4.4.5　户外安装时，风力不宜大于 4 级，避免拉索发生大振动现象。

4.4.6　安装后调整索力，对于索系支撑式膜结构的重要部位，采用索力和

209

位移的双控。其他膜结构类型的拉索以施力点的位移值作为控制标准。

4.4.7　索力、位移调整后，对索端锚具的锚固进行检查，均应满足设计和安全要求。

4.5　膜单元吊装、安装

4.5.1　将所有需要停放膜材料的场地清洁干净，铺设洁净的地面保护膜，在地面保护膜上按安装方向展开成品膜片，根据安装方案的要求，将需要在地面安装的附件安装就绪并验收合格。

4.5.2　按照安装方案搭设安全稳固的高空作业工作平台。

4.5.3　吊装膜单元时，根据施工安装方案采取捆扎吊装或展开吊装的方法，吊装时需紧密配合，协调工作，统一指挥。吊装前必须确定膜片的准确位置，保证一次吊装成功。

4.5.4　高空作业人员携带随身工具，随时协助膜片吊装及展开就位。展开膜片时应在膜片上安装临时夹板，严格检查膜片受力处有无裂口，发现裂口须及时修复。

4.5.5　膜单元吊装时风力不宜大于四级。

4.5.6　将膜索连接处进行适当调整，达到连接均匀到位。

4.6　预应力张拉

4.6.1　严格检查千斤顶、测力传感器、仪表和张拉设备构是否完好。

4.6.2　对膜片与钢索和钢结构的连接节点进行全面检查，确认膜片边缘及折角处的所有附件连接完好，不会有膜片直接受力的情况。发现膜片有直接受力部位，须立即采取补救措施。

4.6.3　认真核对施工图，仔细检测施力点的位移量和预应力状态下的受力值。

4.6.4　按施工安装方案用张拉设备和测力仪器，在施力点对整体结构体系施加预张力。施力过程按安装方案确定的步数和每步的位移量进行，如有必要可视现场具体情况做有效的调整。同时在膜片上适当位置观察膜的紧绷均匀程度和整体结构体系的受力情况；观察施力设备的施力值。

4.6.5　最后一步施加预张力与上一步的间隔时间应大于 24h，以消除膜材料的徐变。施力的控制标准，以施力点位移达到设计范围为准。

4.6.6　膜结构所有部分安装完毕后应清洗干净。

4.7　检查验收

4.7.1　膜结构制作、安装分项工程应按具体情况分为一个或者若干个检验批。与膜结构制作安装相关的钢结构分项工程的验收应按《钢结构工程施工质量验收规范》GB 50205 执行。

4.7.2　膜结构的支撑结构和各项连接构造应符合设计要求。

4.7.3　膜面排水、防水应全部进行检查。膜面应无明显污渍、串色现象，无破损划伤无明显褶皱。

4.7.4　工程完工后宜检查膜面的张力值是否符合设计的要求。

5　质量标准

5.1　主控项目

5.1.1　拉索、拉杆、锚具、膜结构及其他连接件的品种、规格、性能应符合国家产品标准和设计要求。

5.1.2　拉索、拉杆、锚具、膜材按现行国家标准《钢结构工程施工质量验收规范》GB 50205 的规范规定进行抽查复验，其复验结果应符合国家产品标准和设计要求。

5.1.3　索杆的拉索、拉杆、索头长度、销轴直径、锚头开口深度等尺寸和偏差应符合其产品标准的规定和设计要求。

5.1.4　采用铸钢件制作的锚具，应采用超声波探伤进行内部缺陷的检查，其内部缺陷分级及探伤方法应符合现行国家标准《铸钢件超声波检测》GB/T 7233.12 的规定，检查结果应符合设计要求。

5.1.5　成品拉索应进行超张拉检验，超张拉载荷应为拉索标称破断力的55％和设计拉力值两者的最大值，且超张拉持续时间不应小于 1h。检验后，拉索应完好无损。

5.1.6　膜材料、膜片放样尺寸、膜片裁剪尺寸应符合设计要求，膜片放样尺寸允许偏差不应超过±1mm，膜片裁剪尺寸允许偏差不应超过±2mm。

5.1.7　施工单位对其首次采用的膜片热合连接形式、热合设备、热合层数、热合膜材等，应进行热合工艺评定，根据评定报告制定热合工艺和实施方案。

5.1.8　索杆预应力施加方案，包括预应力施加顺序、分阶段张拉次数、各阶段张拉力和位移值应符合设计要求；对承重索杆应进行内力和位移双控制，各阶段张拉力值或位移变形值允许偏差为±10％。

5.1.9　内力和位移测量调整后，索杆端锚具连接固定及保护措施应符合设计要求；索杆锚固长度、锚固螺纹旋合丝扣、螺母外侧露出丝扣等应满足设计要求，当设计无要求时，应符合表 25-1 的规定。

索杆螺母连接外露丝扣允许偏差　　　　　　　　　　　　表 25-1

	项目	连接构造要求
索杆端锚固连接构造要求	锚固螺纹旋合丝扣	旋合长度≥1.5d（d 为索杆直径）
	螺母外侧露出丝扣	宜露出 2～3 扣

5.1.10 连接固定膜单元的耳板、T形件、天沟等的螺孔、销孔空间位置允许偏差不应超过10mm，相邻两个孔间距允许偏差不应超过5mm。

5.1.11 膜结构安装应按照经审核的膜单元总装图和分装图进行安装。膜单元安装前，应在地面按设计要求施加预应力，且将膜边拉伸至设计长度。

5.1.12 膜结构预张力施加应以施力点位移和外形尺寸达到设计要求为控制标准，位移和外形尺寸允许偏差不应超过±10%。

5.2　一般项目

5.2.1 拉索、拉杆、锚具及其连接件尺寸允许偏差符合其产品标准和设计要求；表面应光滑，不应有裂纹和目视可见的折叠、分层、结疤和锈蚀等缺陷。锚具与有保护层的拉索、拉杆防水密封处不应有损伤。

5.2.2 膜结构用的膜材表面应光滑平整，无明显色差。局部不应出现大于$100mm^2$涂层缺陷（涂层不均、麻点、油丝等涂层缺陷）和无法消除的污迹。

5.2.3 锚具表面不应有裂纹、未熔合、气孔、缩孔、夹砂及明显凹坑等外部缺陷。锚具表面的防腐处理和保护措施应符合现行产品标准的规定和设计要求。

5.2.4 拉索、拉杆应按其预拉力设计值控制进行带应力状态下料，拉索、拉杆直径、长度应符合设计要求，尺寸偏差符合表25-2规定。

拉索、拉杆尺寸允许偏差　　　　　　　　　　　　　　表 25-2

拉索尺寸允许偏差（mm）	拉索、拉杆直径 d		$+0.015d$
			$-0.010d$
	带外包层索体直径		$+2$
			-1
	索杆长度 l	$l \leqslant 50m$	±15
		$50 < l < 100m$	±20
		$l \geqslant 100m$	$\pm0.0002l$

5.2.5 热合成型后的膜单元，其外形尺寸应符合设计要求，外形尺寸允许偏差符合表25-3要求。

膜单元外形尺寸允许偏差（mm）　　　　　　　　　　　表 25-3

膜单元外形尺寸允许偏差（mm）	PTFE膜材	不超过±10
	PVC膜材	不超过±15
	ETFE膜材	不超过±5

5.2.6 膜单元、热合缝周边应平整，干净、无破损；膜片搭接方向、热合缝宽度应符合设计要求，热合缝宽度允许偏差不应超过±2mm。

5.2.7 预应力施加完毕，拉索、拉杆（含保护层）、锚具、销轴及其他连接件应无损伤。

5.2.8 膜结构安装完毕后，其外形和建筑观感应符合设计要求；膜面应平整美观，无存水、漏水、渗水现象。

6 成品保护

6.0.1 膜面放置的场地应清理干净，并铺洁净的地面保护膜，防止污损。

6.0.2 膜材在运输过程中尽量避免膜体折叠、重压，防止损坏。

6.0.3 张拉过程中钢架上不能出现尖锐物体，以免划伤膜材。

6.0.4 膜面清洗时，应使用膜材供应商许可的专用清洁剂。

6.0.5 钢架与膜面之间应按规定设置隔离塑胶条。

7 注意事项

7.1 应注意的质量问题

7.1.1 膜结构制作应在专业化工厂进行，工厂应具备洁净、干燥、避免阳光直射的环境条件和膜结构制作的专用设备和车间，室内工作温度保持在 5～30℃ 范围内，应避免热辐射对膜材的影响。

7.1.2 锚具等主要受力构件应进行超声波探伤及磁粉探伤。

7.1.3 膜片裁剪必须由专业人员设计并由专业人员严格按照图纸进行裁剪。

7.1.4 膜片热熔焊接时应按规范要求进行焊接工艺评定试验，根据试验结果制定焊接工艺和焊接作业指导书。

7.1.5 张拉时严格按照设计要求的张拉力分次张拉。

7.1.6 当膜面在 15m 或更大距离内无支承时，宜增设加强索对膜材局部加强。

7.1.7 有特殊要求的膜片连接可考虑现场加工制作，并制定相应的工艺要求以确保质量。

7.2 应注意的安全问题

7.2.1 高空作业前应搭设稳固的高空作业工作平台。

7.2.2 起重吊装作业应严格遵守相应安全操作规程。

7.2.3 作业前，使用的机械设备和电器工具应按规定检查验收合格后方可使用。

7.2.4 遇膜片较大当日不能完成连接，收工前必须采取安全牢固的临时连接措施。

7.2.5 膜片吊装时风力不宜大于四级。

7.3　应注意的绿色施工问题

7.3.1　作业区应控制噪声，合理安排作业时间，减少对周边环境的影响。

7.3.2　施工所用的机械在停班或班后按规定停机，关闭电源。

7.3.3　施工现场的包装箱、包装纸、包装袋及时分类回收，避免环境污染。

7.3.4　作业区内构件排放整体有序，作业面保持清洁、干净。

7.3.5　施工现场必须做到道路畅通、排水畅通无积水，现场整洁干净，现场材料、机具堆放整齐有序。

8　质量记录

8.0.1　钢材、钢索、锚具、膜材等出厂合格证和检验报告以及质量证明文件。

8.0.2　锚具、膜材、拉索抽样检验报告。

8.0.3　热熔焊接工艺评定报告。

8.0.4　膜结构张拉施工记录。

8.0.5　预应力张拉施工记录。

8.0.6　膜材拉伸试验记录。

8.0.7　锚具无损探伤报告。

8.0.8　膜结构制作检验批质量验收记录。

8.0.9　膜结构安装检验批质量验收记录。

8.0.10　钢索膜结构分项工程质量验收记录。

8.0.11　其他技术文件。

第 26 章 压型金属板制作安装

本工艺适用建筑用压型金属板的施工。可作为屋面板、墙板与现浇混凝土结合成为结构楼承板压型板施工。

1 引用标准

《钢结构设计标准》GB 50017—2017
《钢结构工程施工规范》GB 50755—2012
《钢结构工程施工质量验收规范》GB 50205—2001
《建筑用压型钢板》GB/T 12755—2008

2 术语

2.0.1 咬合板：成型板纵向边为可相互搭接的压型边，板与板自然搭接后，经专用机具沿长度方向卷边咬合并通过固定支架（座）与结构连接的压型金属板。

2.0.2 扣合板：成型板纵向边可相互搭合的压型边，板与板自然搭接后通过紧固件与结构连接的压型钢板。

3 施工准备

3.1 作业条件

3.1.1 编制施工组织设计（施工方案），按规定进行审批或论证，并做好作业前的安全技术交底。

3.1.2 金属压型板用于结构楼承板时，楼层梁应安装完成，验收合格并办理了隐蔽手续。用于金属面板、墙面板时，屋面檩条、墙面檩条均已安装完成，验收合格。

3.1.3 相关作业人员必须经过专业培训考试合格，特种作业人员持证上岗。

3.1.4 施工所用的安全走道搭设完毕，施工用电的连接符合安全用电的要求。

3.1.5 压型金属板已进场且验收合格。

3.2　材料及机具

3.2.1　材料：压型金属板材、电焊条、螺钉、自攻钉。

3.2.2　机具：等离子切割机、手提切割机、电钻、角向磨光机、皮手锤、锁口机、压型板压力机、拆边机、剪板机、点焊设备、吊装设备。

4　操作工艺

4.1　工艺流程

排版定尺 → 压型金属板制作板 → 安装放线 → 压型钢板分层、分区配料 →
起吊 → 压型板安装 → 附件安装 → 验收

4.2　排板定尺

根据图纸要求绘制排板图，统计构件数量。按尺寸长度工厂加工或现场加工。所用板面较长，需要纵向搭接时，定尺时要考虑搭接长度，屋面板搭接长度与坡度有关，严格按规范要求，墙面板纵向搭接长度不少于 120mm。

4.3　压型金属板制作

压型金属板一般由工厂生产线加工制作，运送至现场安装。当板的长度较长不便运输时，可进行现场制作。压型金属板的压制采用压型机压制，压制采用的金属板原材的材质、厚度、表面处理等均应符合设计要求和现行产品标准。压制时先进行试压，试压后检查压型板的形状、尺寸和允许偏差符合规范要求后再批量压制，检验合格后按要求包装运输到现场。当板长大于 12m，且使用面积较大时，可在现场压制，现场加工时应注意：

1　场地选在屋面板的起吊点；

2　加工原料尽可能放置在压制设备附近；

3　压制设备安装场地平整、安装稳固并搭设防雨设施。

4.4　安装放线

4.4.1　安装放线前对安装面上的已有建筑成品进行测量，对达不到安装要求的部件提出修改，对施工偏差作出记录，针对偏差提出相应的安装措施。

4.4.2　根据排板设计确定排板起始线的位置，屋面施工时先在檩条上标出起点，即在沿跨度方向在每个檩条上标出排板起始点，各个点的连线与建筑物的纵轴线相垂直，而后在板的宽度方向每隔几块板标注一次，以限制板的宽度方向安装偏差积累，墙板安装也应用类似方法放线。

4.4.3　屋面板及墙面板安装后，应对配件的安装作二次放线，以保证檐口线、屋脊线、窗口门口及转角的水平直线度和垂直度。

4.5　搭设支顶架

楼承板用压型金属板安装时，压型钢板的相邻梁间距大于压型钢板允许承载的最大跨度的两梁之间，应根据施工组织设计的要求搭设支顶架。

4.6　压型金属板分层、分区配料

压型金属板安装前，应按区、层对压型钢板进行配料并摆放整齐。现场直接压制时，应按配料表顺序压制。

4.7　起吊

4.7.1　压型板吊装可以采用多种方法，如汽车吊吊升、卷扬机吊升和人工吊升等。应根据压型板的尺寸、材质、安装高度、工程规模等进行选择。

4.7.2　压型钢板宜采用吊架吊运到安装区，吊绳不能直接勒在压型板上以防变形。吊装时应稳起稳放，吊至安装区域结构构件上摆放时应注意便于施工。铺设临时马道，便于型板的滑移和就位。

4.8　安装压型板

4.8.1　将提升到屋面的板材按排板起始线放置，并使板材的宽度覆盖标志线对准起始线。

4.8.2　用紧固件紧固两端后，再安装第二块板，其安装顺序为先自左（右）至右（左），后自下而上。

4.8.3　安装到下一放线标志点处，复查板材安装的偏差，当满足设计要求后进行板材的全面紧固。不能满足要求时，应在下一标志段内调正，当在本标志段内可调正时，可调整本标志段后再全面紧固。依次全面展开安装。

4.8.4　安装夹芯板时，应挤密板间缝隙，当就位准备，仍有缝隙时，应用保温材料填充。

4.8.5　安装现场复合的板材时，上下两层钢板均按前叙方法。保温棉铺设应保持其连续性。

4.8.6　安装完后的屋面应及时检查有无遗漏紧固点，对保温屋面，应将屋脊的空隙处用保温材料填满。

4.8.7　在紧固自攻螺丝时应掌握紧固的程度，不可过度，过度会使密封垫圈上翻，甚至将板面压得下凹而积水。紧固不够会使密封不到位而出现漏雨。

4.8.8　压型金属板应在支承构件上可靠搭接，搭接长度应符合设计要求和现行规范规定。板的纵向搭接，应按设计铺设密封条和设密封胶，并在搭接处用自攻螺丝或带密封垫的拉铆钉连接，紧固件应拉在密封条处。

4.8.9　楼承板用压型金属钢板按图纸放线安装、调直、压实并点焊牢靠。要求如下：

1　波纹对直，以便钢筋在波内通过；

2　与梁搭接在凹槽处以便施焊；

3　每凹槽处必须焊接牢靠。每凹槽焊点不得少于一处，焊接点直径不得小于 1cm。

4.8.10　压型板分为咬合板和扣合板。咬合板铺设完毕，调直固定应及时，用锁口机进行锁口，防止由于堆放施工材料和人员交通造成压型钢板咬口分离。

4.9　附件安装

4.9.1　屋脊板、泛水板、包角板、檐口板等附件的连接节点应按设计要求和相关规范执行，安装前应先放线，再安装固定。固定应牢固可靠，密封材料敷设完好，连接件的数量，间距应符合设计要求和现行有关规范标准。

4.9.2　楼承板用封边板、堵头板安装时，放出封边板安装线，安装时用手工电弧焊焊接固定，焊缝长度不小于 25mm，间距不大于 300mm。封口板安装时，封口板与压型金属板在每个波峰、波谷处用手工电弧焊各点焊两处，且确保焊接牢固。

4.10　验收

除对压型金属板施工材料进场及制作加工进行逐项验收外，安装完成后对压型板及附件安装的连接情况、搭接或咬合质量、支架安装质量、压型板安装的密封性、保温性、防水性和外观质量要求检查验收，均应符合现行国家标准《钢结构工程施工质量验收规范》GB 50205 的合格规定。

5　质量标准

5.1　主控项目

5.1.1　金属压板型、泛水板、包角板和零配件及制造所用材料、防水密封材料的品种、规格、性能应符合现行国家标准和设计要求。

5.1.2　压型板成型后，其基板不应有裂纹，涂层、镀层不应有肉眼可见的裂纹、剥落和擦痕等缺陷。

5.1.3　压型金属板，泛水板和包角板等应固定、可靠、牢固，防腐涂料涂层和密封材料敷设完好，连接件数量、规格、间距应符合设计要求和国家现行有关标准规定。

5.1.4　扣合型和咬口型压型金属板板肋的扣合和咬扣应牢固，板肋处无开裂、脱落现象。

5.1.5　压型金属板应在支承构件上可靠搭接。搭接长度应符合设计要求，且不应小于表 26-1 规定的数值。

压型金属板在支承构件上搭接长度　　　　表 26-1

项目		搭接长度
截面高度＞70		375
截面高度≤70	屋面坡度≤1/10	250
	屋面坡度＞1/10	200
	墙面	120

5.1.6　组合楼板中压型钢板与支承结构的锚固支承长度应符合设计要求，且在钢梁上支承长度不应小于 50mm，在混凝土梁上支承长度不应小于 75mm，端部锚固件连接应可靠，设置位置应符合设计要求。

5.1.7　组合楼板中压型金属板侧向在钢梁上的搭接长度不应小于 25mm，在设有预埋件的混凝土梁或砌体墙上的搭接长度不应小于 50mm；压型钢板铺设末端距钢梁上翼缘或预埋件边不大于 200mm，可用收边板收头。

5.1.8　压型金属板屋面、墙面的造型和立面分格应符合设计要求。

5.1.9　固定支架数量、间距应符合设计要求，紧固件固定应牢固、可靠，与支承结构应密贴。固定支架安装允许偏差符合表 26-2 的规定。

压型金属板固定支架安装允许偏差　　　　表 26-2

项目	允许偏差（mm）
沿板长方向，相邻固定支架横向偏差	±2.0
沿板宽方向，相邻固定支架纵向偏差	±5.0
沿板宽方向相邻固定支架横向间距偏差	+3.0；−2.0
相邻固定支架高度偏差	±4.0
固定支架纵向倾角	±1.0°
固定支架横向倾角	±1.0°

5.1.10　变形缝、屋脊、檐口、山墙、穿透构件、天窗周边、门窗洞口、转角等部位的连接构造应符合设计要求和国家现行有关标准规定。

5.1.11　压型金属板板搭接部位、各连接点部位应密封完整、连续、防水符合设计要求。

5.2　一般项目

5.2.1　压型金属板的规格尺寸及允许偏差、表面质量，涂层质量等应符合设计要求和现行国家标准《钢结构工程施工质量验收规范》GB 50205 的规定。

5.2.2　压型金属板用固定支架、紧固件，表面应无变形、损伤、锈蚀。

5.2.3　压型金属板用橡胶垫、密封胶及其他特殊材料，外观质量应符合产品标准要求，包装完好。

5.2.4 压型金属板制作允许偏差应符合表26-3的规定。

压型金属板制作允许偏差 表 26-3

项目			允许偏差（mm）	
压型钢板制作	波高	截面高度≤70	±1.5	
		截面高度>70	±2.0	
	覆盖宽度		搭接型	扣合型咬合型
		截面高度≤70	+10.0；−2.0	+3.0；−2.0
		截面高度>70	+6.0；−2.0	+3.0；−2.0
	板长		+9.0；0	
	波距		±2.0	
	横向剪切偏差（沿截面全宽 b）		b/100 或 6.0	
	侧向弯曲	在测量长度范围内	20.0	
压型铝合金板制作	波高		±3.0	
	覆盖宽度		搭接型	扣合型咬合型
			+10.0；−2.0	+3.0；−2.0
	板长		+25.0；0	
	波距		±3.0	
	板边缘波浪高度	每米长度内	≤5.0	
	板纵向弯曲	每米长度内（距250mm 内除外）	≤5.0	
	板侧向弯曲	每米长度内	≤4.0	
		任意 10m 长度内	≤20	
泛水、包角、屋脊盖板制作	板长		±6.0	
	折弯面宽度		±2.0	
	折弯面夹角		≤2°	

5.2.5 压型金属板成型后，板面应平直，切面整齐，无明显翘曲；表面应清洁，无油污、无明显划痕、磕伤等。

5.2.6 压型金属板安装应平整，顺直、板面不应有施工残留物和污物，檐口和墙面下端应呈直线，不应有未经处理的孔洞。

5.2.7 采用的自攻螺钉、铆钉、射钉等与被连接板应紧固密贴，外观排列整齐。

5.2.8 安装允许偏差应符合表26-4的规定。

安装允许偏差   表 26-4

屋面	檐口与屋脊的平行度	12.0
	压型金属板波纹线对屋脊的垂直度	$L/800$，且≤25.0
	檐口相邻两块压型金属板端部错位	6.0
	压型金属板卷边板件最大波浪高	4.0
墙面	竖排墙板波纹线的垂直度	$H/800$ 且≤25.0
	横排墙板波纹线的平行度	12.0
	墙板包角板垂直度	$H/800$ 且≤25.0
	相邻两块压型板的下端错位	6.0
组合楼板中压型板	板在梁上相邻列的错位	15.0

5.2.9 变形缝、屋脊、檐口、山墙、穿透构件、天窗周边、门窗洞口、转角等连接部位表面清洁干净，不应有施工残留物和污物。

5.2.10 装配式金属屋面系统保温隔热、防水等材料及构造应符合设计要求和现行国家有关标准的规定。

6　成品保护

6.0.1 压型钢板压制后应在库内存放，防止日晒雨淋。

6.0.2 现场压制时应有临时支架多点支撑保护，随时安装随时制造，减少堆放积压。

6.0.3 压型钢板在装、卸、安装中严禁用钢丝绳捆绑直接起吊，运输及堆放应有足够支点，以防变形。

7　注意事项

7.1　应注意的质量问题

7.1.1 铺设前对板侧向弯曲变形矫正好，防止铺设板出现侧弯。

7.1.2 钢梁顶面油漆未干，严禁在压型板上脚踏。

7.1.3 压型板的下料、切孔，采用等离子弧切割机操作，严禁用氧气乙炔切割。大孔洞四周应补强。

7.1.4 是否需搭设临时的支顶架由施工组织设计确定。如搭设，应待混凝土达到一定强度后方可。

7.1.5 压型板安装后及时锁口，防止由于堆放材料或人员走动，造成压型钢板咬口分离。

7.1.6 安装完毕，应在钢筋安装前及时扫清施工垃圾，剪切下来的边角料应收集到地面上集中堆放。

7.1.7　加强成品保护，严禁在压型钢板上堆放重物。

7.2　应注意的安全问题

7.2.1　屋面底层压型金属板铺设后，严禁操作人员在铺设好的板上走动。板支撑跨度大的按照金属板安装方案要求搭设支撑。

7.2.2　高空作业人员在操作区域有可靠的安全保护措施。

7.2.3　当天铺设的板必须当天固定。

7.3　应注意的绿色施工问题

7.3.1　居民区施工时要避免夜间施工，以免扰民。

7.3.2　当天转运至楼面的压型金属板应当天安装和连接完毕，当有剩余时应固定在钢架上或转移至地面放置。

7.3.3　施工所用的机械在停班或班后按规定停机，关闭电源。

7.3.4　设备维护使用的油料和防腐涂料等不得随意倾倒，应分类收集，统一处理。

8　质量记录

8.0.1　压型板及连接材料的合格质量证明文件。

8.0.2　钢结构（压型金属板）工程检验批质量验收记录。

8.0.3　钢结构（压型金属板）分项工程质量验收记录。

8.0.4　安装检查记录。

8.0.5　施工记录。

8.0.6　其他技术文件。

第27章 钢结构防腐涂料涂装

本工艺标准适用于建筑钢结构工程中钢构件的油漆类防腐、金属热喷涂防腐、热浸镀锌防腐涂装施工。

1 引用标准

《钢结构工程施工规范》GB 50755—2012
《钢结构工程施工质量验收规范》GB 50205—2001
《钢结构工程施工规范》GB 50755—2012
《建筑钢结构防腐蚀技术规程》JGJ/T 251—2011
《热喷涂 金属和其他无机覆盖层 锌、铝及合金》GB/T 9793—2012
《热喷涂 金属零部件表面的预处理》GB/T 11373—2017
《涂覆涂料前钢材表面处理 表面清洁度的目视评定 第1部分：未涂覆过的钢材表面和全面清除原有涂层后的钢材表面的锈蚀等级和处理等级》GB/T 8923.1—2011
《富锌底漆》HG/T 3668—2009

2 术语

2.0.1 涂装：将涂料涂覆于基体表面，形成具有防护、装饰或特定功能涂层的过程。

2.0.2 二次涂装：一般是指由于作业分工在两地或分二次进行施工的涂装。前道漆涂完后，超过一个月以上再涂下一道漆时，也应按二次涂装的工艺进行处理。

3 施工准备

3.1 作业条件

3.1.1 首次采用的涂装材料和工艺应进行涂装工艺评定，根据评定结果编制涂装工艺和作业指导书，并指导施工。作业前已做好安全技术交底。

3.1.2 钢结构制作的组装焊接矫正预拼装已完成，并验收合格。

3.1.3 油漆工持有上岗证。

3.1.4　防腐涂装作业场地有防火和通风措施。

3.1.5　露天防腐作业选择适当天气，大风、雨雪、严寒时不应作业。

3.2　材料及机具

3.2.1　材料：钢结构防腐涂料、稀释剂和固化剂等材料的品种、规格、性能等应符合国家现行有关产品标准的规定及设计要求的规定，有出厂合格证明文件和检验报告。

3.2.2　机具：喷砂机、抛丸机、喷漆气泵、喷漆枪、手把砂轮机、砂布、钢丝刷、铲刀、配料桶、酸洗槽、油漆刷子等。

4　操作工艺

4.1　工艺流程

| 编制涂装工艺 | → | 表面清理 | → | 防腐涂料涂装 | → | 检查验收 |

4.2　编制涂装工艺

根据涂装工艺评定和设计文件要求，结合涂料产品说明书要求，编制防腐涂料涂装工艺，严格控制防腐涂料的配制和涂装间隔时间。

4.3　表面清理

4.3.1　钢结构防腐涂装前应进行表面处理。表面处理包括除锈处理前钢材表面附着物清除和材料切割边角钝角处理，除锈处理，除锈后的表面处理。

4.3.2　钢结构在除锈处理前，应清除焊渣、毛刺、飞溅物及表面可见的油脂和其他可见污物，对切割边角按设计要求磨圆，设计无要求时边角磨圆不宜小于 2mm。

4.3.3　钢构件表面除锈方法根据要求不同，可采用手工、电动工具、喷射、抛丸除锈等方法。处理后的钢材表面不应有焊渣、焊疤、灰尘、油污、水和毛刺等。涂装工艺的基层表面除锈等级应符合设计文件规定的要求，用铲刀检查和用现行国家标准《涂覆涂料前钢材表面处理　表面清洁度的目视评定　第 1 部分：未涂覆过的钢材表面和全面清除原有涂层后的钢材表面的锈蚀等级和处理等级》GB/T 8923.1 规定的图片对照检查。

4.3.4　除锈后应采用吸尘器或干燥洁净的压缩空气清除浮尘和碎屑，使表面干净清洁，达到涂装前表面清理要求。

4.4　防腐涂料涂装

4.4.1　防腐涂料涂装可采用涂刷法、滚涂法、空气喷涂法和高压无气喷涂法。金属热喷涂可采用气喷涂和电喷涂法。

4.4.2　涂装时的环境温度和相对湿度除应符合涂料产品证明书的要求外，

尚应符合下列规定：1）施工环境温度宜为 5～38℃，相对湿度不大于 85%，钢材表面温度应高于露点温度 3℃，且钢材表面温度不应超过 40℃。2）被涂装表面不得有凝露。3）在大风（风力超过五级）、雨、雾、雪、有较大灰尘时不宜进行室外涂装。4）当作业环境通风较差时，应采取强制通风。

4.4.3　涂刷时对于干燥较快的涂料，应从被涂物一边按一定的顺序快速连续的刷平和修饰，不宜反复涂刷；动作应从上而下、从左至右、先里后外、先斜后直、先难后易的原则，使漆膜均匀、致密、光滑和平整；涂刷垂直平面时，最后一道应由上向下进行。

4.4.4　滚涂时，把滚子按 W 形轻轻滚动，将涂料大致的涂布于被涂物上，然后滚子上下密集滚动，将涂料均匀地分布开，最后使滚子按一定的方向滚平表面并修饰。滚动时，初始用力要轻，以防流淌，随后逐渐用力，使涂层均匀。

4.4.5　浸涂法就是将被涂物放入油漆槽中浸渍，经一定时间后取出吊起，让多余的涂料尽量滴尽，再晾干或烘干的涂漆方法。适用于形状复杂的骨架状被涂物，适用于烘烤型涂料。建筑中应用较少，在此不赘述。

4.4.6　喷涂时，喷枪的运行速度应控制在 30～60cm/min 范围内，并应运行稳定。喷枪应垂直于被涂物表面。如喷枪角度倾斜，漆膜易产生条状条纹和斑痕；喷幅搭接的宽度，一般为有效喷雾幅度的 1/4～1/3，并保持一致。暂停时，应将喷枪端部浸泡在溶剂里，以防堵塞，用完后，应立即用溶剂清洗干净，可用木钎疏通堵塞，但不应用金属丝类疏通，以防损坏喷嘴。

4.4.7　设计或钢结构施工工艺要求禁止涂装的部位，为防止误涂，在涂装前必须进行遮蔽保护。如地脚螺栓和底板、高强度螺栓结合面、与混凝土紧贴或埋入的部位等。

4.4.8　涂料开桶前，应充分摇匀。开桶后，原漆应不存在结皮、结块、凝胶等现象，有沉淀应能搅起，有漆皮应除掉。

4.4.9　涂装施工过程中，应控制油漆的黏度、稠度、稀度，兑制时应充分地搅拌，使油漆色泽、黏度均匀一致。调整黏度必须使用专用稀释剂，如需代用，必须经过试验。

4.4.10　钢结构安装后，进行防腐涂料二次涂装。涂装前，首先利用砂布、电动钢丝刷、空气压缩机等工具将钢构件表面处理干净，然后对涂层损坏部位和未涂部位进行补涂，最后按照设计要求规定进行二次涂装施工。

4.4.11　涂层有缺陷时，应分析并确定缺陷原因，及时补修。补修的方法和要求与正式涂层部分相同。

4.5　检查验收

除对防腐材料进行进场验收和防腐作业前钢材表面除锈质量进行验收外，对涂装遍数、间隙、涂装厚度和规定情况下对涂层附着力进行检验验收，验收结果均应符合现行国家标准《钢结构工程施工质量验收规范》GB 50205 的合格规定。

5　质量标准

5.1　主控项目

5.1.1　涂料、稀释剂和固化剂等材料的品种、规格、性能等应符合现行国家产品标准和设计要求。

5.1.2　钢材表面除锈应符合设计要求和国家现行有关标准的规定。处理后的钢材表面不应有焊渣、焊疤、灰尘、油污、水和毛刺等。当设计无要求时，钢材表面除锈等级应符合表 27-1 的规定。

表 27-1

钢材表面除锈等级

涂料品种	除锈等级
油性酚醛、醇酸等底漆或防锈漆	St2
高氯化聚乙烯、氯化橡胶、氯磺化聚乙烯、环氧树脂、聚氯酯等底漆或防锈漆	Sa2
无机富锌、有机硅、过氯乙烯等底漆	Sa2$\frac{1}{2}$

5.1.3　钢结构工地连接焊缝或临时焊缝、补焊部位及高强度螺栓连接部位，涂装前按设计要求除锈清理；设计无要求时，宜采用人工除锈、清理，除锈等级不低于 St3。

5.1.4　当设计要求或施工单位首次采用的涂料和涂装工艺时，应按照现行国家规范《钢结构工程施工质量验收规范》GB 50205 的规定进行涂装工艺评定，评定结果应符合设计要求和现行国家标准的规定。

5.1.5　涂料、涂装遍数、涂装间隔、涂层厚度均应符合设计要求、涂料产品说明书要求。当设计对涂层厚度无要求时，涂层干漆膜总厚度：室外应为 $150\mu m$ 室内应为 $125\mu m$。每遍涂层干膜厚度的允许偏差为 $-25\mu m$。

5.1.6　金属热喷涂涂层结合强度应符合现行国家标准《热喷涂金属和其他无机覆盖层锌、铝及其合金》GB/T 9793 的有关规定。

5.1.7　当钢结构处在有腐蚀介质环境或外露且设计有要求时，应进行涂层附着力测试，在检测范围内，当涂层完整程度达到 70% 以上时，涂层附着力可认定达到质量合格标准的要求。

5.1.8　钢构件涂层损伤后，应编制专项涂装修补工艺。修补前应清除已失效和损伤涂层材料，根据专项涂装修补工艺进行涂层缺陷修补，修补后涂层质量应符合设计和规范要求。

5.2 一般项目

5.2.1 涂料的型号、名称、颜色及有效期应与质量证明文件相符。开启后，不应存在结皮、结块、凝胶现象。

5.2.2 构件表面不应误涂、漏涂，涂层不应脱皮和返锈等。涂层应均匀、无明显皱皮、流坠、针眼和气泡等。

5.2.3 金属热喷涂涂层的外观应均匀一致，涂层不得有气孔、裸露母材的斑点、附着不牢的金属熔融颗粒、裂纹和影响使用寿命的其他缺陷。

5.2.4 钢构件涂层损伤修补后的外观应符合设计和规范要求。

5.2.5 涂装完成后，构件的标志、标记和编号应清晰完整。

6 成品保护

6.0.1 涂装所用涂料开启后应一次性用完，否则应密封保存，与空气隔绝。

6.0.2 钢构件涂装后，应加以临时维护隔离，防止踩踏、损伤涂层。

6.0.3 钢构件涂装后，在 4h 之内如遇大风或下雨时，应加以覆盖，防止沾染灰尘或水气，避免影响涂层的附着力。

6.0.4 防腐涂装施工必须重视防火、防爆、防毒工作。

6.0.5 构件涂装完毕后，应当禁止碰撞和堆放其他构件。

7 注意事项

7.1 应注意的质量问题

7.1.1 防腐涂料的涂层厚度应符合设计要求，涂料应配套使用。

7.1.2 涂装时的环境温度和相对湿度应符合涂料产品说明书的要求，当说明书无要求时，环境温度宜为 5~38℃，相对湿度不大于 85%；涂装时构件表面不应有结露，涂装后 4h 内不受雨淋。

7.1.3 钢结构防腐蚀涂料涂装结束，涂层应自然养护后方可使用，其中化学反应类涂料形成的涂层，养护时间不应小于 7d。

7.2 应注意的安全问题

7.2.1 油漆类防腐蚀涂料和稀释剂在运输、存贮、施工及养护过程中不得与酸、碱等介质接触，严禁明火，并应采取防尘、防暴晒措施。

7.2.2 油漆类防腐涂装场地要有良好的通风设施设备，防止挥发出的易燃易爆的蒸气达到一定浓度而发生燃烧或爆炸。

7.2.3 工人进行酸洗、喷砂、刷漆时，应戴工作服、口罩、防护镜等防护用品。

7.2.4 所用电气设备应绝缘良好，临时电线应选用胶皮线，工作结束后应切断电源。

7.2.5 高空作业时，应系好安全带、穿防滑鞋，防止坠落。

7.3 应注意的绿色施工问题

7.3.1 涂料使用时，应尽量一次性用完，否则应密闭保存，与空气隔绝。

7.3.2 涂料与溶剂均应专项回收处理，严禁乱倒乱撒，污染环境。

7.3.3 涂装产品的有机挥发含量（VOC）应符合国家现行相关的要求。

7.3.4 涂装车间应设有排风装置，排出被污染的空气前应先过滤。

7.3.5 现场涂装施工应采取防污染措施。

8 质量记录

8.0.1 防腐涂料产品合格证、质量证明书和检验报告。

8.0.2 隐蔽工程验收记录。

8.0.3 钢结构防腐涂料涂装工程检验批质量验收记录。

8.0.4 钢结构防腐涂料涂装分项工程质量验收记录。

8.0.5 涂层厚度检查记录。

8.0.6 施工记录。

8.0.7 其他技术文件。

第28章 钢结构防火涂料涂装

本工艺标准适用于建筑钢结构工程的厚涂型和薄涂型防火涂料涂装施工。

1 引用标准

《建筑设计防火规范》GB 50016—2014

《钢结构工程施工规范》GB 50755—2012

《钢结构工程施工质量验收规范》GB 50205—2001

《建筑钢结构防火技术规范》GB 51249—2017

《涂覆涂料前钢材表面处理 表面清洁度的目视评定 第1部分：未涂覆过的钢材表面和全面清除原有涂层后的钢材表面的锈蚀等级和处理等级》GB/T 8923.1—2011

《钢结构防火涂料应用技术规范》CECS 24：90

《钢结构防火涂料》GB 14907—2002

2 术语

2.0.1 超薄型钢结构防火涂料：涂层厚度不大于3mm的防火涂料。

2.0.2 薄型钢结构防火涂料：涂层厚度大于3mm且不大于7mm的防火涂料。

2.0.3 厚型钢结构防火涂料：涂层厚度大于7mm且不大于45mm的防火涂料。

3 施工准备

3.1 作业条件

3.1.1 首次采用的涂装材料和工艺应进行涂装工艺评定，根据评定结果编制涂装工艺和作业指导书，并指导施工。作业前已做好安全技术交底。

3.1.2 钢结构安装工程检验批质量验收合格。

3.1.3 钢结构除锈防腐涂装检验批质量验收合格。

3.1.4 钢结构安装工程检验批质量验收合格。

3.1.5 钢结构防火涂装应由具备相应资质的单位施工。

3.1.6 涂装前，构件表面的灰尘、油污等杂质应清除干净。

3.1.7 防火涂料进场并验收合格。

3.2 材料及机具

3.2.1 材料：防火涂料品种、技术性能应符合设计要求和国家现行有关产品标准的规定，并应经法定的检测机构检测，具有产品出厂合格证和检验报告。防火涂料的型号、名称、颜色、有效期与其质量证明文件相符。

3.2.2 机具：便携式搅拌机、压送式喷涂机、重力式喷枪、空气压缩机、砂布、手把砂轮机、钢丝刷、铲刀、配料桶、酸洗槽、油漆刷子等。

4 操作工艺

4.1 工艺流程

编制涂装工艺 → 基面处理 → 防火涂装 → 检查验收

4.2 编制涂装工艺

根据涂装工艺评定和设计文件要求，结合涂料产品说明书要求，编制防火涂料涂装工艺，严格控制防火涂料的配制和涂装间隔时间。

4.3 基面处理

清理基层表面的油污、灰尘和泥泞等污垢。涂装时构件表面不应有结露，涂装后 4h 内应保护免受雨淋。施工前应对基层处理进行检查验收。

4.4 防火涂装

4.4.1 一般采用喷涂方法涂装，面层装饰涂料可以采用刷涂、喷涂或滚涂等方法，局部修补或小面积构件涂装。不具备喷涂条件时，可采用抹灰刀等工具进行手工抹涂方法。

4.4.2 单组分湿涂料，现场应采用便携式搅拌器搅拌均匀，干粉涂料现场加水或其他稀释剂调配，应按照产品说明书的规定配合比混合搅拌；双组分涂料，按照产品说明书的配合比混合搅拌。防火涂料使用应边配边用，搅拌和调配涂料，使之均匀一致，且稠度适宜。既能在输送管道中流动畅通，而喷涂后又不会产生流淌和下坠现象。

4.4.3 厚型钢结构防火涂料涂装时施工操作要求：

1 应分若干层完成，第一层喷涂以基本盖住钢材表面即可，以后每层喷涂厚度为 5～10mm，一般为 7mm 左右为宜。

2 在每层涂层基本干燥或固化后，方可继续喷涂下一层涂料，通常每天喷涂一层。

3 喷涂保护方式、喷涂层数和涂层厚度应根据防火设计要求确定。

4 喷涂时，喷枪要垂直于被喷涂钢构件表面，喷距为 6～10mm，喷涂气压保持在 0.4～0.6MPa。喷枪运行速度要保持稳定，不能在同一位置久留，避免造成涂料堆积流淌。喷涂过程中，配料及往喷涂机内加料均要连续进行，不得停顿。

5 施工过程中，操作者应随时采用测厚针检测涂层厚度，直到符合设计规定的厚度，方可停止喷涂。喷涂后，对于明显凹凸不平处，采用抹灰刀等工具进行剔除和补涂处理，以确保涂层表面均匀。

4.4.4 厚涂型钢结构防火涂料，属于下列情形之一时，宜在涂层内设置与构件相连的钢丝网或其他相应的措施：

1 承受冲击、震动荷载的钢梁；

2 涂层厚度大于或等于 40mm 的钢梁和桁架；

3 涂层粘接强度小于或等于 0.05MPa；

4 钢板墙和腹板高度超过 1.5m 的钢梁。

4.4.5 薄型钢结构防火涂料涂装施工操作要求：

1 底涂层一般应喷涂 2～3 遍，待前一遍涂层基本干燥后再喷涂后一遍。第一遍喷涂以盖住钢材基面 70% 即可，二、三遍喷涂每层厚度不超过 2.5mm。喷涂时，操作工手握喷枪要稳，运行速度保持稳定。施工过程中，操作者应随时采用测厚针检测涂层厚度，确保各部位涂层达到设计规定的厚度要求。

2 喷涂后，喷涂形成的涂层是粒状表面，当设计要求涂层表面平整光滑时，待喷涂完最后一遍应采用抹灰刀等工具进行抹平处理，以确保涂层表面均匀平整。

3 当底涂层厚度符合设计要求，并基本干燥后，方可进行面层涂料涂装。面层涂料一般涂刷 1～2 遍。如第一遍是从左至右涂刷，第二遍则应从右至左涂刷，以确保全部覆盖住底涂层。面层涂装施工应保证各部分颜色均匀一致，接茬平整。

4.5　检查验收

除对防火涂料按规定进行进场验收外，涂装前对钢材表面除锈及防锈底漆涂装进行检查验收，对防火涂料的粘结强度、抗压强度、涂层厚度、涂层表面质量等进行检查验收，检查结果均应符合现行国家标准《钢结构工程施工质量验收规范》GB 50205 的合格规定。

5　质量标准

5.1　主控项目

5.1.1 钢结构防火涂料的品种和技术性能应符合设计要求，并应经过具有检测资质的检测机构检测，其结果符合国家现行有关标准规定和设计要求，并应具备产品合格证，国家权威质量监督机构出具的检验合格报告认可证书。

5.1.2　防火涂料涂装前钢材表面除锈及防锈底漆涂装应符合设计要求和国家现行有关标准的规定。

5.1.3　钢结构防火涂料的粘结强度、抗压强度应符合国家现行标准《钢结构防火涂料》GB 14907 的规定。

5.1.4　膨胀型（超薄型、薄型）防火涂料的涂层厚度应符合有关耐火极限的设计要求。厚型防火涂料涂层的厚度，80％及以上面积应符合有关耐火极限的设计要求，且最薄处厚度不应低于设计要求的 85％。

5.1.5　超薄型防火涂料涂层表面不应出现裂纹；薄型防火涂料涂层表面裂纹宽度不应大于 0.5mm；厚型防火涂料涂层表面裂纹宽度不应大于 1mm。

5.2　一般项目

5.2.1　防火涂料的型号、名称、颜色及有效期应与质量证明文件相符。开启后，不应存在结皮、结块、凝胶等现象。

5.2.2　防火涂料涂装基层不应有油污、灰尘和泥砂等污垢。

5.2.3　防火涂料不应有误涂、漏涂，涂层应闭合无脱层、空鼓、明显凹陷、粉化松散和浮浆等外观缺陷，乳突已剔除。

6　成品保护

6.0.1　钢构件涂装后，应加以临时围护隔离，防止踩踏，避免损伤涂层。

6.0.2　钢构件涂装后，在 4h 之内如遇大风或下雨时，应加以覆盖，防止沾染灰尘或水气，避免影响涂层的附着力。

6.0.3　涂装后的钢构件应注意预防磕碰，防止涂层损坏。

6.0.4　涂装前，对临近喷涂部位的其他半成品做好遮蔽保护，防止污染。

6.0.5　做好防火涂料涂层的维护与修理工作。如遇剧烈震动、机械碰撞或暴雨袭击等，应检查涂层有无受损，并及时对涂层受损部位进行修理或采取其他处理措施。

7　注意事项

7.1　应注意的质量问题

7.1.1　底漆与防火涂料应匹配使用，不同性质的底漆与涂料禁止混淆使用。

7.1.2　必须使用与涂料配套的溶剂。

7.2　应注意的安全问题

7.2.1　工人进行酸洗、喷砂、刷漆时，应戴手套、口罩等防护用品。涂料在施工、干燥及贮存中，不得与酸碱水等介质接触。

7.2.2　所用机械应有漏电保护装置。

7.2.3　高空作业时，应系好安全带、穿防滑鞋，防止坠落。

7.3　**应注意的绿色施工问题**

7.3.1　涂料使用时，应尽量一次性用完，否则应密闭保存，与空气隔绝。

7.3.2　涂料与溶剂均应专项回收处理，严禁乱倒乱撒，污染环境。

7.3.3　涂装车间应设有排风装置，排出被污染的空气前应先过滤。

7.3.4　现场涂装施工应采取防污染措施。

8　质量记录

8.0.1　钢结构防火涂料产品合格证、质量证明书和检验报告。

8.0.2　隐蔽工程验收记录。

8.0.3　钢结构防火涂料涂装工程检验批质量验收记录。

8.0.4　钢结构防火涂料涂装分项工程质量验收记录。

8.0.5　涂层厚度检测记录。

8.0.6　施工记录。

8.0.7　其他技术文件。

第3篇　木　结　构

第29章　方木及原木桁架、梁及柱制作

本工艺标准适用于木结构工程中方木及原木桁架（包括钢木桁架）、梁及柱的制作施工。

1　引用标准

《木结构设计标准》GB 50005—2017

《木结构工程施工规范》GB/T 50772—2012

《钢结构工程施工规范》GB 50755—2012

《钢结构焊接规范》GB 50661—2011

《建筑工程施工质量验收统一标准》GB 50300—2013

《木结构工程施工质量验收规范》GB 50206—2012

《钢结构工程施工质量验收规范》GB 50205—2001

《钢筋焊接及验收规程》JGJ 18—2012

《碳素结构钢》GB/T 700—2006

《六角头螺栓 C 级》GB/T 5780—2016

《普通螺纹基本牙型》GB/T 192—2003

《一般用途圆钢钉》YB/T 5002—2017

《非合金钢及细晶粒钢焊条》GB/T 5117—2012

《热强钢焊条》GB/T 5118—2012

2　术语

2.0.1　零件：按照设计要求加工或选用的组成构件的最小单位，如杆件（拉杆、压杆）、连接板、托木、檩托、螺栓等。

2.0.2　构件：由若干零件组成的木结构基本单位，如桁架、梁、柱、檩条等。

2.0.3　放样：根据设计文件要求和相应的标准、规范规定绘制足尺结构构件大样图的过程。

234

3　施工准备

3.1　作业条件

3.1.1　设计文件会审已进行，设计单位已做技术交底，设计意图已充分了解。

3.1.2　施工方案已编制，并按规定履行完审批程序。

3.1.3　施工操作人员应经过施工技术交底和安全技术交底，充分理解操作技术要点和安全注意事项；主要专业工种应有操作上岗证。

3.1.4　作业场地和材料堆放场地应坚实平整，应具备防雨、防晒功能；场地周围应排水通畅；安全设施及消防设施应到位。

3.2　材料及机具

3.2.1　方木或原木：树种、规格、强度等级和木材含水率，应符合木结构规范和设计文件的规定。

3.2.2　钢材：品种、规格符合设计文件的规定。并应具有相应的抗拉强度、伸长率、屈服点，以及碳、硫、磷等化学成分的合格证明。承受动荷载或工作温度低于−30℃的结构，不应采用沸腾钢，且应有屈服强度钢材 D 等级冲击韧性指标的合格保证；直径大于 20mm 且用于钢木桁架下弦的圆钢，尚应有冷弯合格的保证。

3.2.3　螺栓、螺帽及螺纹：螺栓、螺帽的材质等级和规格应符合设计文件的规定，并应符合现行国家标准规定。螺纹应按现行国家标准有关规定加工，不应采用板牙等工具手工制作。

3.2.4　剪板：剪板应采用热轧钢冲压或可锻铸铁制作，其种类、规格和形状应符合现行国家标准规定。剪板连接件应配套使用，其规格应符合设计文件规定。

3.2.5　圆钉：圆钉的规格应符合设计文件的规定，并应符合现行行业标准的有关规定。承重钉连接用圆钉应做抗弯强度见证检验，并应在符合设计规定后再使用。

3.2.6　其他金属连接件：连接件与紧固件应按设计文件要求的材质和规格由专门生产企业加工，板厚不大于 3mm 的连接件，宜采用冲压成形；需要焊接时，焊缝质量不应低于三级。板厚小于 3mm 的低碳钢连接件均应有镀锌防锈层，其镀锌层重量不应小于 275g/m²。

3.2.7　机具：木工带锯、圆盘锯、木工平刨、压刨、手电钻、手持电刨、木工手锯、木工凿子、木工手斧、墨斗、钢尺、水准仪、木材含水率测试仪、劳动防护用品、消防器材等。

4　操作工艺

4.1　工艺流程

4.1.1　木桁架（钢木桁架）制作工艺流程

$$\boxed{放样} \rightarrow \boxed{制作样板} \rightarrow \boxed{配料、下料、加工零件} \rightarrow \boxed{装配} \rightarrow$$

$$\boxed{调整、校正、紧固螺栓} \rightarrow \boxed{检查验收}$$

4.1.2　木梁、柱制作工艺流程

$$\boxed{放样} \rightarrow \boxed{制作样板} \rightarrow \boxed{配料、下料} \rightarrow \boxed{画榫槽线、加工零件} \rightarrow \boxed{试装配} \rightarrow$$

$$\boxed{检查验收}$$

4.2　木桁架（钢木桁架）制作操作工艺

4.2.1　放样

制作木桁架（钢木桁架）时应按施工图绘制足尺大样，对称构件可仅绘制其一半。

1　绘制桁架轴线

先绘出一条水平线，在一端定出桁架端节点。从端节点沿水平线量取跨度的一半定出下弦中点，过此中点向上引一垂线即为中竖杆轴线。从下弦中点沿中竖杆轴线向上量取下弦起拱高度（若设计无要求时按跨度的 1/200 确定），该点即为下弦轴线与中竖杆轴线交点（起拱点）。从该点向上量取屋架高度定出脊节点。连接脊节点与端节点即得上弦轴线。连接端节点与起拱点即得下弦轴线。从端节点开始在水平线上量取各节点间长度并做垂线即得各竖杆轴线。从竖杆轴线与下弦轴线交点连接对应的上弦轴线与竖杆轴线交点即得各斜撑轴线。

2　绘制各杆件边线

绘制原木桁架杆件边线：原木桁架各杆件的轴线为各杆件截面中心线，下弦杆的根头宜放在端节点处，上弦杆的根头宜放在端节点方向，斜撑的根头宜放在上弦节点处。绘制杆件边线时，先在杆件梢头处从轴线向两边量出梢头半径，再按直径递增率定出根头半径（可按每延长米直径递增 8～10mm 考虑，或现场测算平均值），在根头处从轴线向两边量出根头半径，连接即得杆件边线。

绘制方木桁架杆件边线：方木桁架下弦杆轴线为下弦端节点净截面的中线（即在齿连接中，齿最深处到下表面之间的中心线），其余各杆件为其截面中心线。方木桁架的上弦杆、竖杆、斜撑可以从轴线向两边量取杆件宽度的一半，画出杆件边线。方木桁架的下弦杆则应先计算截面净高度，从轴线向下量取截面净高度的 1/2 为下弦下边线；向上量取 1/2 截面净高度为齿深线（双齿连接时为第二齿深线），向上量取 1/2 截面净高加齿深即为下弦杆的上边线。

3　绘制单齿连接的齿形线：当设计无规定时，齿连接的齿深对于方木不应小于 20mm，对于原木不应小于 30mm。先绘一齿深线 M，与上弦杆轴线交于 a 点；上弦杆轴线与下弦杆上边线交于 b 点，上弦杆下边线与下弦杆上边线交于 f

点。如图 29-1。过 a、b 的中点 c 做上弦杆轴线的垂线，交 M 于 d 点，交上弦杆上边线于 e 点。连接 e、d、f 即得上弦杆齿形线。在 f 点内侧 10mm 处取一点 g，连接 d、g 即得下弦杆齿槽线。

图 29-1　单齿连接画法示意

注：h_c 为齿深。

4　绘制双齿连接的齿形线：当设计无规定时，齿连接的齿深对于方木不应小于 20mm，对于原木不应小于 30mm。双齿连接中，第二齿深 h_c 应比第一齿深 h_{c1} 至少大 20mm。先绘第一齿深线 M 和第二齿深线 N，如图 29-2。上弦杆上边线、轴线、下边线分别交下弦杆上边线于 a、b、c 点。过 a 点及 b 点分别做上弦轴线的垂线，交 M 于 d 点，交 N 于 e 点。顺序连接 a、d、b、e、c 即得上弦杆齿形线。在 c 点内侧 10mm 处取一点 f，连接 e、f 即得下弦杆第二齿槽线。

图 29-2　双齿连接节点画法示意

注：h_{c1} 为第一齿深线，h_c 为第二齿深线，$h_c \geqslant h_{c1} + 20mm$。

5　绘制下弦中央节点：有硬木垫块的中央节点绘制方法如图 29-3，按施工图所示尺寸，先在下弦杆上绘出垫块嵌深线 M，以中竖杆轴线为准，向两边各量取垫块长度的1/2，与线M分别交于a、b两点。过a、b点做中竖杆轴线的平行线，分别交两斜撑下边线于c、d两点。过c、d两点分别做两斜撑轴线的垂线，分别交两斜撑上边线于e、f点。连接a、b、d、f、e、c即为垫块形状。

图29-3 硬木垫块下弦中央节点画法示意

6 绘制中间节点：各中间节点中斜杆与上弦多为单齿连接，与下弦杆多为加垫块连接或单齿连接。现以上弦中间节点为例说明中间节点绘制方法。先绘一齿深线M，斜撑轴线与M交于a，与上弦下边线交于b，斜撑上边线交上弦下边线于e，如图29-4。过a、b的中点作斜撑轴线的垂线，交上弦下边线于c，交斜撑下边线于f，交齿深线M于d。连接f、d、e即为齿形线。在e点上侧10mm处取一点g，c、d、g即为上弦齿槽线。

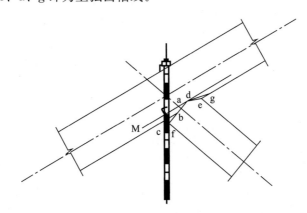

图29-4 上弦中间节点画法示意

7 绘制脊节点硬木夹板：按施工图尺寸绘出脊节点硬木夹板的形状及长度和宽度，并绘出螺栓位置。

8 大样尺寸与设计尺寸间的偏差不应超过表29-1的规定。

大样尺寸允许偏差　　　　　　　　　表 29-1

桁架跨度（m）	跨度偏差（mm）	高度偏差（mm）	节点间距偏差（mm）
≤15	±5	±2	±2
>15	±7	±3	±2

4.2.2　制作样板

样板应选用木纹平直不易变形，且含水率不大于 10％的板材或胶合板制作。样板杆件的榫、槽、齿孔等形状和位置应准确，样板与大样尺寸间的偏差不得大于±1mm。样板完成后应在大样上试装配，检查无误后在样板上弹出轴线，标明杆件名称或编号。钢拉杆不制作样板，只在大样上量取实长。样板在使用过程中应防止受潮和破损。

4.2.3　配料、下料、加工零件

1　配料

配料的原则是：大料不得小用，长料不得短用，优材不得劣用。当上下弦材料截面相同时，应把较好的材料用于下弦杆。上下弦均应把材质较好的一端放在端节点上。方木用作桁架下弦时宜破心下料。木材裂纹处应避开受剪力部位，木节及斜纹应避开榫槽部位，髓心应避开齿、槽及螺栓排列部位。木下弦接头不应超过两个，且不应改变接头设计位置。上弦受压接头应设在节点附近，且不宜设在支座节点间和脊节点间。当弯曲木材用于上下弦时，均应凸面朝上。受压构件及压弯构件的允许纵向弯曲值为：原木≤$L/200$，方木≤$L/500$（L 为构件长度）。

2　下料

桁架下弦可按样板实长断料。桁架上弦、竖杆及斜撑断料长度应比样板长 50mm 加工余量。连接夹板、木垫块等依据样板确定形状和尺寸下料，应注意留有加工余量。

3　加工零件

桁架零件的画线、加工及检验依据样板进行。按样板制作的零件，其长度与样板相比偏差不应超过±2mm。受压接头及槽齿结合的承压面应位置准确，接触严密。凹凸倾斜不应大于 1mm，齿及齿槽均应用锯锯割，锯好后再用刨或凿修整。上下弦在端节点处的非承压面宜留不大于 5mm 缝隙。上弦杆接头应垂直于轴线锯平抵紧，用夹板连接，不得采用斜搭接头。受拉钢螺栓孔应根据零件轴线准确加工，螺栓长度应适当，不得因太长另垫木块，也不应过短而在木材上挖凿深孔埋藏。木连接夹板和木垫块的材质、截面形状及尺寸应符合设计要求。钢夹板、螺栓、螺栓垫板等钢制零件加工制作应符合设计要求。不得用多块薄垫板代

替设计要求厚度的垫板。钢制桁架下弦的材质和连接构造应符合设计要求。零件加工完成后应全数检查，并做好检查验收记录，确认无误后方可交付装配。

4.2.4　装配

桁架应立拼，装配前应先按跨度在两端及中间节点部位安放垫木，找平后按起拱高度将中部垫起形成装配平台。中竖杆为钢拉杆的木桁架装配步骤如下：钉下弦端节点附木，拼接桁架下弦，并临时固定在装配平台上。安装上弦杆，拼好脊节点，上木夹板并钻孔上螺栓。安装钢制中竖杆并紧固螺栓。装斜撑。在端节点钻孔上保险螺栓。在上弦上钉檩托。检查装配质量，填写验收记录。

4.2.5　调整、校正、紧固螺栓

木结构的各杆件结合处应密合，未贴紧的局部间隙不得超过 1mm，不得有通透缝隙，不得用木楔、金属板等塞填接头的不密合处。用木夹板连接的接头钻孔时应将各部分定位并临时固定，用电钻一次钻通。当采用钢夹板不能一次钻通时应采取措施，保证各部件对应孔的位置大小一致。钻头直径应与螺杆或拉杆的直径配套。受剪螺栓的孔径不应大于螺栓直径 1mm，不受剪螺栓的孔径可较螺栓大 2mm。端支座保险螺栓孔应与上弦垂直，位于齿槽非承压面的 1/3 处。脆硬性木材用钉子连接时应先钻孔，孔径为钉径的 0.8～0.9 倍，孔深不小于钉入深度的 0.6 倍，如钉径大于 6mm，不论何种木材，均应预先钻孔。用扒钉连接杆件时应预先钻孔，孔位要错开受力面。钢木组合桁架的圆钢下弦、桁架主要受拉腹杆、受震动荷载的拉杆及直径等于或大于 20mm 的拉杆应上双螺帽，收紧螺帽后螺杆突出螺帽外的长度不少于螺杆直径的 0.8 倍。钢木组合桁架中钢与木的接触角度应正确，结合应严密，钢拉杆应平直。需接长时钢拉杆应采取双面帮条焊，不得采用搭接焊。

4.2.6　检查验收

桁架装配完成后应全数检查，并做好检查验收记录。检查应符合下列规定：方木桁架构件截面宽度和高度与设计文件的标注尺寸相比，不应小于 3mm 以上；方木檩条、椽条及屋面板等板材不应小于 2mm 以上；原木构件的平均梢径不应小于 5mm 以上，梢径端应位于受力较小的一端。方木截面的翘曲不应大于构件宽度的 1.5%，其平面上的扭曲，每 1m 长度内不应大于 2mm。受压及压弯构件的单向纵向弯曲，方木不应大于构件全长的 1/500，原木不应大于全长的 1/200。构件的长度与样板相比偏差不应超过 ±2mm。

4.3　木梁、柱制作操作工艺

4.3.1　放样

制作梁、柱时应根据工程具体情况决定是否放样。当结构简单，施工图尺寸、形状标注详细时可按施工图直接出样板；当结构复杂或施工图不够详细时可

放足尺大样；当结构完全对称时，可只放半个结构大样。

1　绘制结构形状

按施工图所示尺寸绘出结构形状尺寸和轴线。

2　绘制构件边线

柱的根头应在下方，柱轴线与结构轴线重合。从轴线向两边定出根头半径和梢头半径，连接即得柱边线。梁的上边线与结构上边线重合，从上边线向下定出根头直径和梢头直径即得梁下边线。根据设计要求在梁、柱交接处绘制出榫、槽位置和尺寸。

4.3.2　制作样板

样板应选用木纹平直不易变形，且含水率不大于 10% 的板材或胶合板制作。样板杆件的榫、槽、齿孔等形状和位置应准确，样板与大样尺寸间的偏差不得大于 ±1mm。样板完成后应在大样上试装配，检查无误后在样板上弹出轴线，标明杆件名称或编号。钢拉杆不配样板，只在大样上量取实长。样板在使用过程中应防止受潮和破损。

4.3.3　配料

当梁、柱材料截面相同时，应把较好的料用于梁。木材裂纹应避开受剪力部位，木节髓心及斜纹应避开榫槽部位。当弯曲木材用于梁时，应将凸面向上。梁、柱的允许纵向弯曲值为：原木 $\leqslant l/200$，方木 $\leqslant l/500$（l 为构件长度）。

4.3.4　下料

钉连接、扒钉连接的梁、柱及两支檩条可按构件实长断料。榫卯连接构件按大样尺寸榫头长度再加上 20～30mm 加工余量下料。

4.3.5　画榫槽线、加工零件

在构件上画出轴线和榫槽、榫头形状尺寸线。榫卯连接的梁、柱的榫头厚度不得大于方木边宽或原木直径的 1/4，宽度和高度不得大于方木边宽或原木直径的 1/2；榫槽深度宜比榫头高度大 5～10mm，榫肩宜长出 5mm，以备拼装时调整。檩条如采用连续或悬臂檩条，接头位置和接头形式应符合设计要求。梁柱零件的画线、加工及检验依据样板进行。按样板制作的零件，其长度偏差不应大于 2mm。

4.3.6　试装配

构件加工完成后宜进行装配检验，确认无误后方可交付安装。

4.3.7　检查验收

梁、柱制作完成后应进行全数检查。检查应符合下列规定：方木柱、梁等构件截面宽度和高度与设计文件的标注尺寸相比，不应小于 3mm 以上；方木檩条、椽条及屋面板等板材不应小于 2mm 以上；原木构件的平均梢径不应小于 5mm 以上，梢径端应位于受力较小的一端。方木截面的翘曲不应大于构件宽度的

1.5%，其平面上的扭曲，每 1m 长度内不应大于 2mm。受压及压弯构件的单向纵向弯曲，方木不应大于构件全长的 1/500，原木不应大于全长的 1/200。构件的长度与样板相比偏差不应超过 ±2mm。

5　质量标准

5.0.1　主控项目

1　方木、原木结构的形式、结构布置和构件尺寸，应符合设计文件的规定。

2　结构用木材应符合设计文件的规定，并应具有产品质量合格证书。

3　进场木材均应做弦向静曲强度见证检验，其强度最低值应符合表 29-2 的要求。

木材静曲强度检验标准　　　　表 29-2

木材种类	针叶材				阔叶材				
强度等级	TC11	TC13	TC15	TC17	TB11	TB13	TB15	TB17	TB20
最低强度（N/mm²）	44	51	58	72	58	68	78	88	98

4　方木、原木及板材的目测材质等级不应低于表 29-3 的规定，不得采用普通商品材的等级标准替代。方木、原木及板材的目测材质等级应按《木结构工程施工质量验收规范》GB 50206—2012 附录 B 评定。

方木、原木结构构件目测的材质等级　　　　表 29-3

项次	构件名称	材质等级
1	受拉或拉弯构件	I a
2	受弯或压弯构件	II a
3	受压构件及次要受弯构件（如吊顶小龙骨）	III a

5　各类构件制作时及构件进场时木材的平均含水率，应符合下列规定：

1）原木或方木不应大于 25%。

2）板材及规格材不应大于 20%。

3）受拉构件的连接板不应大于 18%。

4）处于通风条件不畅环境下的木构件的木材，不应大于 20%。

6　承重钢构件和连接所有钢材应有质量证明书和产品合格证书。进场钢材应见证取样，对抗拉屈服强度、极限强度和延伸率进行检验，检验结果必须符合设计文件归档的相应指标，且不应低于现行国家标准《碳素结构钢》GB 700 有关于 Q235 及以上等级钢材的规定。−30℃ 以下使用的钢材不宜低于 Q235D 或相应屈服强度钢材 D 等级的冲击韧度规定。钢木屋架下弦所用圆钢，除应作抗拉屈服强度、极限强度和延伸率性能检验外，尚应作冷弯检验，并应满足设计文件规定的圆钢材质标准。

7 焊条应符合现行国家标准《非合金钢结合细晶粒钢焊条》GB 5117 和《热强钢焊条》GB 5118 的有关规定，型号应与所用钢材匹配，并应有产品质量合格书。

8 螺栓、螺帽应有产品质量合格证书，其性能应符合现行国家标准《六角头螺栓》GB 5782 和《六角头螺栓 C 级》GB 5780 的有关规定。

9 圆钉应有产品质量合格证书，其性能应符合现行行业标准《一般用途圆钢钉》YB/T 5002 的有关规定。设计文件规定钉子的抗弯屈服强度时，应作钉子抗弯强度见证检验。

10 圆钢拉杆应符合下列要求：

1）圆钢拉杆应平直，接头应采用双面帮条焊。帮条直径不应小于拉杆直径，在接头一侧的长度不应小于拉杆直径的 5 倍。焊脚高度和焊缝长度应符合设计文件的规定。

2）螺帽下垫板应符合设计文件的规定，且不应低于《木结构工程施工质量验收规范》GB 50206—2012 第 4.3.3 条第 2 款的要求。

3）钢木屋架下弦圆钢拉杆、桁架主要受拉腹杆、蹬式节点拉杆及螺栓直径大于 20mm 时，均应采用双螺帽自锁。受拉螺杆伸出螺帽的长度，不应小于螺杆直径的 80%。

11 承重钢构件中，节点焊缝焊脚高度不得小于设计文件的规定，除设计文件另有规定外，焊缝质量不得低于三级，−30℃以下环境工作的受拉构件焊缝质量不得低于二级。

12 钉连接、螺栓链接节点的连接件（钉、螺栓）的规格、数量，应符合设计文件的规定。

13 木桁架支座节点的齿连接，端部木材不应有腐朽、开裂和斜纹等缺陷，剪切面不应位于木材髓心侧；螺栓连接的受拉接头，连接区段木材及连接板均应采用 I_a 等材，并应符合《木结构工程施工质量验收规范》GB 50206—2012 附录 B 的有关规定；其他螺栓连接接头也应避开木材腐朽、裂缝、斜纹和松节等缺陷部位。

5.0.2 一般项目

1 各种原木、方木构件制作的允许偏差不应超出《木结构工程施工质量验收规范》GB 50206—2012 表 E.0.1 的规定。

2 齿连接应符合下列要求：

1）除应符合设计文件的规定外，承压面应与压杆的轴线垂直。单齿连接压

243

杆轴线应通过承压面中心；双齿连接，第一齿顶点应位于上、下弦杆上边缘的交点处，第二齿顶点应位于上弦杆轴线与下弦杆上边缘的交点处，第二齿承压面应比第一齿承压面至少深 20mm。

2）承压面应平整，局部隙缝不应超过 1mm，非承压面应留外口约 5mm 的楔形缝隙。

3）桁架支座处齿连接的保险螺栓应垂直于上弦杆轴线，木腹杆与上、下弦杆间应有扒钉扣紧。

4）桁架端支座垫木的中心线，方木桁架应通过上、下弦杆净截面中心线的交点；原木桁架则应通过上、下弦杆毛截面中心线的交点。

3　螺栓连接（含受拉接头）的螺栓数目、排列方式、间距、边距和端距，除应符合设计文件的规定外，尚应符合下列要求：

1）螺栓孔径不应大于螺栓杆的直径 1mm，也不应小于或等于螺栓杆直径。

2）螺帽下应设钢垫板，其规格除应符合设计文件的规定外，厚度不应小于螺杆直径的 30%，方形垫板的边长不应小于螺杆直径的 3.5 倍，圆形垫板的直径不应小于螺杆直径的 4 倍，螺帽拧紧后螺栓外露长度不应小于螺杆直径的 80%。螺纹段剩留在木构件内的长度不应大于螺杆直径的 1.0 倍。

3）连接件与被连接件间的接触面应平整，拧紧螺帽后局部可允许有缝隙，但缝宽不应超过 1mm。

4　钉连接应符合下列规定：

1）圆钉的排列位置应符合设计文件的规定。

2）被连接件间的接触面应平整，钉紧后局部缝隙宽度不应超过 1mm，钉帽应与被连接件外表面齐平。

3）钉孔周围不应有木材被胀裂等现象。

5　木构件受压接头的位置应符合设计文件的规定，应采用承压面垂直于构件轴线的双盖板连接（平接头），两侧盖板厚度均不应小于对接构件宽度的 50%，高度应与对接构件的高度一致。承压面应锯平并彼此顶紧，局部缝隙不应超过 1mm。螺栓直径、数量、排列应符合设计文件的规定。

6　成品保护

6.0.1　堆放构件的场地应平整，构件下应用枕木或方木垫平，避免因受力不匀造成构件变形。

6.0.2　木构件拼装完成后应垂直并排放置，上下弦用板条钉连，并加斜撑撑牢。

6.0.3　木构件运输时宜立放，并采取撑固措施，以防止构件变形。

7　应注意的问题

7.1　应注意的质量问题

7.1.1　方木桁架、柱、梁等构件截面宽度和高度与设计文件的标注尺寸相比，不应小于 3mm；方木檩条、橡条及屋面板等不应小于 2mm；原木构件的平均梢径不应小于 5mm，梢径端应位于受力较小的一端。

7.1.2　板材构件的倒角高度不应大于板宽的 2%。

7.1.3　方木截面的翘曲不应大于构件宽度的 1.5%，其平面上的扭曲，每 1m 长度内不应大于 2mm。

7.1.4　受压及压弯构件的单向纵向弯曲，方木不应大于构件全长的 1/500，原木不应大于全长的 1/200。

7.2　应注意的安全问题

7.2.1　作业现场和材料堆放场地应健全防火制度，完善消防设施，消除火灾隐患，杜绝火灾发生。

7.2.2　应对施工机械定期检查维修保养，确保其状态良好，防护设施齐全。机械操作人员应遵守安全技术操作规程，防止机械伤害事故发生。

7.2.3　作业现场用电应符合《施工现场临时用电安全技术规范》JGJ 46—2005 要求。供电线路采用 TN—S 系统，用电设备应作到一机一箱一闸一保护，手持电动工具应接漏电保护器。

7.2.4　电锯操作工宜配备防护口罩等防护用品。

7.3　应注意的绿色施工问题

7.3.1　认真计划合理用料，降低材料消耗，以节约木材。

7.3.2　木屑、锯末及料头应集中处理，尽可能再利用，不得随意抛洒或焚烧。

7.3.3　采取有效措施降低噪声排放。

8　质量记录

8.0.1　设计文件会审记录和设计单位技术交底记录。

8.0.2　专项施工方案。

8.0.3　技术、安全交底记录。

8.0.4　材料、半成品、构件进场检查验收记录。

8.0.5　见证检验记录。

8.0.6　自检、交接检验记录。

8.0.7　产品质量合格证书和产品标识，材质合格证书。

第30章 方木及原木桁架、梁及柱安装

本工艺标准适用于木结构工程中方木及原木桁架（包括钢木桁架）、梁及柱的安装施工。

1 引用标准

《木结构设计标准》GB 50005—2017
《木结构工程施工规范》GB/T 50772—2012
《建筑工程施工质量验收统一标准》GB 50300—2013
《木结构工程施工质量验收规范》GB 50206—2012

2 术语

2.0.1 支座：梁、柱、檩及桁架等构件的支承部位。

3 施工准备

3.1 作业条件

3.1.1 专项施工方案已编审，并按规定履行完审批手续。

3.1.2 桁架、梁的支座及柱基础分项工程已验收合格，并按规定办好交接检手续。

3.1.3 检查桁架、梁及柱的制作质量，修复存放、运输等后期过程造成的缺陷，紧固所有螺栓。

3.1.4 在桁架下弦及梁底端部和柱表面弹出中心线和轴线。

3.1.5 桁架、梁及柱与墙体接触部位已做好防腐处理并检测合格。

3.1.6 木柱与柱墩接触面间的防潮层已施工完毕并检测合格。

3.1.7 施工操作人员应经过施工技术交底和安全技术交底。起重机械操作人员和司索人员等特种作业人员应持证上岗。

3.2 材料及机具

3.2.1 需要安装的桁架、梁及柱。

3.2.2 临时加固材料：木杆、铅丝等。

3.2.3 安装材料：扒钉、卡板、圆钉、螺栓等。

3.2.4 机具：起重机械、木工电锯、电钻、倒链、白棕绳、撬杠、手锯、手斧、墨斗、木工凿、水准仪、经纬仪、钢尺、线坠、劳动防护用品、消防器材、吊带等。

4 操作工艺

4.1 工艺流程

4.1.1 木桁架安装工艺流程

测支座标高、弹支座轴线 → 安放垫木或垫块 →

第一榀桁架吊装就位并用拉杆或临时支撑固定 →

顺序吊装桁架并与前一榀桁架可靠连接 → 调整、校正桁架，紧固、锚固螺栓 →

检查验收

4.1.2 梁、柱安装工艺流程：

测柱基础或梁支座标高、弹柱基础或梁支座轴线 → 安放垫木或垫块 →

柱吊装就位 → 调整、校正、锚固 → 检查验收 → 梁吊装就位、连接 →

调整、校正、锚固 → 检查验收

4.2 木桁架安装

4.2.1 测支座标高、弹支座轴线

桁架支撑在砖墙或混凝土构件上时，用水准仪测量出支座处的标高，弹出支座轴线。桁架支撑在木柱上时，支座标高在安装柱子时控制到位，支座轴线在柱子安装前弹出。

4.2.2 安放垫木或垫块

按设计要求安装经防腐处理的垫木或垫块。垫木或垫块的厚度可用来调节支座处的标高偏差。

4.2.3 第一榀桁架吊装就位并用拉杆或临时支撑固定

1 吊点的确定

木桁架应根据结构形式和跨度合理确定吊点，经试吊证明结构具有足够的刚度方可开始吊装。吊装吊点不宜少于 2 个，吊索与水平线夹角不宜小于 60°，捆绑吊点处应设垫板。

2 临时加固

构件、节点、接头及吊具自身的安全性，应根据吊点位置、吊索夹角和被吊构件的自重等进行验算，木构件的工作应力不应超过木材设计强度的 1.2 倍。安

全性不足时均应做临时加固。临时加固时不论何种形式的桁架，两吊点间均应设横杆。钢木桁架或芬克式钢木桁架跨度超过 15m、下弦杆截面宽度小于 150mm 或下弦杆接头超过 2 个的全木桁架，应在靠近下弦处设横杆，横杆应连续布置。梯形、平行弦或下弦杆低于两支座连线的折线形桁架，两点吊装时，应加设反向的临时斜杆。

3 第一榀桁架吊装就位、校正、锚固、支撑、拉结

桁架就位时，下弦端部有锚固螺栓孔的，应使螺栓孔对准预埋螺栓垂直落下。没有螺栓孔的应使桁架端部轴线对准支座处轴线垂直落下。校正桁架端部使所画轴线与支座的轴线位置重合，且纵向和横向轴线均应重合，然后初步校正构件垂直，有预埋锚固螺栓的应紧固端支座锚固螺栓。用线坠或仪器校正中竖杆至垂直位置后，有预埋锚固螺栓的应上紧端支座锚固螺栓的螺帽。随后应在桁架上弦各节点处两侧设临时斜撑，当山墙有足够的平面外刚度时，可用檩条与山墙可靠地拉结。确保桁架稳定后方可摘钩。

4.2.4 顺序吊装桁架并与前一榀桁架可靠连接

按吊装第一榀桁架的方法使第二榀桁架就位，校正紧固后，立即安装檩条，并按设计要求将两榀桁架间的水平系杆、上弦横向支撑及垂直支撑全部安装到位，依此法顺次吊装所有桁架。

4.2.5 调整、校正桁架，紧固、锚固螺栓

所有桁架安装完后，应对支座部位的连接处按轴线、标高进行检查、调整和校正，确认无误后，将锚固螺栓拧紧。

4.2.6 检查验收

桁架吊装完成后按照《木结构工程施工质量验收规范》GB 50206—2012 表 E.0.2 的规定验收。

4.3 梁、柱安装

4.3.1 测柱基础或梁支座标高、弹柱基础或梁支座轴线

检测并调整柱基础标高，弹出柱基础轴线。对安装在墙或柱顶的梁，检测并调整其支座处标高，确认无误后弹出轴线并检查预埋铁件。

4.3.2 安放垫木或垫块

按设计要求安装经防腐处理的垫木或垫块。

4.3.3 柱子吊装就位

柱子吊装可仅设一个吊点，捆绑吊点处应设垫板。

4.3.4 调整、校正、锚固

吊装柱子到基础位置，校正柱身轴线与基础轴线重合并处于铅垂位置后，第一根柱应至少在两个方向设临时斜撑固定，其后安装的柱，纵向应用连梁或柱间

支撑与首根柱相连，横向应至少在一侧面设斜撑，然后钻孔与锚固铁件连接。

4.3.5　检查验收

柱子吊装完成后按照《木结构工程施工质量验收规范》GB 50206—2012 表 E.0.2 的规定验收。

4.3.6　梁吊装就位、连接

对于安装在木柱上的梁，如果采用扒钉连接，应在梁两侧同时钉入扒钉；如果采用榫卯连接，应使梁所有榫卯与柱对位无误后，在梁的所有榫卯位置上方垫上木块，用手斧同时击打，使梁就位。对于安装在砖墙或混凝土构件上的梁，应在校正其轴线位置无误后，立即钻孔与预埋铁件锚固。

4.3.7　调整、校正、锚固

所有梁、柱依顺序就位、调整、校正、连接、锚固。

4.3.8　检查验收

梁吊装完成后按照《木结构工程施工质量验收规范》GB 50206—2012 表 E.0.2 的规定验收。

5　质量标准

5.0.1　主控项目

在抗震设防区的抗震措施应符合设计文件的规定。当抗震设防烈度为 8 度及以上时，应符合下列要求：

屋架支座处应有直径不小于 20mm 的螺栓锚固在墙或混凝土圈梁上。当支承在木桩上时，柱与房屋间应有木夹板式的斜撑，斜撑上段应伸至屋架上弦节点处，并应用螺栓连接（《木结构工程施工质量验收规范》GB 50206—2012 图 4.2.14）。柱与屋架下弦应有暗榫，并应用 U 形铁连接。桁架木腹杆与上弦杆连接处的扒钉应改用螺栓压紧承压面，与下弦连接处则应采用双面扒钉。

5.0.2　一般项目

木桁架、梁及柱的安装允许偏差不应超过表 30-1 的规定。

方木、原木结构和胶合木结构桁架、梁和柱安装允许偏差　　　表 30-1

项次	项目	允许偏差（mm）	检验方法
1	结构中心线的间距	±20	尺量检查
2	垂直度	$H/200$ 且不大于 15	吊线和尺量检查
3	受压或压弯构件纵向弯曲	$l/300$	吊（拉）线钢尺量
4	支座轴线对支承面中心位移	10	尺量检查
5	支座标高	±5	水准仪检查

注：H 为桁架、柱的高度；l 为构件长度。

6 成品保护

6.0.1 物件吊装应直接就位，不得着地拖拉，以防构件产生下挠或扭曲。

6.0.2 钢木组合桁架安装完成后，在桁架上进行后续工序施工时应对称加荷载，防止拉杆变压杆造成桁架变形。

6.0.3 构件在运输、吊装过程中，采用垫方木或包裹的方法，防止损伤构件的榫头及表面，雨、雪天应进行苫盖。

6.0.4 安装当中需用锤、斧等工具敲击构件表面时，应用木块垫在构件表面，避免出现锤印、斧痕。

6.0.5 安装完成后，应采取防雨、防潮及通风措施，避免构件受潮变形。

7 应注意的问题

7.1 应注意的质量问题

7.1.1 木梁安装位置应符合设计文件的规定，其支撑长度除应符合设计文件的规定外，尚不应小于梁宽和 120mm 中的较大者，偏差不应超过±3mm；梁的间距偏差不应超过±6mm，水平度偏差不应大于跨度的 1/200，梁顶标高偏差不应超过±5mm，不应在梁底切口调整标高。

7.1.2 未经防护处理的木梁搁置在砖墙或混凝土构件上时，其接触面间应设防潮层，且梁端不应埋入墙身或混凝土中，四周应留有宽度不小于 30mm 的间隙，并应与大气相通。

7.1.3 通过桁架就位、节点处檩条和各种支撑安装的调整，使桁架的安装偏差不应超过下列规定：

1 支座两中心线距离与桁架跨度的允许偏差为±10mm（跨度≤15m）和±15mm（跨度＞15m）。

2 垂直度允许偏差为桁架高度的 1/200。

3 间距允许偏差为±6mm。

4 支座标高允许偏差为±10mm。

7.2 应注意的安全问题

7.2.1 起重机械操作人员、指挥人员及构件绑扎人员应持证上岗。

7.2.2 起吊前检查并确认机械状态良好，检查机具、吊环、吊钩等是否符合要求，并进行试吊。

7.2.3 构件应绑扎牢固、可靠，吊钩挂牢固后方可起吊，在构件安装锚固牢固后方可摘钩。

7.2.4 高处作业人员应穿着灵便，戴好安全帽，系好安全带，禁止穿硬底和带钉易滑的鞋。安全带应高挂低用，挂设点应安全可靠。

7.2.5 木桁架应在地面拼装。如必须在上面拼装的应连续进行，中断时应设临时支撑。桁架就位后，应及时安装脊檩、拉杆或临时支撑。

7.3 应注意的绿色施工问题

7.3.1 施工现场成品、半成品堆放整齐有序，保持施工现场整洁。

7.3.2 包装箱、包装袋、施工垃圾等固体废弃物按"可再利用"和"不可再利用"分类收集、存放、处置。

7.3.3 采取有效措施降低噪声排放。

8 质量记录

8.0.1 专项施工方案。

8.0.2 安全、技术交底记录。

8.0.3 工序交接、中间交接检查记录。

8.0.4 材料半成品、构件进场检查验收记录。

8.0.5 方木与原木结构工程检验批质量验收记录。

第31章 木屋盖施工

本工艺标准适用于木结构工程中各类木屋盖的施工。

1 引用标准

《木结构设计标准》GB 50005—2017

《木结构工程施工规范》GB/T 50772—2012

《屋面工程技术规范》GB 50345—2012

《建筑工程施工质量验收统一标准》GB 50300—2013

《木结构工程施工质量验收规范》GB 50206—2012

2 术语

2.0.1 木屋盖：由屋面木骨架及上弦横向支撑组成的屋面结构。

2.0.2 檩托：固定在桁架上弦上用来支承檩条的三角形木块。

3 施工准备

3.1 作业条件

3.1.1 专项施工方案已编审，并按规定履行完审批手续。

3.1.2 屋盖下部的支撑结构已完成并经验收合格。

3.1.3 脚手架应满足安装要求，并经验收合格。

3.1.4 施工操作人员应经过施工技术交底和安全技术交底。起重机械操作人员和司索人员等特种作业人员应持证上岗。

3.2 材料及机具

3.2.1 需要安装的木构件：檩条、椽条、屋面板、挂瓦条、封山板、封檐板等。

3.2.2 安装材料：螺栓、圆钉等。

3.2.3 机具：起重机械、电锯、电葫芦、手电钻、白棕绳、防滑梯、木工手锯、木工手斧、墨斗、线绳、水准仪、水平尺、钢卷尺、劳动防护用品、消防器材等。

4　操作工艺

4.1　工艺流程

4.1.1　平瓦屋面下木屋盖施工工艺流程

1　有防水卷材层的木屋盖施工工艺流程

安装檩条→安装上弦横向支撑→铺钉木望（屋面）板→
用顺水条铺钉防水卷材→钉挂瓦条→封山、封檐板安装→检查验收

2　无防水卷材层的木屋盖施工工艺流程

安装檩条→安装上弦横向支撑→钉椽条→铺钉木望板→钉挂瓦条→
封山、封檐板安装→检查验收

4.1.2　其他形式的木屋盖施工工艺流程根据设计要求参照第 4.1.1 条确定。

4.2　有防水卷材层的木屋盖施工

4.2.1　安装檩条

檩条的布置和固定方法应符合设计文件的规定，安装时宜先安装节点处的檩条，弓曲的檩条应弓背朝向屋脊放置。应先安装檐檩与脊檩，沿坡面挂通线找平，再安装其他檩条。檩条安装应在屋脊两侧对称进行，两侧对称加荷载。檩条的头径与稍径应交错放置，稍径应用垫木垫至与头径相平，檩条上表面应平齐。设计有特殊要求时，应按设计要求做出曲面。檐口檩条接头应采用平接或榫接，接缝位置应在桁架端头附木正中。

在原木桁架上，原木檩条应设檩托，并应用直径不小于 12mm 的螺栓固定。方木檩条竖放于木桁架上时，应设找平垫块。斜放檩条时，可用斜搭接头或卡板，采用钉连接时，钉长不应小于被固定构件的厚度（高度）的 2 倍。轻型屋面中的檩条或檩条兼作屋盖支撑系统杆件时，檩条在桁架上应采用直径不小于 12mm 螺栓固定。在山墙及内横墙处檩条应由埋件固定或用直径不小于 10mm 螺栓固定。在设防烈度 8 度及以上地区，檩条应斜放，节点处檩条应固定在山墙及内横墙的卧梁埋件上，支撑长度不应小于 120mm，双脊檩应相互拉结。

4.2.2　安装上弦横向支撑

横向支撑的下料长度宜留 50mm 加工余量。横向支撑支承面应在上弦节点的侧面。横向支撑与上弦应用螺栓连接，不得采用钉子连接。

4.2.3　铺钉木望（屋面）板

木望（屋面）板的铺设方案应符合设计文件的规定，抗震烈度 8 度及以上地区，木望（屋面）板应密铺。密铺时板间可用平接、斜接或高低缝拼接。望板宽

度不宜小于150mm，长向接头应位于椽条或檩条上，相邻望板接头应错开。横望板铺钉每800mm宽必须错缝审当；横望板的顶头对接必须留缝，其缝隙不小于5mm。望板应在屋脊两侧对称铺钉，钉长不应小于望板厚度的2倍，可分段铺钉，并应逐段封闭。

4.2.4 用顺水条铺钉防水卷材

防水卷材应平行于檩条方向铺钉于木望（屋面）板上。防水卷材铺钉应从檐口开始进行。当设计无要求时，其搭接宽度应为100mm。顺水条厚度应一致。顺水条应垂直于檩条铺钉。顺水条间距宜为400～500mm。顺水条应压住防水卷材钉牢于木望（屋面）板上，在防水卷材接头处应增钉一根顺水条。屋脊处的顺水条应用钉子或螺栓牢固连接。无顺水条处不得钉钉子。

4.2.5 钉挂瓦条

挂瓦条的间距应根据屋面坡长和瓦的规格进行分档，随后弹线，应确保屋脊处能铺上一行整瓦，檐口第一皮瓦应挑出50～70mm。挂瓦条应用50mm长的钉子钉在顺水条上，不得直接钉在防水卷材上。铺钉挂瓦条时，每坡应拉线检查其上表面是否平直。挂瓦条接头位置应在顺水条上，搭接处应锯齐钉平。檐口处第一根挂瓦条应高出一皮瓦的厚度。

4.2.6 封山、封檐板安装

安装封檐板时，先在两头挑檐木上确定位置，拉线后钉封檐板，钉子长度应大于封檐板厚度的2倍。钉帽应砸扁冲入板内。封山板和封檐板应平直光洁，板间应采用燕尾榫或龙凤榫相接，见图31-1，不得平接，接缝位置应在附木端面或檩条上。封檐板的宽度大于300mm时，背面应加木带；宽度小于300mm时，背面宜刨两道槽。

图31-1 燕尾榫、龙凤榫示意图

4.2.7 检查验收

木屋盖施工完成后按照《木结构工程施工质量验收规范》GB 50206—2012表E.0.3的规定验收。

4.3 无防水卷材层的木屋盖施工

4.3.1 安装檩条

同4.2.1条。

4.3.2　安装上弦横向支撑

同 4.2.2 条。

4.3.3　钉橡条

橡条应垂直于檩条铺钉，不得歪斜。橡条的长度应为檩条间距的整倍数，且至少为檩条间距的 2 倍。橡条的接头位置应在檩条上，相邻橡条的接头位置应错开。橡条在每根檩条上均应钉牢，在屋脊处用钉子或螺栓相互连接牢固。橡条在屋脊和檐口处应拉通线锯齐。

4.3.4　钉挂瓦条

挂瓦条的截面尺寸不应小于 20mm×30mm，接头应设在橡条上，相邻挂瓦条接头宜错开。其余施工方法同 4.2.5 条。

4.3.5　封山、封檐板安装

同 4.2.6 条。

4.3.6　检查验收

同 4.2.7 条。

5　质量标准

5.0.1　主控项目

1　结构用木材应符合设计文件的规定，并应具有产品质量合格证书。

2　进场木材均应作弦向静曲强度见证检验，其强度最低值应符合表 31-1 的要求。

木材静曲强度检验标准 表 31-1

木材种类	针叶材				阔叶材				
强度等级	TC11	TC13	TC15	TC17	TB11	TB13	TB15	TB17	TB20
最低强度 （N/mm²）	44	51	58	72	58	68	78	88	98

3　各类构件制作时及构件进场时木材的平均含水率，应符合下列规定：

1）原木或方木不应大于 25%。

2）板材及规格材不应大于 20%。

3）受拉构件的连接板不应大于 18%。

4）处于通风条件不畅环境下的木构件的木材，不应大于 20%。

4　在抗震设防区的抗震措施应符合设计文件的规定。当抗震设防烈度为 8 度及以上时，应符合下列要求：

1）屋面两侧应对称斜向放檩条，檐口瓦应与挂瓦条扎牢。

2）檩条与屋架上弦应用螺栓连接，双脊檩应互相拉结。

3）柱与基础间应有预埋的角钢连接，并应用螺栓固定。

4）木屋盖房间、节点处檩条应固定在山墙及内横墙的卧梁埋件上，支承长度不应小于 120mm，并应有螺栓可靠锚固。

5.0.2 一般项目

1 屋面木构架的安装允许偏差不应超过表 31-2 的规定。

屋面木构架的安装允许偏差　　　　　　　　　　表 31-2

项次	项目		允许偏差（mm）	检验方法
1	檩条、椽条	方木、胶合木截面	－2	钢尺量
		原木梢径	－5	钢尺量，椭圆时取大小径的平均值
		间距	－10	钢尺量
		方木、胶合木上表面平直	4	沿坡拉线钢尺量
		原木上表面平直	7	
2	防水卷材搭接宽度		－10	钢尺量
3	挂瓦条间距		±5	
4	封山、封檐板平直	下边缘	5	拉 10m 线，不足 10m 拉通线，钢尺量
		表面	8	

2 屋盖结构支撑体系的完整性应符合设计文件规定。

6 成品保护

6.0.1 制作完成的木构件应存放在有顶盖的棚内，木屋盖安装完成后应立即加盖防水层，不得使木屋盖长时间裸露。

6.0.2 防水卷材铺钉好以后，施工人员上下屋面及进行后续工序施工均应使用钉有防滑条的专用桥板，不得直接踩踏防水卷材及挂瓦条，以防破坏防水层。

7 应注意的问题

7.1 应注意的质量问题

7.1.1 檩条和支撑的连接方式及锚固方式应符合设计要求。

7.1.2 檩条、屋面板及挂瓦条的上表面应平整顺直，当设计有特殊要求时，应满足设计要求。

7.1.3 木望（屋面）板规格、铺钉方式和接头位置应符合设计要求，其厚度误差不应超过 1.5mm。

7.1.4 不得将弯曲超过标准要求限值的檩条砍削取直后使用，也不应在檩条上进行砍削、钻凿孔洞等使檩条有效截面减少的活动。

7.1.5 桁架就位锚固后及时安装支撑和檩条，以保证桁架在安装过程中不发生侧向弯、扭现象。支撑与桁架之间应用螺栓连接，不得采用钉连接或抵承连接，并在桁架找正吊直无误后再按螺栓孔位安装，防止支撑长度不准确或螺栓孔位不符将桁架沿侧向拉弯或顶弯。

7.1.6 檩条安装完成后上表面应顺直，防止因个别檩条弯曲超过限值造成屋面不平影响观感，甚至造成排水不畅或漏水。

7.1.7 屋面板、椽条、顺水条及挂瓦条的截面尺寸应符合设计要求，厚度应一致。

7.1.8 钉脆硬性木材的檩条时，应先钻孔后再用钉子钉牢，防止使檩条头部劈裂。

7.1.9 椽条应与檩条钉牢，屋脊处两椽条应拉结牢固。椽条接头位置应设在檩条上，相邻椽条接头位置应错开。

7.2 应注意的安全问题

7.2.1 安装时不得在檩条上施加超过设计规定的荷载。

7.2.2 作业面距地面2m以上时，应设防护栏杆或安全网。

7.2.3 在坡度大于25°屋面上作业应设防滑梯，护身栏杆等设施。

7.2.4 高处作业人员应衣着灵便，戴好安全帽，系好安全带，禁止穿硬底、带钉和易滑的鞋。

7.2.5 高处作业人员的工具、零配件等物品应放在随身带的工具袋内，不得随意放置和抛掷。

7.2.6 钉封山板和封檐板时应站在脚手架上操作，不得站在屋面上探身操作。

7.2.7 雨期或冬期施工时应有可靠的防滑措施。

7.2.8 现场应健全防火制度，完善消防措施，消除火灾隐患，杜绝火灾发生。

7.3 应注意的绿色施工问题

7.3.1 施工现场成品、半成品堆放整齐有序，保持施工现场整洁。

7.3.2 包装箱、包装袋、施工垃圾等固体废弃物按"可再利用"和"不可再利用"分类收集、存放、处置。

8 质量记录

8.0.1 专项施工方案。

8.0.2 安全、技术交底记录。

8.0.3 材料、半成品、构件进场检查验收记录。

8.0.4 隐蔽验收记录。

8.0.5 木屋盖工程检验批质量验收记录。

第32章　胶合木结构施工

本工艺标准适用于木结构工程中胶合木结构的施工。

1　引用标准

《木结构设计标准》GB 50005—2017
《木结构工程施工规范》GB/T 50772—2012
《木结构工程施工质量验收规范》GB 50206—2012
《建筑工程施工质量验收统一标准》GB 50300—2013

2　术语

2.0.1　胶合木结构：由层板胶合木组成的结构。

3　施工准备

3.1　作业条件

3.1.1　设计文件会审已进行，设计单位已做技术交底，设计意图已充分了解。

3.1.2　施工方案已编制，并按规定履行完审批程序。

3.1.3　施工操作人员应经过施工技术交底和安全技术交底，充分理解操作技术要点和安全注意事项。主要专业工种操作人员应有操作上岗证。

3.1.4　作业场地和材料堆放场地应坚实平整，具备防雨、防晒功能。场地周围应排水通畅。安全设施及消防设施应到位。

3.2　材料及机具

3.2.1　层板胶合木或胶合木构件。

3.2.2　粘合剂：共聚树脂胶等。

3.2.3　机具：圆盘锯、木工平刨床、压刨床、铣床、手持电刨、木工手锯、木工手斧、墨斗、钢尺、木材含水率测试仪、游标卡尺、量角器、劳动防护用品、消防器材等。

4　操作工艺

4.1　工艺流程

层板坯料制作 → 指接接头制作 → 表面处理 → 涂刷 → 加压、养护、卸压 →

缺陷修补 → 检查验收

4.2　层板坯料制作

根据设计要求在木板上放线，放线时应考虑刨光、锯口预留量。剔除个别部位密度异常小的木板。层板坯料按目测定级分类堆放。

4.3　指接接头制作

坯料纵向接头应采用指接接头，可按图 32-1 操作。横向拼宽可采用平接，可按图 32-2 操作。指接剖面尺寸可按表 32-1 制作。

图 32-1　木板指形接头

图 32-2　横向拼宽

指接头剖面尺寸　　　　　　　　　　　　　　　表 32-1

指端宽度 b_t（mm）	指长 l（mm）	指边坡度 $s=(p-2b_t)/2(l-l_t)$
0.5～1.2	20～30	1/8～1/12

注：p—指行接头的排距，mm；l_t 指行接头指端缺口的长度，mm。

接头胶合时应对胶合面均匀施压，指接的压力为 $0.6 \sim 1.0 \text{N}/\text{mm}^2$。加压时，应在指接头两侧用卡具卡紧，再从板端加压。接头胶合后应再加压状态下养护24h（若用高频电热或微波加热时应经试验确定）。

4.4　表面处理

被粘接的表面应平整、光洁。一般经刨削的表面应具有良好的粘接性。木材端面、斜面或疏松多孔的材质要预先涂以防渗剂或底层胶。油脂和蜡等含量多的木材为改善其粘接性能应采取脱脂处理。使用有机溶剂或 10% 的苛性钠（NaOH）水溶液清洗或擦拭粘接面，待溶剂挥发后才能进行粘接操作；水性溶剂处理后应进行干燥。层板应在完成指接工艺后方可刨光胶合面。

4.5　涂胶

不易胶合的如落叶松、花旗松等木材或需化学药剂处理的木材，应在刨光后6h 内胶合；易于胶合，不需化学药剂处理的木材，应在刨光后 24h 内胶合。粘合各层木板年轮方向应一致，见图 32-3。

图 32-3　各层木板粘合方向应一致

两层板胶合面均应均匀涂胶，用胶量不应少于 $350 \text{g}/\text{m}^2$，若采用高频电干燥不应少于 $200 \text{g}/\text{m}^2$。指接接头胶合时应双面涂胶。涂胶量过多或不足都会影响粘接质量。涂胶方法根据条件选用，见表 32-2。

胶合木制作涂胶方法　　　　　　表 32-2

序号	涂胶方法	适 用 条 件	操 作 要 点
1	刷涂法	适于单件小批量生产	用毛刷把粘合剂涂刷在粘接面上，简单易行，是最常用的方法
2	喷涂法	面积较大的构件	用普通油漆枪进行喷涂，涂胶均匀，工效高，但胶液损失较大（大约 20%～40%）
3	自流法	用于扁平板状零件，大批量生产	采用"淋雨式"自动喷胶装置，工效高。所用胶液必须有适当的黏度合流动性，以防胶液堵塞喷嘴。喷淋在工作表面的粘合剂，多余部分能自动流回斜槽，通过泵重新循环
4	滚涂法	适用于厚薄不等的木板涂胶	利用胶辊蘸胶液后滚动：将木板与胶辊接触，使胶辊上的胶均匀地涂在木板上，涂胶量的大小可用刮板控制
5	刮涂法	用于高黏度的胶体状合膏状粘合剂	用带齿的胶皮或塑料刮板进行刮胶，刮胶时要用力均匀，满涂满刮，并使胶液刮后厚薄均匀

续表

序号	涂胶方法	适 用 条 件	操 作 要 点
6	浸渍涂胶法	特殊的工件或部位，用一般涂胶方法难以满足时使用	用油壶状聚乙烯注胶壶或用压注枪，向孔洞或缝隙中注胶

4.6　加压、养护、卸压

胶合木构件胶合完成后应进行加压养护。在养护完全结束前，构件不应受力或置于温度15℃以下的环境。当木材初始温度18℃时，养护温度不应低于20℃；当木材初始温度为16℃时，养护温度不应低于25℃。养护时空气的相对湿度应不低于30％。加压及养护时间见表32-3。加压方法见表32-4。层板胶合时应均匀加压，加压可从构件任意位置开始逐步延伸至端部，压力应按表32-5控制。

层板胶合加压及养护最短时间　　　　　　　　　表32-3

构 件 类 别	室内温度（℃）		
	16～20	21～25	26～30
	持续加压时间（h）		
不起拱的构件	8	6	4
起拱的构件	18	8	6
曲线形构件	24	18	12
所有构件	加压及卸压后养护的总时间（h）		
	32	30	24

注：当采用高频电热或微波加热时，加压及养护时间应经试验确定。

胶合木制作加压方法　　　　　　　　　　　　表32-4

序号	压紧方法	说明
1	杠杆重锤压紧	压紧力大小便于调整，使用方便，适用于批量生产
2	弹簧夹压紧	适用于厚度不大的长条状等粘接件，可用多个夹沿粘接面周边压紧
3	多块重物压紧	压力分布比较均匀，方法笨重，适用于单件小批量生产
4	气压袋	用充气橡皮袋垫在受压表面，可用压力机等任一种方法加压，适用于曲面或异形表面
5	热压釜	用蒸汽为加热、加压介质，压力分布均匀，对于曲面等的热压有特殊的优越性
6	螺旋夹压紧	此法用多个螺旋夹沿粘接件周边夹住、拧紧

不同层板厚度的胶合面压力　　　　　　　　　表32-5

层板厚度 t（mm）	$t \leqslant 35$	$35 < t \leqslant 45$ 底面有刻槽	$35 < t \leqslant 45$ 底面无刻槽
胶合面压力（N/mm²）	0.6	0.8	1.0

4.7　缺陷修补

A 级：下列缺陷应采用同质木料修补：直径超过 30mm 的孔洞；尺寸超过 40mm×20mm 的长方形孔洞；宽度超过 3mm，侧边裂缝长度 40~100mm。

B 级：表面允许有偶尔的漏创、细小缺陷、空隙及生产中的缺损，但最外层板不允许有松软节和空隙，几何尺寸允许偏差宽度±2.0mm，高度±6.0mm，规方以承载处的截面为准，最大偏离为 1/200。

C 级：允许有缺陷和空隙，构件胶合后无需表面加工。

4.8　检查验收

胶合木结构的制作按《木结构工程施工质量验收规范》GB 50206—2012 表 E.0.1 的规定检查验收。胶合木结构的安装按《木结构工程施工质量验收规范》GB 50206—2012 表 E.0.2 的规定检查验收。

5　质量标准

5.0.1　主控项目

1　胶合木结构的结构形式、结构布置和构件截面尺寸，应符合设计文件的规定。

2　结构用层板胶合木的类别、强度等级和组坯方式，应符合设计文件的规定，并应有产品质量合格证书和产品标识，同时应有满足产品标准规定的胶缝完整性检验和层板指接强度检验合格证书。

3　胶合木受弯构件应作荷载效应标准组合作用下的抗弯性能见证检验。在检验荷载作用下胶缝不应开裂，原有漏胶胶缝不应发展，跨中挠度的平均值不应大于理论计算值的 1.13 倍，最大挠度不应大于表 32-6 的规定。

荷载效应标准组合作用下受弯木构件的挠度限值　　　　表 32-6

项次	构件类别		挠度限值（m）
1	檩条	$L \leqslant 3.3m$	$L/200$
		$L > 3.3m$	$L/250$
2	主梁		$L/250$

注：L 为受弯构件的跨度。

4　弧形构件的曲率半径及其偏差应符合设计文件的规定，层板厚度不应大于 $R/125$（R 为曲率半径）。

5　层板胶合木构件平均含水率不应大于 15%，同一构件各层板间含水率差别不应大于 5%。

6　钢材、焊条、螺栓、螺帽的质量应分别符合《木结构工程施工质量验收规范》GB 50206—2012 的规定。

7　各连接节点的连接件类别、规格和数量应符合设计文件的规定。桁架端节点齿连接胶合木端部的受剪面积及螺栓连接中的螺栓位置，不应与漏胶胶缝重合。

5.0.2　一般项目

1　层板胶合木结构及外观应符合下列要求：

1）层板胶合木的各层木板木纹应平行于构件长度方向。各层木板在长度方向应为指接。受拉构件和受弯构件受拉区截面高度的 1/10 范围内同一层板上的指接间距，不应小于 1.5m，上、下层板间指接头位置应错开不小于木板厚的 10 倍。层板宽度方向可用平接头，但上、下层板间接头错开的距离不应小于 40mm。

2）层板胶合木胶缝应均匀，厚度应为 0.1~0.3mm。厚度超过 0.3mm 的胶缝的连续长度不应大于 300mm，且厚度不得超过 1mm。在构件承受平行于胶缝平面剪力的部位，漏胶长度不应大于 75mm，其他部位不应大于 150mm。在第 3 类使用环境条件下，层板宽度方向的平接头和板底开槽的槽内均应用胶填满。

3）胶合木结构的外观质量应符合下列规定：

A 级，结构构件外露，外观要求很高而需油漆，构件表面洞孔需用木材修补，木材表面应用砂纸打磨。

B 级，结构构件外露，外表要求用机具抛光油漆，表面允许有偶尔的漏刨、细小的缺陷和空隙，但不允许有松软节的孔洞。

C 级，结构构件不外露，构件表面无需加工刨工。

对于外观要求为 C 级的构件截面，可允许层板有错位，界面尺寸允许偏差和层板错位应符合表 32-7 的要求。

胶合木构件外观 C 级的允许偏差和错位（mm）　　　　　表 32-7

截面的高度或宽度	截面的高度或宽度的允许偏差	错位的最大值
（h 或 b）<100	±2	4
100≤（h 或 b）<300	±3	5
300≤（h 或 b）	±6	6

2　胶合木构件的制作偏差不应超过《木结构工程施工质量验收规范》表 E.0.1 的规定。

3　齿连接、螺栓连接、圆钢拉杆及焊缝质量，应符合《木结构工程施工质量验收规范》第 4.3.2、4.3.3、4.2.10 条的规定。

4　金属节点构造、用料规格及焊缝质量应符合设计文件的规定。除设计文件另有规定外，与其相连的各构件轴线应相交于金属节点的合力作用点，与各构件相连的连接类型应符合设计文件的规定，并应符合《木结构工程施工质量验收规范》第 4.3.3～4.3.5 条的规定。

5　胶合木结构安装偏差不应超过《木结构工程施工质量验收规范》表 E.0.2 的规定。

6　成品保护

6.0.1　制成的胶合木构件成品或半成品应置于仓库或敞棚下储存，加置板条垫平，防止变形、翘曲。

6.0.2　构件竖直放置时，其临时支撑点应与结构在建筑物中的支撑条件相同，并设可靠的支撑防止侧倾。水平放置的构件应加垫木垫平，防止变形或连接松动。

7　应注意的问题

7.1　应注意的质量问题

7.1.1　胶合木构件的制作应在室内进行，制作车间内的温度不应低于 15℃，空气的相对湿度应在 40%～75% 的范围内。

7.1.2　胶缝局部未粘结段的长度：在构件剪力最大的部位不应大于 75mm；在其他部位也不应大于 150mm；所有的未粘结处，均不得有贯穿构件宽度的通缝；相邻的两个未粘结段的净距应不小于 600mm；指接胶缝中不得有未粘合处。

7.1.3　胶缝的厚度应控制在 0.1～0.3mm 之间，如局部有厚度超过 0.3mm 的胶缝，其长度应小于 300mm，且最大的厚度不应超过 1mm。

7.1.4　制成的胶合构件，其实际尺寸对设计尺寸的偏差不应超过 ±5mm，且不应超过设计尺寸的 ±3%。

7.1.5　指形接头之间的距离，应符合下列要求：相邻上下两层层板之间指接头的距离应≥150mm 且不应小于 $10t$（t 为板厚）。同一层层板的指接头的间距应≥1500mm，受拉或受弯构件的受拉区 10% 高度内，同一层板的指接头间距应≥1800mm。如需修补的构件，受拉区最外层及其相邻一层板，距离修补区 150mm 范围内不允许有接头。构件同一截面上指接接头数不应大于木板层数的 1/4。

7.1.6　胶合木桁架在加工制作时应按跨度 1/200 起拱。

7.2　应注意的安全问题

7.2.1　建立和健全安全生产管理制度，落实安全责任。

7.2.2　建立安全生产教育培训制度，加强职业培训，强化职工安全责任意识。

7.2.3　各工序施工前应进行安全技术交底。

7.2.4　加强安全检查和监督，作业人员应持证上岗，严禁违章操作。

7.2.5　在木工机械上安装灵敏可靠的安全防护装置，防止机械伤手和木屑飞溅伤人。

7.2.6　胶合木结构粘接胶应选用对人体无害的产品，要防止中毒。

7.3　应注意的绿色施工问题

7.3.1　建立环境卫生值班制度，每天坚持工完场清。

7.3.2　木工加工机械加装防尘装置，控制木屑粉尘对环境的污染。

7.3.3　定期对加工机械进行检修，传动部件加强润滑，防止机械自身运转产生非正常的噪声。

8　质量记录

8.0.1　设计文件会审记录和设计单位技术交底记录。

8.0.2　专项施工方案。

8.0.3　技术、安全交底记录。

8.0.4　材料、半成品、构件进场检查验收记录。

8.0.5　见证检验记录。

8.0.6　自检、交接检验记录。

8.0.7　产品质量合格证书和产品标识，材质合格证书。

8.0.8　隐蔽验收记录。

8.0.9　胶合木工程检验批质量记录表。

8.0.10　胶合木结构材质检验报告。

第33章 轻型木结构施工

本工艺标准适用于木结构工程中采用木结构墙、木楼盖和木屋盖系统构成的轻型木结构的施工。

1 引用标准

《木结构设计标准》GB 50005—2017
《木结构工程施工规范》GB/T 50772—2012
《建筑工程施工质量验收统一标准》GB 50300—2013
《木结构工程施工质量验收规范》GB 50206—2012
《六角头螺栓 C 级》GB/T 5780—2016
《一般用途圆钢钉》YB/T 5002—2017

2 术语

2.0.1 板材：宽度为厚度三倍或三倍以上的矩形锯材。

2.0.2 木结构墙：面层用木基结构板材或石膏板，墙骨柱用规格材构成的用以承受竖向和水平作用的墙体。

3 施工准备

3.1 作业条件

3.1.1 设计文件会审已进行，设计单位已做技术交底，设计意图已充分了解。

3.1.2 施工方案已编制，并按规定履行完审批程序。

3.1.3 轻型木结构下的混凝土基础或圈梁已施工完毕并验收合格。

3.1.4 地梁板与基础或圈梁顶的接触面间防潮层已施工完毕并检测合格。

3.1.5 施工操作人员应经过施工技术交底和安全技术交底，充分理解操作技术要点和安全注意事项。主要专业工种应有操作上岗证。

3.2 材料及机具

3.2.1 规格材：强度等级不应低于 Vc 级。

3.2.2 覆面板：木基结构板，石膏板等。

3.2.3 连接加固件：预埋螺栓，化学锚栓，植筋锚固，圆钢螺栓，角钢，镀锌钢板等。

3.2.4 钢钉：普通圆钉、麻花钉、螺纹圆钉、木螺钉、骑马钉等。

3.2.5 防潮层：聚乙烯薄膜，厚度不小于 0.2mm。

3.2.6 胶粘剂：弹性胶粘剂（液体钉）。

3.2.7 机具：圆盘锯、压刨、平刨、手刨、手锯、凿子、斧子、墨斗、经纬仪、水准仪、木材含水率测试仪、水平尺、钢尺等。

4 操作工艺

4.1 工艺流程

4.1.1 木结构墙工艺流程

规格材加工 → 测量放线 → 墙体木构架制作、安装 → 墙面板铺钉 →

抗倾覆锚固 → 检查验收

4.1.2 木楼盖结构工艺流程

安装楼盖梁 → 梁上测量放线 → 楼面格栅安装 → 安装格栅间侧向支撑 →

楼面板铺钉 → 检查验收

4.2 木结构墙

4.2.1 规格材加工

木结构墙所使用的规格材、覆面板的品种、强度等级及规格，应符合设计文件的规定。墙体木构架的墙骨、底梁板和顶梁板等规格材的宽度应一致。墙骨规格材可采用指接，但不应采用连接板接长。

4.2.2 测量放线

墙体木构架制作、安装之前应在楼面或梁上测量，弹出门、洞口位置线及墙体位置中心线、边线。

4.2.3 墙体木构架制作、安装

墙体木构架宜分段水平制作或工厂预制。分段水平制作时可以墙为单位。制作的操作平台可以是施工完的楼面，也可以在现场内临时建造施工平台，要求操作平台表面平整。墙骨与底梁板和顶梁板采用钉连接组装成片。要求墙骨间距符合设计要求，表面平整，底梁板与顶梁板保持平行，墙骨与顶梁板、底梁板保持垂直。墙骨有门、洞时，若开洞宽度大于墙骨间距，应按设计要求在洞口两侧加强，并在洞口上方加设过梁。

墙体木构架安装时，应按设计文件规定的墙体位置垂直安装在相应楼层的楼

板面上，并按设计文件的规定，安装上、下楼层墙骨间或墙骨与屋盖椽条的抗风连接件。

墙体木构架采用原位垂直制作时，应先将底梁板用长度为80mm、间距不大于400mm的圆钉，通过楼面板钉牢在该层楼盖格栅或封边（头）格栅上，再将顶梁板用同样的方法钉牢在该层屋盖或顶棚格栅或封边（头）格栅上。墙骨上、下各用4枚长度为60mm的钉子，从墙骨两侧对称斜向与顶梁板、底梁板钉牢。顶梁板与底梁板要保证上下垂直。

4.2.4 墙面板铺钉

铺钉墙面板时，宜先铺钉墙体一侧的，外墙应先铺钉室外侧的墙面板。墙面板应整张铺钉，并应自底（地）梁板边缘一直铺钉至顶梁板顶边缘。仅在墙边部和洞口处，可使用宽度不小于300mm的板条，但不应多于两片。使用宽度小于300mm的板条，水平接缝应位于增设的横挡上。墙面板长向垂直于墙骨铺钉时，竖向接头应位于墙骨中心线上，且两板间应留3mm间隙，上、下两板的竖向接头应错位布置。墙面板长向平行于墙骨铺钉时，两板间接缝也应位于墙骨中心线上，并应留3mm间隙。墙体两面对应位置的墙面板接缝应错开，并应避免接缝位于同一墙骨上。当墙骨规格材截面宽度不小于65mm时，墙体两面墙板接缝可位于同一墙骨上，但两面的钉位应错开。墙面板边缘凡与墙骨或底（地）梁板、顶梁板钉合时，钉间距不应大于150mm，并应根据所用规格材截面厚度决定是否需要30°斜钉；板中部与墙骨间的钉合，钉间距不应大于300mm。钉的规格应符合表33-1的规定。

墙面板、楼面板钉连接的要求 表33-1

板厚（mm）	连接件的最小长度（mm）			钉的最大间距（mm）
	普通圆钉或麻花钉	螺纹圆钉或木螺钉	骑马钉（U字钉）	
$t \leqslant 10$	50	45	40	沿板边缘支座150，沿板跨中支座300
$10 < t \leqslant 20$	50	45	50	
$t > 20$	60	50	不允许	

注：木螺钉的直径不得小于3.2mm；骑马钉的直径或厚度不得小于1.6mm。

4.2.5 抗倾覆锚固

采用圆钢螺栓对墙体抗倾覆锚固时，每片墙肢的两端应各设一根圆钢，其直径不应小于12mm。圆钢应直至房屋顶层墙体顶梁板并可靠锚固，圆钢中部应设正反扣螺纹，并应通过套筒拧紧。

4.2.6 检查验收

对墙体的制作与安装按表33-2进行检查验收。

墙体制作与安装允许偏差　　　　　　　　　　表 33-2

项次	项目		允许偏差（mm）	检查方法
1	墙骨	墙骨间距	±40	钢尺量
2		墙体垂直度	±1/200	直角尺和钢板尺量
3		墙体水平度	±1/150	水平尺量
4		墙体角度偏差	±1/270	直角尺和钢板尺量
5		墙骨长度	±3	钢尺量
6		单根墙骨出平面偏差	±3	钢尺量
7	顶梁板、底梁板	顶梁板、底梁板的平直度	±1/150	水平尺量
8		顶梁板作为弦杆传递，荷载时的搭接长度	±12	钢尺量
9	墙面板	规定的钉间距	±30	钢尺量
10		钉头嵌入墙面板表面的最大深度	±3	卡尺量
11		木框架上墙面板之间的最大缝隙	±3	卡尺量

4.3　木楼盖结构

4.3.1　安装楼盖梁

楼盖梁采用规格材拼合梁时应支承在木柱或墙体中的墙骨上，其支承长度不得小于 90mm。安装梁的先后顺序是：边框梁→承重梁→封边梁。

4.3.2　梁上测量放线

在支承格栅的承重墙的顶梁板或楼盖梁上测量放出格栅中心线。

4.3.3　楼面搁栅安装

格栅支承在地梁板或顶梁板上时，其支承长度不应小于 40mm；支承在外墙顶梁板上时，格栅顶端应距地梁板或顶梁板外边缘为一个封头格栅的厚度。格栅应用两枚长度为 80mm 的钉子斜向钉在地梁板或顶梁板上。当首层楼盖的格栅或木梁必须支承在混凝土构件或砖墙上时，支承处的木材应防腐处理，支承面间应设防潮层，格栅或木梁两侧及端头与混凝土或砖墙间应留有不小于 20mm 的间隙，且应与大气相通。

当格栅支承在规格材拼合梁顶时，每根格栅应用两枚长度为 80mm 的圆钉，斜向钉牢在拼合梁上。当格栅支承在规格材拼合梁的侧面时，应支承在拼合梁侧面的托木或金属连接件上。

4.3.4　安装搁栅间侧向支撑

格栅间应设置能防止平面外扭曲的木底撑和剪刀撑作侧向支撑，木底撑和剪刀撑宜设在同一平面内。当格栅底直接铺钉木基结构板或石膏板时，可不设置木底撑。当要求楼盖平面内抗剪刚度较大时，格栅间的剪刀撑可改用规格材制作的

269

实心横撑。木底撑、剪刀撑和横撑等侧向支撑的间距，以及距格栅支座的距离，均不应大于 2.1m。

侧向支撑安装时应符合下列规定：

1　木底撑截面尺寸不应小于 20mm×65mm，且应通长设置，接头应位于格栅厚度的中心线处，与每根格栅相交处应用 2 枚长度 60mm 的圆钉钉牢。

2　横撑应由厚度不小于 40mm、宽度与格栅一致的规格材制成，应用 2 枚长度为 80mm 圆钉从格栅侧面垂直钉入横撑端头或用 4 枚长度为 60mm 的圆钉斜向钉牢在格栅侧面。

3　剪刀撑的截面尺寸不应小于 20mm×65mm 或 40mm×40mm，两端应切割成斜面，且应与格栅侧面抵紧，每根剪刀撑的两端应用 2 枚长度为 60mm 的圆钉钉牢在格栅侧面。

4　侧向支撑应垂直于格栅连续布置，并应直抵两端封边格栅。同一列支撑应布置在同一直线上。

4.3.5　楼面板铺钉

楼面板铺钉应覆盖至封头或封边格栅的外边缘，宜整张（1.22m×2.44m）钉合。设计文件未作规定时，楼面板的长度方向应垂直于楼盖格栅，板带长度方向的接缝应位于格栅轴线上，相邻板间应留有 3mm 缝隙；板带间宽度方向的接缝应错开布置，除企口板外，板带间接缝下的格栅间应根据设计文件的规定，决定是否设置横撑及横撑截面的大小。铺钉楼面板时，格栅上宜涂刷弹性胶粘剂（液体钉）。铺钉楼面板时，可从楼盖一角开始，板面排列应整齐划一。

4.3.6　检查验收

对楼盖制作与安装进行检查验收按表 33-3。

楼盖制作与安装允许偏差　　　　　　　　　　　表 33-3

序号	项目	允许偏差（mm）	备注
1	格栅间距	±40	—
2	楼盖整体水平度	1/250	以房间短边计
3	楼盖局部平整度	1/150	以每米长度计
4	格栅截面高度	±3	—
5	格栅支承长度	−6	—
6	楼板板钉间距	+30	—
7	钉头嵌入楼面板深度	+3	—
8	板缝隙	±1.5	—
9	任意三根格栅顶面间的高差	±1.0	—

5　质量标准

5.0.1　主控项目

1　轻型木结构的承重墙（包括剪力墙）、柱、楼盖、屋盖布置、抗倾覆措施及屋盖抗掀起措施等，应符合设计文件的规定。

2　进场规格材应有产品质量合格证书和产品标识。

3　每批次进场目测分等规格材应由有资质的专业分等人员做目测等级见证检验或做抗弯强度见证检验；每批次进场机械分等规格材应作抗弯强度见证检验，并应符合《木结构工程施工质量验收规范》附录 G 的规定。

4　轻型木结构各类构件所用规格材的树种、材质等级和规格，以及覆面板的种类和规格，应符合设计文件的规定。

5　规格材的平均含水率不应大于 20%。

6　木基结构板材应有产品质量合格证书和产品标识，用作楼面板、屋面板的木基结构板材应有该批次干、湿态集中荷载、均布荷载及冲击荷载检验的报告，其性能不应低于 GB 50206—2012《木结构工程施工质量验收规范》附录 H 的规定。

进场木基结构板材应作静曲强度和静曲弹性模量见证检验，所测得的平均值应不低于产品说明书的规定。

7　进场结构复合木材和工字形木搁栅应有产品质量合格证书，并应有符合设计文件的规定的平弯或侧立抗弯性能检验报告。

进场工字形木搁栅和结构复合木材受弯构件，应作荷载效应标准组合作用下的结构性能检验，在检验荷载作用下，构件不应发生开裂等损伤现象，最大挠度不应大于表 33-4 的规定，跨中挠度的平均值不应大于理论计算值的 1.13 倍。

荷载效应标准组合作用下受弯木构件的挠度限值　　　　表 33-4

项次	构件类别		挠度限值（m）
1	檩条	$L \leqslant 3.3m$	$L/200$
		$L > 3.3m$	$L/250$
2	主梁		$L/250$

注：L 为受弯构件的跨度。

8　齿板桁架应由专业加工厂加工制作。并应有产品质量合格证书。

9　承重钢构件和连接所有钢材应有产品质量合格证书和化学成分的合格证书。进场钢材应有见证检验其抗拉屈服强度、极限强度和延伸率，其值应满足设计文件规定的相应等级钢材的材质标准指标，且不应低于现行国家标准《碳素结构钢》GB 700 有关于 Q235 及以上等级钢材的规定。－30℃ 以下使用的钢材不宜低于 Q235D 或相应屈服强度钢材 D 等级的冲击韧度规定。钢木屋架下弦所用圆钢，除应作抗拉屈服强度、极限强度和延伸率性能检验外，尚应作冷弯检验，并应满足设计文件规定的圆钢材质标准。

10　螺栓、螺帽应有产品质量合格证书，其性能应符合现行国家标准《六角头螺栓》GB 5782 和《六角头螺栓 C 级》GB 5780 的有关规定。

11　圆钉应有产品质量合格证书，其性能应符合现行行业标准《一般用途圆钢钉》YB/T 50002 的有关规定。设计文件规定钉子的抗弯屈服强度时，应作钉子抗弯强度见证检验。

12　金属连接件应冲压成型，并应具有产品质量合格证书和材质合格保证。镀锌防锈层厚度不应小于 $275g/m^2$。

13　轻型木结构各类构件间连接的金属连接件的规格、钉连接的用钉规格与数量，应符合设计文件的规定。

14　当采用构造设计时，各类构件间的钉连接不应低于《木结构工程施工质量验收规范》GB 50206—2012 附录 J 的规定。

5.0.2　一般项目

1　承重墙（含剪力墙）的下列各项应符合设计文件的规定，且不应低于现行国家标准《木结构设计规范》GB 50005 有关构造的规定：

1）墙骨间距。

2）墙体端部、洞口两侧及墙体转交和交接处，墙角的布置和数量。

3）墙骨开槽或开孔的尺寸和位置。

4）地梁板的防腐、防潮及基础的锚固措施。

5）墙体顶梁板规格材的层数、接头处理及在墙体转角和交接处的两层顶梁板的布置。

6）墙体覆面板的等级、厚度及铺顶布置方式。

7）墙体覆面板与墙骨钉连接用钉的间距。

8）墙体与楼盖或基础间连接件的规格尺寸和布置。

2　楼盖下列各项应符合设计文件的规定，且不应低于现行国家标准《木结构设计规范》GB 50005 有关构造的规定。

1）拼合梁钉或螺栓的排列、连续拼合梁规格材接头的形式和位置。

2）搁栅或拼合梁的定位、间距和支承长度。

3）搁栅开槽或开孔的尺寸和位置。

4）楼盖洞口周围搁栅的布置和数量；洞口周围搁栅间的连接、连接件的规格尺寸和布置。

5）楼盖横撑、剪刀撑或木底撑的材质等级、规格尺寸和布置。

3　齿板桁架的进场验收，应符合下列规定。

1）规格材的树种、等级和规格应符合设计文件的规定。

2）齿板的规格、类型应符合设计文件的规定。

3）桁架的几何尺寸偏差不应超过表 33-5 的规定。

4）齿板的安装位置偏差不应超过图 33-1 所示的规定。

桁架制作允许偏差（mm）　　　　　　　　表 33-5

	相同桁架间尺寸差	与设计尺寸间的误差
桁架长度	12.5	18.5
桁架高度	6.5	12.5

注：1. 桁架长度指不包括悬挑或外伸部分的桁架总长，用于限定制作误差。
　　2. 桁架高度指不包括悬挑或外伸等上、下弦杆突出部分的全榀桁架最高部位处的高度，为上弦顶面到下弦底面的总高度，用于限定制作误差。

图 33-1　齿板位置允许偏差值

5）齿板连接的缺陷面积，当连接处的构件宽度大于 50mm 时，不应超过齿板与该构件接触面积的 20%；当构件宽度小于 50mm 时，不应超过齿板与该构件接触面积的 10%。缺陷面积应为齿板与构件接触面范围内的木材表面缺陷面积与板齿倒伏面积之和。

6）齿板连接处木结构的缝隙不应超过图 33-2 所示的规定。除设计文件有特殊规定外，宽度超过允许值的缝隙，均应有宽度不小于 19mm、厚度与缝隙宽度相当的金属片填实，并应有螺纹钉固定在被填塞的构件上。

图 33-2　齿板连接处木结构的缝隙规定值

4 屋盖下列各项应符合设计文件的规定，且不应低于现行国家标准《木结构设计规范》GB 50005 有关构造的规定：

1）椽条、天棚搁栅或齿板屋架的定位，间距和支承长度。

2）屋盖洞口周围椽条与顶棚搁栅的布置和数量；洞口周围椽条与顶棚搁栅间的连接、连接件的规格尺寸及布置。

3）屋面板铺钉方式及与搁栅连接用钉的间距。

5 轻型木结构各种构件的制作与安装偏差，不应大于《木结构工程施工质量验收规范》GB 50206—2012 表 E.0.4 的规定。

6 轻型木结构的保温措施和隔气层的设置等，应符合设计文件的规定。

6　成品保护

6.0.1 成品半成品不应露天堆放，应采取完善的防雨及防潮措施。在屋面防水结构未完工之前必须对木框架结构采取防雨措施。

6.0.2 楼面板施工完毕后不允许在上面切削物品和校正圆钉、砸钉帽等。

6.0.3 不允许在楼面集中堆放施工材料。

6.0.4 不允许在建筑物内和附近动火，严格动火审批制度，预防火灾。

7　应注意的问题

7.1　应注意的质量问题

7.1.1 规格材的截面尺寸由设计选定，同一建筑应选同一种规格的材料，不同规格不得混合使用。

7.1.2 轻型木结构与基础的连接应牢固、可靠，连接方式应符合设计要求。

7.1.3 安装时，主要受力墙面的墙骨柱截面高度方向应与墙面垂直。

7.1.4 墙骨在每层层高内应连续，允许采用指接连接，但不得采用连接板连接。

7.1.5　剪力墙面的板材，安装时两侧墙板接缝应互相错开，如果不能错开时可在接缝处用不少于两根的墙骨加强（墙骨截面宽度大于 65mm 时可不受此限制）。

7.2　应注意的安全问题

7.2.1　加强安全值班，定期进行安全检查，消除安全隐患。

7.2.2　严格安全交底工作，落实安全责任。

7.2.3　建立完善的防火制度，在重点部位设置灭火器、消防栓等设施，且保证齐全有效。

7.2.4　正确使用木工机械，安全防护装置应齐全有效。

7.2.5　楼面以下结构未连接成整体之前，在未加支撑的条件下，楼面不允许施加施工荷载。

7.2.6　未铺钉楼面板前，不得在格栅上堆放重物。格栅间未设支撑前，人员不得在其上走动。

7.3　应注意的绿色施工问题

7.3.1　建立环境卫生值班制度，每天工完场清、活完底清。

7.3.2　木工加工机械加装防尘装置，控制木屑粉尘对环境的污染。

7.3.3　定期对加工机械进行检修，传动部件加强润滑，防止机械自身运转产生噪声。

8　质量记录

8.0.1　设计文件会审记录和设计单位技术交底记录。

8.0.2　专项施工方案。

8.0.3　安全、技术交底记录。

8.0.4　材料、半成品、构件进场检查验收记录。

8.0.5　产品质量合格证书和产品标识，材质合格保证。

8.0.6　见证检验记录。

8.0.7　自检、交接检验记录。

8.0.8　隐蔽验收记录。

8.0.9　轻型木结构检验批质量验收记录。

8.0.10　轻型木结构分项工程质量验收记录。

第 34 章　木结构防护施工

本标准适用于木结构工程中的方木与原木结构、胶合木结构、轻型木结构以及用于构成该结构的材料和构件的防护处理，包括防火、防腐、防虫害。

1　引用标准

《木结构设计标准》GB 50005—2017
《建筑设计防火规范》GB 50016—2014
《木结构工程施工规范》GB/T 50772—2012
《建筑工程施工质量验收统一标准》GB 50300—2013
《木结构工程施工质量验收规范》GB 50206—2012

2　术语

2.0.1　防腐剂： 能毒杀木腐菌、昆虫、凿船虫以及其他侵害木材生物的化学药剂。

2.0.2　载药量： 木构件经防腐剂加压处理后，能长期保持在木材内部的防腐剂量，按每立方米的千克数计算。

2.0.3　透入度： 木构件经防护剂加压处理后，防腐剂量透入木构件的深度或占边材的百分率。

3　施工准备

3.1　作业条件

3.1.1　施工方案已编制，并按规定履行完审批手续。

3.1.2　需防护处理的木结构的材料或构件已加工完成并验收合格。

3.1.3　施工操作人员应经过施工技术交底和安全技术交底，充分理解操作技术要点和安全注意事项。主要专业工种应有操作上岗证。

3.1.4　作业场地和材料堆放地应坚实平整，通风良好，应具备防雨、防晒功能。场地周围应排水通畅。安全设施及消防设施应到位。

3.2　材料及机具

3.2.1　阻燃剂： 卤系阻燃剂，磷系阻燃剂，有机阻燃剂，无机阻燃剂等。

3.2.2 防腐剂：油溶性防腐剂，水溶性防腐剂。

3.2.3 机具：空压机、刻痕机、刷子、浸渍容器、钢尺、游标卡尺、木材含水率测试仪、劳动防护用品、消防器材等。

4 操作工艺

4.1 工艺流程

$$\boxed{\text{材料或构件表面处理}} \rightarrow \boxed{\text{防护剂处理}} \rightarrow \boxed{\text{干燥}} \rightarrow \boxed{\text{检查验收}}$$

4.2 材料或构件表面处理

4.2.1 清理材料或构件表面的锯末、尘土等杂物和油性物质等污染。使其表面平整、光滑、无尘、无油脂。油性物质的污染可用砂纸磨光或用溶剂清洗。

4.2.2 对药物不易浸入的木材表面可采用刻痕处理。

4.2.3 对含水率大于15%的材料或构件应进行干燥处理。

4.3 防护剂处理

4.3.1 木材防护剂处理方法有简易处理和加压处理方法。简易处理方法主要包括涂刷处理、喷淋处理、常压浸渍处理、冷热槽法及双剂扩散法等。

1 涂刷处理

适用于较小规格材的处理。在涂刷前必须充分干燥，涂刷次数愈多，防护效果愈好，但必须待前一次涂刷干燥后再进行下一次涂刷，效果才好。所用防护剂为有机溶剂防护剂和水溶性防护剂。对于裂隙、榫接部位要重点处理。

2 喷淋处理

此法比涂刷法效率高，但易造成防护剂的损失（达25%～30%）及环境污染，因而只用于数量较大或难以涂刷的地方。

3 常压浸渍处理

把木材放在盛有防护剂的敞口浸渍槽中浸泡，使防护剂渗入到木材中。一般设有加热装置，以提高防护剂的渗透能力。浸渍法的注入量及注入深度与树种、规格、处理时间和含水率有很大关系。如单板，瞬时浸渍处理即可，而方材需长时间处理方能有效。另外，树种不同渗透性存在着差异，也会影响到注入量及注入深度。浸渍操作应注意：处理前材面要求干净，无阻碍物；大批量浸渍处理，要使木材间留出间隔，有利于渗透和气泡的逸出；处理时要抖动木材，搅拌药液。

4 冷热槽法

先将木材在热防护剂槽中加热。木材受热温度上升，同时使木材内的空气受热膨胀，水分蒸发，内压大于大气压，空气、水蒸气从木材中排出，然后迅速将木材转移到冷槽中，由于骤冷木材内的空气收缩，防护剂借助于内外压差被吸入木材中。

5　双剂扩散法

这种方法是将两种不同的水溶性防护剂药液甲液和乙液分别置于两个槽中，木材在甲液中充分浸渍处理后，再放到乙液中浸渍一段时间，最后取出放置一段时间。一般甲和乙能形成不溶性沉淀，具有防腐效力的物质，沉积在木材的大孔隙及细胞壁中。

4.3.2　加压浸渍

在密闭的真空罐内对木材施压的同时，将防护剂打入木材纤维。经过压力处理后的木材，稳定性更强，经过处理的木材具有长期使用的较强防护性能。

4.4　干燥

各种木结构都应将其含水率控制在使用环境范围内，但使用水溶性防护剂处理后，含水率一般高于规定的含水率，因此必须重新干燥。

4.5　检查验收

按《木结构工程施工质量验收规范》GB 50206—2012 附录 K 检查验收。

5　质量标准

5.0.1　主控项目

1　所使用的防腐、防虫及防火和阻燃药剂应符合设计文件标明的木构件（包括胶合木结构等）使用环境类别和耐火等级，且应有质量合格证书的证明文件。经化学药剂防腐处理后的每批次木构件（包括成品防腐木材），应有符合《木结构工程施工质量验收规范》GB 50206—2012 附录 K 规定的药物有效成分的载药量和透入度检验合格报告。

2　经化学药剂防腐处理后进场的每批次木构件应进行透入度见证检验，透入度应符合《木结构工程施工质量验收规范》GB 50206—2012 附录 K 的规定。

3　木结构构件的各项防腐构造措施应符合设计文件的规定，并应符合下列要求：

1）首层木楼盖应设置架空层、方木、原木结构楼盖底面距室内地面不应小于 400mm，轻型木结构不应小于 150mm。支撑楼盖的基础或墙上应设通风口。通风口总面积不应小于楼盖面积的 1/150，架空空间应保持良好通风。

2）非经防腐处理的梁、檩条和桁架等支承在混凝土构件或砌体上时，宜设防腐垫木，支承面间应有卷材防潮层。梁、檩条和桁架等支座不应封闭在混凝土或墙体中，除支承面外，该部位构件的两侧面、顶面及端面均应与支承构件间留 30mm 以上能与大气相通的缝隙。

3）非经防腐处理的柱应支撑在柱墩上，支承面间应有卷材防潮层。柱与土壤严禁接触，柱墩顶面距土地面的高度不应小于 300mm。当采用金属连接件固定并受雨淋时，连接件不应存水。

4）木屋盖设吊顶时，屋盖系统应有老虎窗、山墙百叶窗等通风装置。寒冷地区保温层设在吊顶内时，保温层顶距桁架下弦的距离不应小于 100mm。

5）屋面系统的内排水天沟不应直接支承在桁架、屋面梁等承重构件上。

4 木结构需作防火阻燃处理时，应由专业工厂完成，所使用的阻燃药剂应具有有效性检验报告和合格证书，阻燃剂应采用加压浸渍法施工。经浸渍阻燃处理的木构件，应有符合设计文件规定的药物吸收干量的检验报告。采用喷涂法施工的防火涂层厚度应均匀，见证检验的平均厚度不应小于该药物说明书的规定值。

5 凡木构件外部需用防火石膏板等包覆时，包覆材料的防火性能应有合格证书，厚度应符合设计文件的规定。

6 炊事、采暖等所用烟道、烟囱应用不燃材料制作且密封，砖砌烟囱的壁厚不应小于 240mm，并应有砂浆抹面，金属烟囱应外包厚度不小于 70mm 的矿棉保护层和耐火极限不低于 1.0h 的防火板，其外边缘距木构件的距离不应小于 120mm，并应有良好通风。烟囱出屋面处的空隙应用不燃材料封堵。

7 墙体、楼盖、屋盖空腔内现场填充的保温、隔热、吸声等材料，应符合设计文件的规定，且防火性能不应低于难燃性 B1 级。

8 电源线敷设应符合下列要求：

1）敷设在墙体或楼盖中的电源线应用穿金属管线或检验合格的阻燃型塑料管。

2）电源线明敷时，可用金属线槽或穿金属管线。

3）矿物绝缘电缆可采用支架或沿墙明敷。

9 埋设或穿越木结构的各类管道敷设应符合下列要求：

1）管道外壁温度达到 120℃ 及以上时，管道和管道的包覆材料及施工时的胶粘剂等，均应采用检验合格的不燃材料。

2）管道外壁温度在 120℃ 以下时，管道和管道的包覆材料等应采用检验合格的难燃性不低于 B1 的材料。

10 木结构中外露钢构件及未做镀锌处理的金属连接件，应按设计文件的规定采取防锈蚀措施。

5.0.2 一般项目

1 经防护处理的木构件，其防护层有损伤或因局部加工而造成防护层缺损时，应进行修补。

2　墙体和顶棚采用石膏板（防火或普通石膏板）作覆面板并兼作防火材料时，紧固件（钉子或木螺钉）贯入构件的深度不应小于表34-1的规定。

石膏板紧固件贯入木构件的深度（mm）　　　　　　　　表34-1

耐火极限	墙体		顶棚	
	钉	木螺钉	钉	木螺钉
0.75h	20	20	30	30
1.00h	20	20	45	45
1.50h	20	20	60	60

3　木结构外墙的防护构造措施应符合设计文件的规定。

4　楼盖、楼梯、顶棚以及墙体内最小边长超过25mm的空腔，其贯通的竖向高度超过3m，水平长度超过20m时，均应设置防火隔断。天花板、屋顶空间，以及未占用的阁楼空间所形成的隐蔽空间面积超过300m²，或长边长度超过20m时，均应设防火隔断，并应分隔成隐蔽空间。防火隔断应采用下列材料：

1）厚度不小于40mm的规格材。

2）厚度不小于20mm且由钉交错钉合的双层木板。

3）厚度不小于12mm的石膏板、结构胶合板或定向木片板。

4）厚度不小于0.4mm的薄钢板。

5）厚度不小于60mm的钢筋混凝土板。

6　成品保护

6.0.1　经防护剂处理的材料和木构件应存放在干燥、通风的敞开式仓库中。

6.0.2　经防护剂处理后的木构件应防止碰撞，损坏保护层。

7　应注意的问题

7.1　应注意的质量问题

7.1.1　设计文件规定需要作阻燃处理的木构件应按现行国家标准《建筑设计防火规范》GB 50016的有关规定和不同构件类别的耐火极限、截面尺寸选择阻燃剂和防护工艺，并应由具有专业资质的企业施工。对于长期暴露在潮湿环境下的木构件，尚应采取防止阻燃剂流失的措施。

7.1.2　木材防腐处理应根据设计文件规定的各木构件用途和防腐要求，按《木结构工程施工质量验收规范》GB 50206—2012第3.0.4条的规定，确定其使用环境类别并选择合适的防腐剂。防腐处理宜采用加压法施工，并应由具有专业资质的企业施工。经防腐药剂处理后的木构件不宜再进行锯解、刨削等加工处理。确需作局部加工处理导致局部未被浸渍药剂的木材外露时，该部位的木材应进行防腐修补。

7.1.3 阻燃剂、防火涂料以及防腐、防虫等药剂，不得危及人畜安全，不得污染环境。

7.2　应注意的安全问题

7.2.1 建立和健全安全生产责任制，加强安全检查，防患于未然。

7.2.2 严格安全交底工作，增强职工安全意识。

7.2.3 施工现场加强通风，防止挥发性有毒溶剂中毒。

7.3　应注意的绿色施工问题

7.3.1 建立环境卫生值班制度，每天下班后活完底清。

7.3.2 不使用对环境危害大的防护剂。

7.3.3 施工现场的固体废弃物应分类处理，禁止随意乱扔，防止污染水源等。

8　质量记录

8.0.1 专项施工方案。

8.0.2 技术交底记录，安全交底记录。

8.0.3 产品质量合格证书和产品标识。

8.0.4 见证检验记录。

8.0.5 自检、交接检验记录。

8.0.6 隐蔽验收记录。

8.0.7 药物有效成分的载药量和透入度检验合格报告。

8.0.8 阻燃药剂应具有有效性检验报告和合格证书。

8.0.9 药物吸收干量的检验报告。

8.0.10 木结构的防护检验批质量验收记录。

8.0.11 木结构的防护分项工程质量验收记录。